单波段水深探测激光雷达原理

（上册）

周国清 等 著

科学出版社

北京

内 容 简 介

本书系统介绍了单波段激光雷达水深探测硬件，包括水深探测原理、发射光学系统、光学接收系统、回波信号探测、综合控制系统与整机集成、回波信号波形分解等内容，并利用大量的真实实验数据、图片等描述了仪器测试和验证的过程。本书不仅为读者详尽介绍了相关理论和技术，也为读者提供了测试和验证单波段测深激光雷达的第一手资料。本书的出版填补了国内外该领域学术专著的空白。

本书可供光学、电子、机械、计算机、遥感、测绘、环境、大气、海洋、地理、灾害等学科专业和应用领域的科研工作者参考，也可以作为各类高等院校相关专业研究生的教材。

图书在版编目（CIP）数据

单波段水深探测激光雷达原理. 上册 / 周国清等著. -- 北京：科学出版社, 2025.3. -- ISBN 978-7-03-081379-4

Ⅰ. P641.71

中国国家版本馆 CIP 数据核字第 2025W9V783 号

责任编辑：董　墨　谢婉蓉　赵　晶 / 责任校对：郝甜甜
责任印制：徐晓晨 / 封面设计：无极书装

科 学 出 版 社 出版

北京东黄城根北街 16 号
邮政编码：100717
http://www.sciencep.com

北京九州迅驰传媒文化有限公司印刷
科学出版社发行　各地新华书店经销

＊

2025 年 3 月第 一 版　开本：787×1092　1/16
2025 年 3 月第一次印刷　印张：16 1/2
字数：392 000

定价：198.00 元
（如有印装质量问题，我社负责调换）

前　言

早期用于测量陆地地形的机载激光雷达（light detection and ranging，LiDAR）技术在过去几十年中经历了快速发展。然而，用于测量水深（以下简称测深）的机载激光雷达（bathymetric LiDAR）技术却没有得到同样的发展，目前仍然是一项非常专业和独特的技术，只有少数几家单位掌握了此类技术并拥有该类技术产品。

传统的测深机载激光雷达使用 1064 nm 红外波长激光测量水表面高程，通过 532 nm 绿色波长激光穿透水体来测量水底高程，二者之差为水深。因此，人们往往称其为双波段测深激光雷达（dual-band bathymetric LiDAR）。2002 年，美国国家航空航天局（National Aeronautics and Space Administration，NASA）实验性先进机载研究激光雷达（experimental advanced airborne research LiDAR，EAARL）公开了其研发的集成单一 532 nm 绿光波长激光器和窄视场的测深激光雷达系统。因此，人们称这类测深激光雷达为"单波段测深激光雷达"（single-band bathymetric LiDAR）。EAARL 单波段测深激光雷达产品的研发标志着新一代激光雷达技术的发展，它不仅打破了双波段测深激光雷达利用 1064nm 和 532nm 测量水深的局限性，而且仪器具有体积小、重量轻，可搭载在无人机等平台的优势，为测深激光雷达技术发展提供了重要机会。

本书是在原国家海洋局和广西壮族自治区科学技术厅的多个重大专项以及广西测绘激光雷达智能装备科技成果转化中试研究基地等的支持下，作者所在的研发团队经过 11 年持续攻关，并取得一定的科技成果的基础上形成的一部学术专著。本书系统地介绍了单波段测深激光雷达测量水深的理论、发射光学系统、光学接收系统、回波信号探测、综合控制系统与整机集成、回波信号波形分解等。全书共 8 章，第 1 章为绪论；第 2 章介绍单波段激光雷达水深探测原理；第 3 章描述单波段激光雷达发射光学系统；第 4 章介绍单波段激光雷达光学接收系统；第 5 章描述单波段激光雷达回波信号探测；第 6 章描述单波段水深测量激光雷达综合控制系统与整机集成；第 7 章介绍回波信号波形分解；第 8 章描述单波段激光雷达测试场和实验验证。各章的作者分别是周国清（第 1 章）、高健（第 2 章）、胡皓程（第 3 章、第 4 章）、魏建东（第 3 章）、刘哲贤（第 4 章）、赵大伟（第 5 章）、徐超（第 5 章）、张昊天（第 5 章、第 6 章）、李伟豪（第 6 章）、龙舒桦（第 7 章）、邓荣华（第 7 章）、徐嘉盛（第 8 章）。另外，徐嘉盛博士、周祥硕士、王浩宇博士、陆妍玲博士、王霞研究助理、陈婉莹硕士等对本书编辑、校正等提供了大量帮助，在此对他们的辛勤付出表示衷心感谢！

本书是国际上首部公开出版的关于水深测量激光雷达（硬件部分）的专著，书中详细描述了单波段测深激光雷达激光发射、回波信号接收、回波信号探测、AD 采样和信号存储等核心技术的设计、实现、验证等关键环节，并且使用大量的真实实验数据、图片等描述了仪器测试和验证过程。本书不仅为读者揭开了相关理论和关键技术的"秘密"，而且为读者提供了测试和验证单波段测深激光雷达的第一手资料。本书的出版填补了国内外该领域的空白，是高等院校、科研院所等单位从事激光雷达领域研究和应用的实用参考书籍。

　　我国在测深激光雷达领域发展比较晚，从事双波段测深激光雷达的主要单位有桂林理工大学、深圳大学、中国科学院上海光学精密机械研究所；从事单波段测深激光雷达的主要单位是桂林理工大学。尽管我国科研工作者奋起直追，但至今国内外市场上还没有我国的产品。因此，该技术一直被我国列入"卡脖子"和亟待攻克的关键核心技术之一。本书的出版，无疑对我国光学工程与技术、电子科学与技术、机械工程、计算机科学与技术、遥感科学与技术、摄影测量、测绘科学与技术等专业，以及环境、大气、海洋、地理、自然灾害等应用专业的科研工作者具有非常重要的参考价值，也可以作为各类高等院校相关专业研究生的教材。

　　由于作者知识水平有限，本书难免存在不妥之处，敬请各位专家、读者不吝批评指正。作者邮箱：gzhou@glut.edu.cn。

周国清

2024 年 8 月 5 日

目　　录

第1章 绪 论

1.1 引 言

1.1.1 背 景

随着港口码头建设、海洋渔业捕捞、海洋资源开发、海底管道电缆铺设、国防军事、海洋划界等近海岸活动的增加，人们对近海水下地形测量的精度、速度提出了更高的要求。为此，人们一直不停探索水深测量及水下地形绘制的技术和方法，包括多波束和单波束测量、声学多普勒电流分析仪（ acoustic doppler current profiler，ADCP）、水底剖面仪（sub-bottom profiler）、Ecomapper 自主水下航行器（Ecomapper autonomous underwater vehicle）、浮标、卫星多光谱、激光雷达测量等。各种不同的方法都有其优点和缺点，具体使用哪种方法取决于水域的规模、经费、所需的量测精度和其他因素（Zhou et al.，2004）。

早期用于量测陆地地形的机载激光雷达（airborne LiDAR）技术和应用在过去几十年中经历了快速发展，这种激光雷达被称为地形激光雷达（topographic LiDAR）。然而，用于测量水深或者水底地形的机载激光雷达却没有经历同样的发展。目前仍然是一项非常专业和独特的高科技技术，只有国外少数几家存在此类系统。这种激光雷达被称为测深激光雷达，或者水深探测激光雷达。传统的测深机载激光雷达使用 1064 nm 红外波长测量水表面高程；532 nm 绿色波长通过穿透水体来测量水底高程，二者之差即为水深。因此，人们往往将其称为双波段测深激光雷达。2002 年美国国家航空航天局（NASA）EAARL 团队公开了研发的集成单一绿光波长激光器和窄视场的测深激光雷达系统，它把测量浅水水深和陆地地形测绘功能结合在一个系统中。因此，人们称这类测深激光雷达为单波段测深激光雷达系统。EAARL 单波段测深激光雷达产品的突破，标志着新一代激光雷达技术的发展，不仅打破了双波段测深激光雷达利用 1064nm 和 532nm 测量水深的局限性，而且仪器体积小、重量轻、可搭载在无人机平台上，为测深激光雷达技术的发展等提供了新的、令人兴奋的机会。

1.1.2 水深探测回顾

已知最早的测深是在公元前 1800 年左右，埃及人用一根杆子测量水深，后来使用了加重线。这两种方法的量测精度受天气、海况、水流影响大，测深度和位置误差大，而且费力、耗时。在 1870 年，英国皇家海军的一艘挑战者号护卫舰（HMS Challenger）使用缆绳和绞车的方法测量水深（图 1-1），但这种方法仅限于浅水区，且要求航行速度非常慢，才能保证量测精度（Wölfl et al.，2019）。20 世纪 20～30 年代，人们使用单波束回声测深仪沿着测量船航行路线每隔一段距离量测正下方水深，但这种方法存在数据点之间的间隙，特别是并行线之间。侧扫声呐于 20 世纪 50～70 年代开发，但该技术缺乏在扫描宽度上直接测量深度的能力；多波束系统通过传感器的精确位置和姿态数据获得声呐扫描带宽度上的水深信息，达到更高的分辨率和精度。美国海军海洋办公室（The U.S. Naval Oceanographic Office）在 20 世纪 60 年代研发了多波束技术的机密版本。在 20 世纪 70 年代末美国国家海洋和大气管理局（National Oceanic and Atmospheric Administration，NOAA）获得了非机密商业版本，并制定了水深测量标准，极大地促进了民用多波束声呐水深测量的发展。

图 1-1　使用缆绳和绞车的方法测量水深

　　20 世纪 70 年代的美国陆地卫星和后来的欧洲哨兵卫星提供了量测水深数据的新方法，这些方法包括利用不同波段的光穿透水的不同深度，对已知条件下光影穿透的距离进行建模来反演水深。NASA ICESat-2 上的先进地形激光高度计系统（ATLAS）是一种光子计数激光雷达，其利用地球表面激光脉冲的返回时间来计算地表高度。ICESat-2 测量可以与船基声呐数据相结合，以填补空白并提高浅水地图的精度。

1.1.3　卫星多光谱测量水下地形

　　卫星多光谱测量水下地形的工作原理是卫星发射多波段的电磁辐射能量（或太阳发射的电磁辐射能量）到达水面后，一部分会被反射回来；另一部分透射到水中，到达水底后再反射回来。不同波长的激光在水中吸收、散射等特性是不同的，因此，反射回来的辐射能量也不同。人们可根据这些反射回来的辐射波长、能量来探测水下地形（图 1-2）。

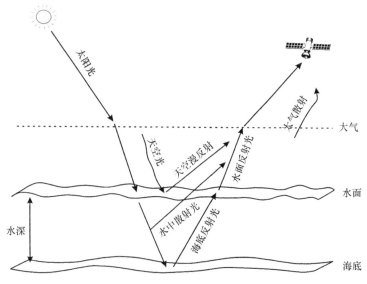

图 1-2 卫星多光谱测量水下地形（田洲，2023）

卫星接收到数据后，首先要选取合适的卫星波段数据，然后进行预处理，包括大气、水下底质、波动干扰的去除和校正等；接着进行图像匹配、深度计算、地形重建等处理，最终得到水下地形信息。与传统的声呐或激光等水下探测技术相比，卫星多光谱技术具有覆盖范围广、速度快、成本低等优点。另外，由于其卫星遥感的特性，该技术还能够同时获取水质、生态和环境等相关信息。因此，卫星多光谱技术已广泛应用于海洋、湖泊等水域的水下地形测量和研究。例如，用于研究海底火山、海底地形演化、海岸侵蚀等问题。此外，该技术还可应用于渔业资源调查、生态环境监测等领域。随着时代的进步、科技的发展，卫星多光谱水下地形测量已经成为一种先进的遥感技术，具有广阔的应用前景，可以为水下地形研究和相关领域提供重要数据支撑。

1.1.4 声呐测量水下地形

声呐水深测量是一种常用的水下地形测量方法，它利用声波在水中传播的特性进行水深测量。常见的声呐水深测量方法有单波束声呐、多波束声呐、侧扫声呐、相位测深仪等。

1. 单波束声呐

单波束声呐是一种水深测量技术，它通过发射和接收单个声波束来探测水下地貌，从而获得水深信息。其工作原理为：单波束声呐发射一个声波束，当声波到达水面时，一部分能量被反射回来，形成第一个回波；当声波到达水底时，部分能量也会反射回来，形成第二个回波。仪器记录两次回波间的时间差，再根据声波在水中传播的速度，即可计算出水深（图 1-3）。由于单波束声呐只有一个发射角度和接收角度，因此测量的范围较小，一般适用于浅水区域、港口等需要高精度测量的场合。该方法的优点是：单波束声呐操作简单，价格相对便宜，对设备的要求不高，可以满足一些水域科学研究或海洋勘探的需求。

该方法的缺点是：单波束声呐无法同时测量多个点，也无法获取高分辨率的海底地形信息。此外，由于受到水下环境的影响，如水流、悬浮物等，测量也会产生误差。单波束声呐可应用于水下地形调查、水文勘测、工程建设和船只导航等方面。例如，在港口工程建设中，使用单波束声呐可以快速准确地获取港口内的水深、岩石分布等信息。

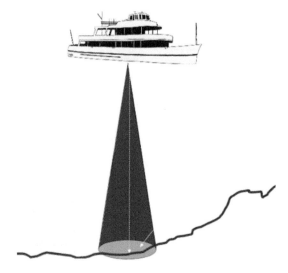

图 1-3　单波束声呐测量水下地形原理

总之，单波束声呐是一种简单、实用的水深测量技术，具有低成本、易操作、高精度等优点。虽然其测量范围受到限制，但在某些特定的需要高精度测量的场合仍然具有广泛的应用前景。

2. 多波束声呐

多波束声呐是一种用于水下探测和成像的高级声学设备。它可以同时发射和接收多个不同角度的声波，从而提供更加准确、细致的水下图像。其工作原理为：多波束声呐由多个声源和接收器组成，每个声源和接收器之间都有一个独立的通道，形成多个波束。在工作时，声呐通过多个声源发出多个声波束，在不同方向上进行扫描（图 1-4）。当声波束遇到物体时，会发生反射和散射，这些信号被接收器捕获并处理，从而生成水下图像。

与单波束声呐测量相比，多波束声呐测量具有以下优点，①更高的分辨率：多波束声呐可以在不同角度上同时扫描，从而提供更加准确、细致的水下图像，尤其是对于复杂的地形和目标；②更广的覆盖范围：因为可以同时扫描多个方向，多波束声呐可以快速地覆盖更广泛的水域区域；③更高的探测效率：相比传统单波束声呐，多波束声呐可以更快地获得更多数据，从而提高了水下探测的效率和准确性。

多波束声呐测量相对于传统的单波束声呐测量的缺点有①成本高：由于需要使用多个传感器和处理器，因此多波束声呐的成本比传统的单波束声呐要高；②复杂性高：多波束声呐需要进行复杂的信号处理和数据分析，因此需要更复杂的算法和软件来支持其工作；③能耗大：多波束声呐需要使用更多的传感器和电子设备，因此会消耗更多的能源；④对环境要求高：多波束声呐对环境的要求比较高，如水下噪声、水流等都会影响声呐的性能；⑤重量重：由于多波束声呐需要使用更多的传感器和电子设备，因此其重量比传统的单波束声呐要重。

总之，多波束声呐是一种高级的水下声学设备，通过同时发射和接收多个不同角度的声波，能够提供更加准确、细致的水下图像。它在海洋勘探、水下测绘、港口建设、水下考古等领域得到广泛应用，为水下探测和成像提供了更高效、更精确的技术手段。

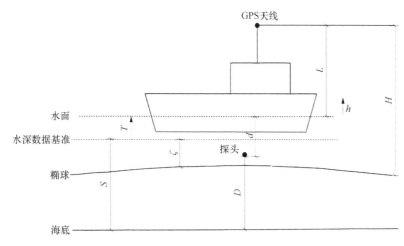

图 1-4 多波束水深测量原理（潘满和何波，2016）

分析多波束声呐测量的基本原理，从图 1-4 可得如下关系式：

$$T = H - \zeta - L - h \tag{1-1}$$

$$S = D + d - T - h \tag{1-2}$$

$$H - \zeta = H_{85} \tag{1-3}$$

联合式（1-1）～式（1-3），可得

$$S = D - H_{85} + (L + d) \tag{1-4}$$

式中，H 为 GPS 所测大地高度；L 为 RTK 天线到水面的高度；d 为换能器到水面的距离（吃水）；h 为运动传感器所测船舶升沉值；T 为 RTK 潮位；D 为多波束所测水深；ζ 为 1985 国家高程基准面到 WGS84 椭球面的距离（高程异常）；S 为 1985 国家高程基面下水深；$L + d$ 为 RTK 天线到探头底部距离，为固定值。若可以实时采集到 85 高程，便可以实现 RTK 三维多波束测量（潘满和何波，2016）。

3. 侧扫声呐

侧扫声呐是通过向两侧发射声波来探测水下物体，从而生成高分辨率的图像。侧扫声呐由声源、接收器和信号处理器等组成（图 1-5）。在工作时，声源向两侧发射定向声波，声波遇到物体后会产生反射和散射，这些回波被接收器捕获并处理。通过对回波数据进行合成，就可以生成高分辨率的水下图像。

相比传统声呐，侧扫声呐具有以下优点，①更高的分辨率：侧扫声呐可以提供更高分辨率的水下图像，因为它可以在不同方向上扫描，同时捕获多个角度的回波数据；

②更广的覆盖范围：侧扫声呐可以快速覆盖更广泛的水域区域，因为它可以在船体两侧同时扫描；③更好的目标识别能力：侧扫声呐可以提供更清晰、更准确的水下图像，因此能够更好地识别和定位水下物体。

相比传统声呐，侧扫声呐具有以下缺点，①精度受限：侧扫声呐的探测范围通常较大，但其精度相对较低，可能无法准确分辨不同目标之间的细节区别；②深度限制：侧扫声呐的工作深度通常较浅，一般不适用于深海探测；③探测目标受限：由于侧扫声呐只是将声波发射并接收回波反射来进行探测，因此无法直接探测到主动物体（如鱼类、水母等）；④能量较大：侧扫声呐的能量较大，可能会对海洋生态环境产生一定的影响；⑤受环境影响大：海洋环境的变化，如海水温度、盐度、海流等都会对声呐传输和接收产生影响，从而影响探测效果。

侧扫声呐已广泛应用于海底地形和地质构造的成像和分析，水下管道、电缆、沉船等物体的探测和定位，水下遗址和文物的发掘和保护，搜索和救援任务中的目标定位和识别等领域。

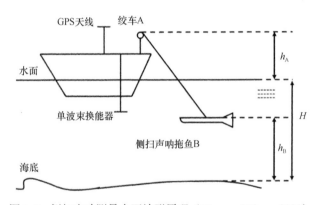

图 1-5　侧扫声呐测量水下地形原理（Chen and Tian，2021）

4. 相位测深仪

相位测深仪是通过测量声波传播的时间和相位差来确定水深。其工作原理是：相位测深仪通过向水下发射短脉冲声波，并记录它们被水底反射以及回到传感器的时间和相位信息。根据声速和声波传播时间，可以计算出水深。与其他声呐不同的是，相位测深仪可以同时记录瞬时相位差，从而提供更高精度的测量。

相比其他水深测量技术，相位测深仪具有以下优点，①高精度：相位测深仪可以提供更高精度的水深测量，因为它可以同时记录时间和相位信息；②宽波段：相位测深仪可以在较宽的频率范围内进行测量，这使得它能够应对不同水域条件下的测量需求；③非接触性：相位测深仪无须接触水底，因此可以避免对海底生态环境产生影响。

相比其他水深测量技术，相位测深仪具有以下缺点，①受海洋环境影响大：相位测深仪的探头需要接触水面或水下物体来获取回波信号，并据此计算水深，因此海洋环境条件的变化，如海浪、潮汐、波浪等都会对探头的工作带来一定影响，在恶劣天气和海况下，可能无法正常使用；②无法穿透底质表层：相位测深仪的回波信号只能反射于水底表面，因此无法穿透底质表层进行探测，这就可能导致在深海或底部覆盖着沉积物的区域中，无法精确探测水深；③非实时性：相位测深仪的探头需要向水体发射声波并等待回波信号，通过计算回波的相位差来计算水深，因此，相比于其他水深测量方法，它的数据采集速度较慢，无法进行实时监测；④需要准确定位：相位测深仪的精度会受到探头定位的影响，若探头位置出现偏移或者摆放不正确，则会导致探测结果产生误差；⑤需要专业操作：相位测深仪在操作时需要对设备进行精确校准，而操作人员需要经过培训和熟练使用才能够得到较为准确的测量结果。

1.1.5　水深探测激光雷达

目前比较成熟的水深探测激光雷达技术有两种：双波段水深探测激光雷达与单波段水深探测激光雷达。

1. 双波段水深探测激光雷达

双波段水深探测激光雷达是一种采用两种不同波长的激光，同时进行水下地形测量的技术（Parrish and Nowak，2009；李伟豪，2022）。其工作原理为：飞机搭载水深探测激光雷达系统在目标水域上空按规划好的路线飞行，系统向目标水域发射两种不同波长的激光，一种是对水穿透力极小的 1064 nm 的激光，它照射到类似镜面的水面时激光返回；另一种是对水穿透力强的 532 nm 的激光，它照射到水底或目标物后激光返回。探测系统将返回的光信号转换成电信号，再由 AD（analog-to-digital）转换模块转换成数字信号（图 1-6）。飞行过程中存储器不断读取并存储激光回波数据信号、位置信息、光学扫描系统信息。飞机完成目标水域的数据收集后，操作人员将存储的数据使用配套的数据处理软件，即可计算出该点的水深。解算 POS（position and orientation system）信息便可赋予每个点对应的位置信息，再结合深度，即可得到该点的三维点坐标。解算完所有数据后便可以得到目标水域的三维点云数据，可进一步绘制该目标水域的三维地理图（Baltsavias，1999a）。

双波段水深探测激光雷达有以下优点，①高精度：通过同时使用两种波长的激光束，可以消除水下散射和吸收现象带来的误差，提高水深和水下地形数据的准确性；②高分辨率：双波段水深探测激光雷达能够捕捉更多的细节信息，从而提高测量结果的空间分辨率；③能够在不同环境工作：双波段水深探测激光雷达可以适应不同水体环境、水质和气候条件，广泛应用于深海、河流、湖泊和沿海地区等多种水域；④可同时获得水深和水下地形信息：双波段水深探测激光雷达可以同时获得水深和水下地形信息，包括水下物体的高度和形状等，更具综合性。

双波段水深探测激光雷达的缺点主要包括以下几个方面，①成本高：相对于传统的单波段水深探测激光雷达，双波段水深探测激光雷达采用更复杂的设计和技术，成本较高；②需要更多的处理和分析：由于双波段水深探测激光雷达获得的数据比较丰富，因此需要更多的数据处理和分析，才能得到有用的信息；③受到水体质量的影响：水体的浑浊度和光学特性会影响双波段水深探测激光雷达的测量精度，需要针对不同的水体环境进行校准和调整。

双波段水深探测激光雷达已得到广泛应用，如海洋勘探和海底地质调查（汤彝君，1978）、港口水深测量、河流和湖泊水深测量、水下文物保护、水下管线检测和维护（韩晓言和何静，2019）、海岸带管理（Zhou and Xie，2009a，2009b）等。

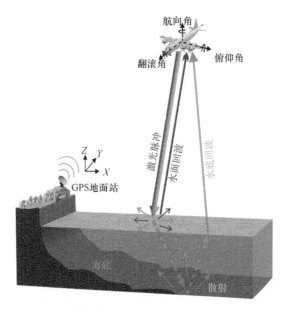

图 1-6　双波段水深探测激光雷达测量水下地形（Wei et al.，2020）

2. 单波段水深探测激光雷达

由于双波段水深探测激光雷达的激光器体积大，需要的通道数多，且需要有人机载作为搭载平台，其测量成本高、操作不方便。因此，一些高校、研究院和公司开始研究单波段水深探测激光雷达，并设法使其能在无人平台上操作，提高其工作环境的适用性，减轻操作复杂度和难度（胡皓程，2021；周国清和周祥，2018）。单波段水深探测激光雷达的基本工作原理与双波段水深探测激光雷达类似，都是利用激光束在水面、水底反射后返回激光雷达接收器，并通过对反射信号进行处理来确定水的深度。单波段水深探测激光雷达与双波段水深探测激光雷达在系统模块方面也基本相似，其主要的区别是由双波段激光器改为单波段激光器，在后续的模块中也需要做相应的改变。在单波段水深探测激光雷达中，回波信号分解更注重水面和水底信号的分离与判断，以得到准确的水深数据（Alipour and Mir，2018）。

单波段水深探测激光雷达使用激光器发射波长为 532nm 的蓝绿波段激光即可，探测系统只使用光电倍增管 PMT（photomultiplier tube）探测器接收回波信号（图 1-7）。

与单波段水深探测激光雷达相比，双波段水深探测激光雷达一般由激光器同时发射两束波长不同的激光：蓝绿波段与红外波段。红外波段激光对水的穿透力较弱，大部分光在水面发生反射形成水面回波信号，使用灵敏度相对较低的雪崩光电二极管 APD（avalanche photo diode）探测器即可；由于蓝绿波段激光对水的穿透力较强，会穿越水面，进入水体达到深处，可以在水面和水底或探测目标产生两个回波信号，但由于水对光的衰减远大于空气，故水底回波信号往往比水面回波信号微弱，故需要使用灵敏度相对较高的 PMT 探测器进行接收。但与此同时，PMT 探测器接收到的水面回波信号一般较强或者已经饱和，并且水面回波信号的动态范围大，水质较差时水体后向散射也会比较严重，影响水底或目标回波信号的探测采集。利用 PMT 探测器接收的水面和水底回波信号之间的时间差，即可计算出对应的水深数据（刘永明等，2017）。

与双波段激光雷达相比，单波段激光雷达体积更小，光束质量更好，工艺更简化，因此更适用于无人搭载平台，可以搭载在无人机或者无人船平台上。

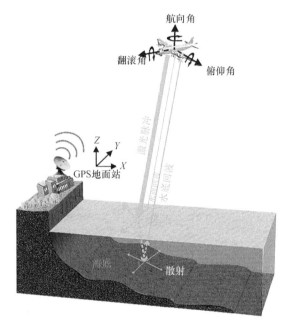

图 1-7　单波段水深探测激光雷达测量水下地形

总之，单波段水深探测激光雷达作为水下地形测量的最新技术之一，虽然在海洋、河流、湖泊等不同水体环境中，水下环境的散射、吸收、反射等现象可能会对激光的传播和接收造成影响，从而影响数据的准确性，但如果能够解决上述问题，单波段水深探测激光雷达凭借其体积小、数据处理计算量小等优点会拥有巨大的应用前景。目前，单波段水深探测激光雷达不仅已经广泛应用于海洋勘探、航海安全、港口建设、水利工程等常见领域，还应用于大型船只、大型仪器与操作人员等不方便到达的地区。

1.2　激光雷达水深测量发展与现状

从 20 世纪 30 年代早期开始，声呐探测在海洋水下探测领域就占有了统治地位（Qin et al.，2017a，2017b；Charlton et al.，2003）。虽然利用声呐进行海洋水下探测时精度较高，但是费时、费力、成本高，且受航道影响较大，特别是在船只难以到达的浅水区域无法开展测深作业（Zhou et al.，2014，2015）。直到 20 世纪 60 年代梅曼研制出第一台激光器（Baltsavias et al.，1999b），激光雷达技术才出现在了历史舞台。随着激光雷达技术的不断发展，机载激光雷达水下探测技术也逐渐成熟（Cuesta et al.，2010）。

近年来，机载激光雷达水下探测技术已经发展成为水下探测的主要方式，其通过发射能够穿透水体的蓝绿波段激光进行水下探测（Zhou et al.，2015），具有高精度、高分辨率、灵活机动、快速高效的特点，特别是在近岸水深测量、海岸带测绘等领域发挥着重要的作用（Antoniou，1993；Aloysius et al.，1999a，1999b；Bharat et al.，2001）。

1.2.1 国外发展历程

机载激光雷达系统已经发展了多年。从20世纪60年代起，世界上就已经有了对海洋探测激光雷达的研究，美国率先提出海洋测深激光雷达的概念并对其开展了研制工作，随后加拿大、澳大利亚、瑞典、苏联、法国、荷兰等国都开始了相关的研究（秦海明等，2016）。世界上第一台激光雷达水深测量系统研制于美国，由 Syracuse 大学的 Hickman 和 Hogg 联合在1968年成功搭建，并验证了系统的可行性。该系统主要采用蓝绿激光光源（Nayegandhi et al.，2009）。在该系统成功研制后，美国海军研制出机载脉冲激光测深系统，搭载平台采用直升机，然后在目标水域进行水深测量实验。水深测量激光雷达并非简单的测量水深仪器，其还具备激光扫描、数据存储等功能。受早期电子技术发展限制，测深激光雷达并没有扫描、高速数据存储等功能。Hickman 和 Hogg 研制的系统仅具备测深功能，但论证了蓝绿激光测量水深的可行性，奠定了用激光进行水深测量的相关理论。1971~1974年美国海军和 NASA 相继成功研制了机载脉冲激光测深系统，并成功在海上开展试验（徐启阳，2002）。这两台机载水深测量系统具备激光扫描和高速数据存储功能（李从改，2009）。1974年，（NASA）推出新一代机载激光水深测量仪（airborne laser bathymetry，ALB）（Kim，1977），在此基础上继续研制了机载海洋激光雷达系统（airborne oceanographic LiDAR，AOL）（Hoge et al.，1980），该系统同时具有扫描和高速数据采样的能力，从此激光雷达进入了数据高速存储时代，水深测量激光雷达逐步向第二代过渡。

第二代激光雷达的特点之一就是激光扫描系统得到显著改善，诞生了线阵扫描、面阵扫描等多样化扫描方式的激光雷达。海洋测深激光雷达不仅仅可以进行水深测量，还具备绘制海底地形、探测水下目标等功能。1976年澳大利亚电子实验室成功研制了非扫描的 WRELADS-I 和全方位扫描的 WRELADS-II 水深测量系统（Penny et al.，1986；魏志强，2004）。加拿大遥感中心在20世纪70年代末也成功研制了激光水深测量系统 MK-1 和 MK-2（陈文革等，1998）。20世纪70年代末，瑞典国防研究院研制出了测深能力达到32m 的 HOSS 系统（Steinvall et al.，1981，1993；Svensson et al.，1987）。该系统可用于水质参数的测量，是基于直升机的 FLASH 系统，在20世纪80年代初，瑞典使用该系统进行了测深实验。至此，水深测量激光雷达初步具备了简单的激光扫描系统。

1983年，苏联进行了机载蓝绿激光雷达系统测深试验，其最大测量水深达到了100m。1984年加拿大又研发了机载激光测深系统 LASERN 500。该系统与20世纪80年代以前的水深测量系统不同，其加装了椭圆光学扫描单元和惯性测量单元（IMU）定位系统，极大地提高了雷达的先进性。1994年美国军方又和加拿大合作研制了实用的水文探测系统 SHOALS，其扫描频率和精度都有极大的提高，2005 年正式投入使用，并完成了多地的近海岸测量工作（王小珍，2018）。

随着科技的发展，涉及机载激光雷达测深技术领域的研究越来越多，该技术有了进一步的发展，尤其是在高速扫描和数据采集功能方面发展更加迅猛。20 世纪 80 年代，在机载激光雷达技术方面，以美国、加拿大等为代表的几个发展较早的国家，在之前的基础上，各自研制出了具有高速扫描、数据采集以及附加定位功能的更为先进的测深系统，并且系统在测深的基础上，更是增加了对水底进行测绘的功能，使得机载激光雷达应用更为广泛（Sinclair，1998）。苏联也不甘落后，在 1984 年成功研制出机载蓝绿激光雷达系统，在进行了测深实验后，公布了该仪器最大测量水深达 100m（陈文革等，1998）。1986 年，苏联在之前的技术基础上，又研制出新一代的 Chaika-1 系统；1988 年，苏联在 Chaika-1 系统的基础上研制出了功能更为完善的 Chaika-2 系统；1984 年，发展较早的加拿大采用红外与绿光共线的方式，结合椭圆扫描的方式，也成功研制出了与美国功能相似的机载激光雷达 LASERN 500，其采样频率也是 500Hz，水域测深范围为 1.5～40m（Banic et al.，1987）。

1989 年，澳大利亚国防部研制出了一种新型的机载激光系统 LADS，该系统在 WRELADS-II 系统的基础上，研制出了先进的 LADS 系统，主要用于水文勘测，该系统测深范围为 2～50m（Penny et al.，1989），成功测试后系统交予澳大利亚海军使用。

1990 年，美国海军在佛罗里达州沿海进行了机载激光雷达实验，该激光雷达使用的是 500Hz 的染料激光器，同时配备了高速扫描装置，类型为圆形扫描，并且系统中加入了 GPS 系统，增加了定位功能，采样频率达 1GHz，最后系统还使用计算机提升了数据采集和数据处理的速度，处理速度能达到 1.27×10^8m/s，整体的实验较为成功（姚春华等，2003）。

20 世纪 90 年代，机载激光雷达测深系统有了较大的进步。在这个阶段，一些发展较为先前的国家和部分研究机载激光雷达的机构采取了合作的方式，将机载激光雷达测深技术进一步推进。在此阶段，大部分的系统已经加上了 GPS 定位系统，自主控制飞行高度和航线的功能随之实现（叶修松，2010）。1992 年，法国直接使用最新技术首次推出机载激光雷达系统 HOMSON SINTRA ASM（朱晓等，1996）。该系统装载的激光器为固体激光器，其重复频率为 1kHz，主要应用于水文勘测领域。由于法国在该领域研究较晚，所以其大部分理论及技术是借鉴其他较为先进的国家。1993 年，美国的 Kaman 航天公司发布了 KF-100 鱼眼探测系统，该系统的想法源于光电研发中心的两位工程师。经实验表明，该系统能够对水下地形进行成像，功能较为先进（冯包根，1995）。1994 年，机载激光雷达探测系统 SHOALS（scanned hydrographic operational airborne LiDAR survey）（Lillycrop et al.，1994）问世。该系统是在美国军方和加拿大合作下研制成功的，该系统采用红外光与绿光共线扫描的方式，同时激光器选用 Nd:YAG 固体激光器，能够同时发出两个波段的激光，激光脉冲频率为 200Hz，接收方面采用三通道接收回波信号，能够区分陆地及水域，其测量精度以及扫描频率都得到了大的提升。该系统后续的一系列相关产品至今都较为实用（徐启阳，2002）。1998 年，加拿大的 Calgary 大学将 GPS 和惯性导航系统 INS 集成到机载激光雷达系统中，目的是使激光雷达系统具有获取三维数据的能力，经过实验验证系统性能良好（张小红，2007）。

进入 21 世纪，随着更先进的光电传感器被开发，海洋测深激光雷达发展到了第三代，且逐渐走向商用化阶段。随着机载激光雷达技术的持续发展，越来越多先进的系统被研制出来。瑞典 SAAB 公司联合加拿大 Optech 公司，在 FLASH 系统的基础上，研制出典型的整体更为实用的 Hawk Eye 系统，该系统能够实现全波形采样以及存储，并且在定位、扫描、系统精度等多个方面都有较大的提升。2005 年，Hawk Eye II 系统被推向市场，该系统功能较为完善，后续 Hawk Eye III 系统也被推向市场。到目前为止，该系统都常用于实际工程中，这两种系统都是瑞典 Leica AHAB 公司推出的，该公司继承了瑞典 SAAB 公司的 Hawk Eye 系统（王泽和，1998）。

经过十多年的发展，机载激光雷达的发展又新上了一个台阶。位于奥地利的 Rigel 公司在机载激光雷达领域的研究也走在前沿。2011 年，该公司与 Innsbruck 大学联合研制出了 VQ-820-G，经过测试效果良好；2015 年，Rigel 公司在 VQ-820-G 技术的基础上，又成功研制出了 VQ-880-G，该系统在测深和精度等多方面都有了提高（刘焱雄等，2017）；2019 年，Rigel 公司研制的机载激光雷达 RIEGL VUX-240 被授予"硬件创新奖"。该机载激光雷达具有 POS 系统（GNSS 和 IMU），同时扫描精度达到 0.05m。2020 年，美国 Old Dominion 大学联合 Bigelow 海洋科学实验室，对激光雷达水深测量系统在海洋中测得的藻类及其他相关指标数据进行了研究。研究结果表明，使用激光雷达水深测量系统测得的数据精度要比卫星遥感测得的数据精度高 3 倍。

截至目前，世界上较为常用的机载激光雷达系统有美国军方 SHOALS 3000T 系统、瑞典 Leica AHAB 公司的 Hawk Eye III 系统、加拿大 Optech 公司的 CZMIL 系统以及奥地利 Rigel 公司的 VQ-880-G 等，这些产品都是较为成熟的系统。以 SHOALS 3000T 系统为例，其可以非常容易地安装到飞机上，具备航线规划、数据自动处理等多项功能，同时能够对水下地形数据进行高效采集，目前已经在世界上多个国家应用多年（丁凯，2018）。

图 1-8～图 1-11 为国内外应用成熟的海洋测深激光雷达。

图 1-8　美国和加拿大联合开发的 Optech CZMIL 测深系统

图 1-9 美国开发的 Optech SHOALS 3000T 测深系统

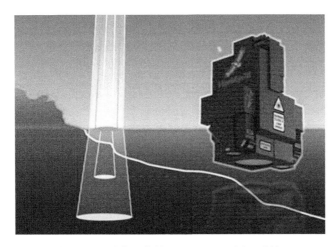

图 1-10 瑞典开发的 Hawk Eye III 测深系统

图 1-11 美国军方向加拿大 Optech 公司定制的 CZMIL 系统

1.2.2　国内发展历程

国内对于机载激光雷达（LiDAR）探测系统的研究起步较晚，从事该项研究的单位主要包括：桂林理工大学、武汉大学、深圳大学、浙江大学、华中科技大学、哈尔滨工业大学、中国科学院空天信息创新研究院、中国科学院安徽光学精密机械研究所、中国科学院长春光学精密机械与物理研究所、中国科学院上海光学精密机械研究所、青岛市光电工程技术研究院等。中国科学院空天信息创新研究院李树楷教授于 1996 年完成了第一台机载激光三维成像线扫描原理样机的研制。它将激光测距扫描仪与多光谱扫描成像仪共享一套扫描光学系统，从而保证地面的激光测距点和图像上的像元点严格配准。武汉大学研发的地面激光扫描测量系统，主要进行堆积物体积的测量，还没有将定位定向系统集成到一起。

20 世纪 80 年代末，我国正式涉足机载激光雷达领域，最初是部分学校及研究所开始的技术研究，学校方面以华中科技大学和中国海洋大学等为主，研究所方面以中国科学院西安光学精密机械研究所和中国科学院长春光学精密机械与物理研究所等为主。1996 年，在华中科技大学和国内几所高校以及几所研究所共同努力下，我国第一台机载激光雷达成功问世，使用该系统在中国南海进行实验，能够成功获取水深数据（晓晨，1999）。2003 年，华中科技大学在第一套机载激光雷达的技术基础上，研制出了新一代机载激光雷达系统，该系统激光器选用 532nm 和 1064nm 双波长，脉冲频率 100Hz，能够对水下数据进行采集及记录。2004 年，中国科学院上海光学精密机械研究所发布了最新一代的 LADM-II 系统（图 1-12），该机载激光雷达系统是由该所联合中国科学院海洋研究所一起研制的，该系统在南海经过测试，表明该系统具有一定的可行性。该系统脉冲频率 1kHz，测深范围 0.5～50m，测深精度±30cm，飞机测高精度±19cm，最大的测量深度达到 50m（姚春华等，2003）。

图 1-12　LADM-II 测深系统

2013 年，中国科学院上海光学精密机械研究所再次研制出新的机载激光雷达系统样机，该系统集成两台激光器，能够实现对陆地及对海洋的双重测量，该系统同样测深能够达到 50m。

2015 年，桂林理工大学广西空间信息与测绘重点实验室周国清团队成功研制出第二代机载激光雷达 GLidar-II（Zhou and Huang, 2015），该型号激光雷达是在 GLidar-Ⅰ（Zhou et al., 2014）的基础上改进的，其主要采用光纤耦合 APD 排列成 5×5 阵列，作为激光雷达传感器的关键元件，激光波长为 905nm，重量小于 10kg，测量距离最大可达 25m。多点测距的实验结果表明，当目标距离为 13m 时，激光雷达传感器 25 个通道中的最大误差为 0.08m，并且在走廊的精度验证表明，测距精度可以达到 10.8cm（周国清等，2015；李松山，2006）。2020 年，由自然资源部第二海洋研究所牵头，浙江大学和中国海洋大学等多所学校及科研单位共同在我国东海以及南海开展了海洋激光雷达实验，主要对海洋光学遥感探测机理与模型进行研究，同时对海洋激光雷达进行探测验证，整体实验效果良好，积累了大量的实测数据，其中用于海洋测量的激光雷达包括我国首套高光谱分辨率海洋激光雷达（秦海明等，2016）。

2018 年，桂林理工大学广西空间信息与测绘重点实验室周国清团队成功研制出有人机载水深探测激光雷达（GQ-Eagle 18），该型号水深探测激光雷达是在测距雷达（GLidar-Ⅰ与 GLidar-Ⅱ）的基础上改进的，测量距离最大可达 25m，激光脉冲频率为 2kHz。

2019 年，中国科学院上海光学精密机械研究所陈卫标团队研制出蓝绿双频测深激光雷达，该激光雷达采用该所自主研制的 486nm 和 532nm 蓝绿双波长激光器，在我国南海水域开展了机载蓝绿激光雷达海洋光学参数穿透深度探测试验，其最大测深能力达到了 160m。同年，桂林理工大学广西空间信息与测绘重点实验室的周国清团队成功研制出新一代船载单波段单频水深探测激光雷达 GQ-Cormorant 19（图 1-13），测量距离最大可达 30m，激光脉冲频率为 2kHz（Zhou et al., 2022a）。2019 年，我国还进行了奥地利有人机机载激光雷达系统 VQ-1560i 的交货测试。这一举措不仅大大提高了我国的装备科技水平，也使得我国在海洋资源监测评价能力方面得到极大提升；同时，这也拓展了我国在自然资源调查业务领域的发展，为我国未来的快速发展提供了有力保障，具有重要的战略意义。这一举措的实施，不仅有利于我国的经济建设，也有利于我国的国防建设，为我国的现代化建设做出了重要贡献。

图 1-13　桂林理工大学研发的 GQ-Cormorant 19 系统

2020 年，我国自然资源部第二海洋研究所联合浙江大学和中国海洋大学等多所学校及科研单位，在我国东海以及南海地区进行了海洋激光雷达实验。该实验的主要目的是对海洋光学遥感机理与模型进行深入研究，同时研制了我国首台海洋高光谱分辨率激光雷达。该激光雷达长达 15m、宽 0.7m、高度为 2m，重量约为 300kg，具备了极高的可靠性和先进性（刘焱雄等，2017）。同年，桂林理工大学广西空间信息与测绘重点实验室的周国清团队成功研制出新一代无人机载单波段水深探测激光雷达 GQ-Osprey 20（图 1-14），测量距离最大可达 25m，激光脉冲 2kHz（Zhou et al.，2014，2020，2021a，2021b）。

2022 年桂林理工大学广西空间信息与测绘重点实验室的周国清团队与中国电子科技集团公司第十一研究所、北京空间机电研究所（508 所）、中国电子科技集团公司第三十四研究所、天津大学、广西大学、南京大学、北部湾大学、广西壮族自治区自然资源遥感院共同完成广西创新驱动发展专项（科技重大专项）"近海岸双频激光 LiDAR 探测仪产品开发与应用示范"项目，研制出有人机载双频激光 LiDAR 探测样机，并在北海、涠洲岛等区域进行了测量试验。

图 1-14　桂林理工大学研发的 GQ-Osprey 20 系统

进入 21 世纪，随着电子、信息、定位、惯导、激光和计算机软硬件技术的飞速发展，机载 LiDAR 测深系统逐步进入了商业化阶段，其成本更低、体积更小、应用性更强。包括美国、俄罗斯、中国、澳大利亚、加拿大、法国、瑞典、德国、荷兰、英国在内的十几个国家均投入了大量的人力和物力，取得了突破性进展（丁凯，2018）。

尽管双波段 LiDAR 测深大、精度高，但是双波段机载 LiDAR 设备体积大、重量重、成本高，对载体（有人机、直升机）和野外作业（飞机场、空旷地）也有严格要求。此外，双波段 LiDAR 的测深原理是计算两个波段激光的飞行时间差，当处理小于 2m 深度的近岸浅水域时，其回波时间差要小于 10 ns，导致回波信号难以区分水面和水底，从而无法测深（刘智敏等，2018）。针对这些问题，近几年来，机载 LiDAR 水深探测出现了向低成本、小型化发展的趋势，也出现了低功率、低信噪比的单波段机载激光测深系统（周国清等，2021；周国清和周祥，2018）。这类设备发射的激光脉冲能量通常比较低，只能穿透 10～15m 的浅水。在相同的飞行条件下，单波段机载激光测深系统获取的水下激光点密度可以达到双波段系统的数倍甚至更多。单波段 LiDAR 测深系统成为发展趋势。这得益于两个方面：一方面，单波段 LiDAR 继承了单波段激光器单色性和方向性好的优点；另一方面，由于仅采用蓝绿波段而抛弃红外波段，从而使 LiDAR 测深系统具有体积小、重量轻、成本低的优势（赵超，2016）。其优势主要体现在以下四个方面：①能适用于浅水区域测量（>0.15m）；②测深效率高，不受海水深度影响；③测点密度大，成本低；④地形成图范围广、效率高。

表 1-1 列出了当前国内外典型的机载激光雷达测深系统以及其主要技术指标参数（刘焱雄等，2017）。

表 1-1　国内外 LiDAR 指标对比

	波段	型号	厂商	频率/kHz	扫描方式	测深/距	搭载平台	平台高度/m	速度/(km/h)	精度/m	重量/kg
国外	蓝绿	LADS MK III	FUGRO（荷兰）	7	圆形	80m	有人机	366～671	259～390	0.5	95
		CATS	Fibertek（美国）	8	—	35m	有人机	500～1000	450～550	0.22	40
		VQ-820-G	REIGL（奥地利）	520	圆形	5m～1secchi*	有人机	600	400	0.45	25.5
		VQ-840-G	REIGL（奥地利）	50～200	圆形	2secchi	无人机	75～100	—	0.2	15
		Chiroptera II	LEICA（瑞典）	35	倾斜	1.5secchi	有人机	400～600	425	0.15	<80
		EAARL	NASA（美国）	5	圆形	25m	有人机	300	216	—	114
		AQUARIUS	Teledyne Optech（加拿大）	70	圆形	0.2～12m	有人机	400	250～350	0.14	85
		SHOALS 3000T	Teledyne Optech（加拿大）	3	圆形	0.2～50m	有人机	300～400	231～481	0.25	217
		CZMIL	Teledyne Optech（加拿大）	浅水 70 深水 10	圆形	0.15～30m	有人机	400	259	0.35	55
		Titan	Teledyne Optech（加拿大）	50～300	圆形	1.5/Kd**	有人机	300～2000	250～400	0.26	>116
	蓝绿+红外	Hawk Eye II	LEICA（瑞典）	4	圆形	0.3m～3secchi	有人机	375	340	0.28	<190
		Hawk Eye III	LEICA（瑞典）	400	圆形	浅水 15m 深水 50m	有人机	250～500	280	0.35	128
		VQ-880-G	REIGL（奥地利）	550	圆形	1.5secchi	有人机	600	380	0.3	62～65
		LADS	DSTO（澳大利亚）	300	圆形	2～50m	有人机	500	320	0.4	50
		EAARL	NASA（美国）	5	圆形	25m	有人机	300	250	0.35	114
	红外	ALS70-HP	LEICA（瑞典）	500	正弦/三角/栅格	陆地测距10～1500m	有人机	580	250～350	0.3	45
		ALS70-HA	LEICA（瑞典）	250		陆地测距10～1500m	有人机	500	250～350	0.3	45
		ALS70-CM	LEICA（瑞典）	500		陆地测距10～1500m	有人机	580	250～350	0.24	45
国内	蓝绿+红外	LADM II	上海光学精密机械研究所	1	椭圆	0.5～50m	有人机	250～500	200～250	0.3	350
		Mapper5000	上海光学精密机械研究所	5	椭圆	0.25～51m	有人机	100～1500	—	0.23	98
	蓝绿	QG-Cor 19	桂林理工大学	0.5	椭圆	0.2～15m	无人机	50～200	15	0.2	12

* secchi 为寒克盘深度：采用具有黑白分割的直径大于 30cm 的靶标沉入水中，直到肉眼无法分辨的距离，用于衡量 LiDAR 测深能力。

** Kd 是指水的扩散衰减系数，Optech 公司常用该指标衡量 LiDAR 测深能力。

1.3　激光雷达水深测量系统组成

机载激光雷达系统大致包括（Zhou et al.，2023a）：激光器模块、控制模块、DA 模块、采集存储模块、探测模块等（见图 1-15）。

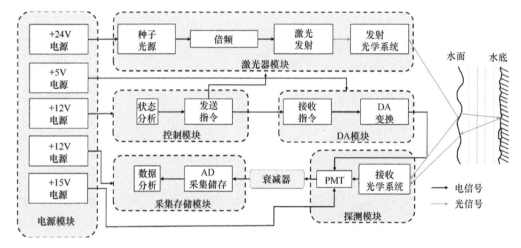

图 1-15　GQ-Osprey 20 结构体系

LiDAR 收发光机系统由扫描单元、发射光学单元、接收光学单元等组成。发射光学系统包括激光准直扩束模块；扫描单元包括电机、电机驱动器和光楔；接收光学系统是由多个物镜组和目镜组组成的望远系统。本书描述的单波段水深探测 LiDAR 收发光机系统包括综合控制单元、电源、电机驱动器、APD 和 PMT 探测器及其后端电路等模块。

激光器主要参数有波长、脉宽、脉冲频率、脉冲能量。对于激光器波长，因为每一个波长都有其独特的优缺点，特别是针对不同目标，不同波长的激光对目标的反射率、吸光度、大气传输以及背景辐射等多个方面都有差异。机载激光雷达系统中比较典型的几个波长有 532 nm、905 nm、1064 nm 以及 1550 nm。其中，532 nm 一般用于水深测量，因为 532 nm 的蓝绿光在水中衰减较低；1064 nm 一般用于双波段激光雷达中的水面测量。

激光脉冲频率是指在一秒内发射的脉冲数目，用 PRF 表示，一般情况下从几百到数千。PRF 越高，点云密度会越高，进而 LiDAR 系统分辨率越高，但是较高的 PRF 将会导致最大的明确范围变小，同时需要避免混淆返回的脉冲信号（Baltsavias et al.，1999c）。因此，在实际应用中，人们往往根据飞机的飞行高度，设定不同的 PRF，即可获得不同密度的点云数据。对于激光脉冲能量，它的大小直接影响机载激光雷达系统测距的范围，高能量的激光脉冲能够产生高峰值功率的准直光束。多数情况下，测量水域的机载激光雷达需要的脉冲能量较高，通常需要达到 mJ 级别，因为水对激光的衰减相较于空气要大得多；而对于陆地机载激光雷达，脉冲能量相对低一点，一般为 μJ 级别。激光脉冲宽度是脉冲功率连续超过最大值一半的时间。目前，机载 LiDAR 系统的激光脉冲宽度一般为 2～5ns。脉冲带宽的大小直接影响采集速率和精度（Zhou et al.，2023b）。

扫描仪单元一般包括振荡镜、旋转镜、全息扫描仪和电光扫描仪等。机载激光雷达一般采用振荡镜和旋转镜，其中振荡镜包括检流计和微机电系统（micro-electro-mechanical system，MEMS），旋转镜包括单角形、棱柱形、金字塔形和不规则形。NASA 的 Canopy LiDAR 采用的是一种全新的电子可控闪烁激光雷达 ESFL 扫描技术，其结合了声光光束偏转器（acousto-optic beamdeflectors，AOBD）扫描仪和闪光焦平面阵列（flash focal plane array，FFPA）技术，有效地改善了扫描仪的可靠性和扫描速度。AOBD 扫描仪具有将单个激光束穿过飞行轨迹后分裂成多个光束的技术，能够避免机械扫描，该技术是通过改变射频的频率及音调实现的（Duong et al.，2012）。FFPA 技术是直接将激光足迹采样为图像。

探测器单元的主要作用是将系统接收到的回波信号进行光电转换，激光雷达中常用的探测器包括光电二极管 PIN（positive intrinsic-negative）、APD 和 PMT。PIN 光电二极管是对于短距离的测量，对于飞行距离稍高的机载激光雷达，一般使用增益较高的 APD 和 PMT 来探测微弱的激光回波信号。APD 和 PMT 探测器能够实现厘米级的精度范围，使得 LiDAR 具有公里级别的距离分辨率（Zhou et al.，2022b）。

高速数据存储器在激光雷达系统中扮演着至关重要的角色，它能够对高速采集的激光雷达数据进行实时存储和处理，为后续分析和应用提供支持。高速数据存储器需要具备以下几个方面的特点，①高速性能：激光雷达采集到的数据量非常大，需要使用高速数据存储器进行存储和处理。因此，高速数据存储器需要具有高速的读写能力和响应速度，以满足实时处理的需求。②大容量：随着激光雷达技术的不断发展，激光雷达采集的数据量越来越大。因此，高速数据存储器需要具有足够的存储容量，以满足海量数据存储的需求。③稳定性和可靠性：激光雷达采集的数据对于后续的分析和应用非常重要，因此，高速数据存储器需要具有高度的稳定性和可靠性，以确保数据的完整性和准确性。④易于集成：高速数据存储器需要能够与激光雷达系统进行良好的集成，以实现数据的实时采集、存储和处理。因此，高速数据存储器需要具有良好的接口和兼容性，以便于与其他组件进行协同工作。

激光回波信号采集记录的是单次或者多次激光返回脉冲。对于陆地激光雷达测量，如林业调查，通常情况下多次记录的激光返回脉冲中第一个返回的就为树顶，中间返回的可能是树枝或者更低一点的其他植被，或者地形等。Leica 公司的机载激光雷达系统（Terrain Mapper）能够区分多达 15 种回波类型，系统能够高效地进行数据采集（Li et al.，2020）。对于水深探测激光雷达测量，系统根据多种回波类型，可以区分水面的树叶杂质、水中的鱼群或者其他类型的物质，最后返回的信号可以确定为水底回波信号。

1.4 本章小结

通过上述的国内外研究现状及机载激光雷达系统概述，可以看出，国内外有许多学者在该领域开展了大量的工作，并且取得了较大的成果和较为突出的成就。目前，市场上已存在应用于各种领域的机载激光雷达，但仍存在一些问题。简单概述如下：

（1）光学收发系统及扫描模块：不同的光学收发系统对能量的接收效率不同，收集效率过低易导致探测能力不足，收集效率过高对探测系统和去噪能力要求高。因此，我们需要根据实际应用选择合适的光学收发系统；不同的扫描模式将带来不同的扫描密度与速度，优异的扫描模式将提高回波数据的精准性。

（2）激光器方面：根据上述国内外现状及发展历程，可知目前存在的机载激光雷达中，激光光源选择基本为双波段，即红外波段和蓝绿波段。红外波段对水的穿透力较弱，主要用于射向水面；蓝绿波段对水穿透力强，主要用于射向水底。由于双波段激光器对应的雷达系统较为复杂并且系统体积大和重量重，所以仅适用于有人机载，不适用于小型无人机载。

（3）探测器方面：目前国内外机载激光雷达探测系统中大多分为多通道，包括水面通道、浅水通道、深水通道；而探测器方面则大多采用雪崩二极管 APD 和光电倍增管 PMT。其中 APD 用于水面通道，接收水面信号；PMT 用于水下通道，接收水底信号。探测器种类多导致系统复杂化。

（4）水面回波信号处理方面：对于各个探测通道，水面回波信号远强于水底回波信号，过强的水面信号严重影响微弱的水底信号，并且水底信号难以观测及采集的问题依旧存在。

（5）采集控制方面：脉宽越窄，回波信号越难采集；脉宽越宽，回波信号越难识别，因此，在采集难度与识别难度之间需要做好平衡与取舍。

本书后续章节将围绕单波段水深探测激光雷达的基本原理及各组成模块展开介绍。

参 考 文 献

陈文革, 黄铁侠, 卢益民. 1998. 机载海洋激光雷达发展综述. 激光技术, (3): 21-26.

丁凯. 2018. 单波段机载测深激光雷达全波形数据处理算法及应用研究. 深圳: 深圳大学.

冯包根. 1995. 国外水下激光成像技术现状. 红外与激光技术, 24(2): 11-16.

韩晓言, 何静. 2019. 游安清. 激光雷达在电力巡线应用中的计算方法. 太赫兹科学与电子信息学报, 17(4): 703-708.

胡皓程. 2021. 机载单频水深测量激光雷达光机系统设计实现. 桂林: 桂林理工大学.

李从改. 2009. 激光通信中大气/海水界面信道的研究. 武汉: 华中科技大学.

李松山. 2006. 激光多脉冲测距技术研究. 长春: 长春理工大学.

李伟豪. 2022. 单频机载测深 LiDAR 回波信号探测时序控制系统设计与实现. 桂林: 桂林理工大学.

刘焱雄, 郭锴, 何秀凤, 等. 2017. 机载激光测深技术及其研究进展. 武汉大学学报, 42(9): 1185-1194.

刘永明, 邓孺孺, 秦雁, 等. 2017. 机载激光雷达测深数据处理与应用. 遥感学报, 21(6): 982-995.

刘智敏, 杨安秀, 阳凡林, 等. 2018. 机载 LiDAR 测深在海洋测绘中应用的可行性分析. 海洋测绘, 38(4): 43-47.

潘满, 何波. 2016. RTK 三维多波束水深测量在港珠澳大桥岛隧工程中的应用. 中国港湾建设, 36(7): 5-8.

秦海明, 王成, 习晓环, 等. 2016. 机载激光雷达测深技术与应用研究进展. 遥感技术与应用, 31(4): 617-624.

汤彝君. 1978. 机载激光雷达测定海洋深度. 激光与光电子学进展, (8): 47.

田洲. 2023. 卫星多光谱影像水深反演瞬时潮高改正研究. 桂林: 桂林理工大学.

王小珍. 2018. 浅海典型水下地形 SAR 遥感成像机理和反演研究. 杭州: 浙江大学.

王泽和. 1998. 激光技术在海军中的研究与应用. 光电子技术与信息, (6): 29-34.

魏志强. 2004. 机载海洋激光荧光雷达测量海表层叶绿素浓度的实验和算法研究. 青岛: 中国海洋大学.

晓晨. 1999. 英国第五届应用光学和光电子学会议. 激光与光电子学进展, (5): 21-22.

徐啟阳. 2002. 蓝绿激光雷达海洋探测. 北京: 国防工业出版社.

姚春华, 陈卫标, 臧华国, 等. 2003. 机载激光测深系统中的精确海表测量. 红外与激光工程, (4): 351-355, 376.

叶修松. 2010. 机载激光水深探测技术基础及数据处理方法研究. 郑州: 解放军信息工程大学.

张小红. 2007. 机载激光雷达测量技术理论与方法. 武汉: 武汉大学出版社.

赵超. 2016. 星敏感器光学系统设计. 长沙: 国防科学技术大学.

周国清, 胡皓程, 徐嘉盛, 等. 2021. 机载单频水深测量 LiDAR 光机系统设计. 红外与激光工程, 50(4): 93-107.

周国清, 周祥, 张烈平, 等. 2015. 面阵激光雷达多通道时间间隔测量系统研制. 电子器件, 38(1): 166-173.

周国清, 周祥. 2018. 面阵激光雷达成像原理、技术及应用. 武汉: 武汉大学出版社.

朱晓, 杨克成, 徐启阳, 等. 1996. 机载激光测深唯像雷达方程. 中国激光, (3): 273-278.

Abramochkin A, Zanin V, Penner I, et al. 1988. Airborne polarization lidars for investigation of the atmosphere and hydrosphere. Atmospheric Optics, (1): 92-96.

Alipour A, Mir A. 2018. On the performance of blue-green waves propagation through underwater optical wireless communication system. Photonic Network Communications, 36: 309-315.

Aloysius W, Uwe L. 1999a. Airborne laser scanning-an introduce and overview. ISPRS Journal of Photogrammetry and Remote Sensing, 54: 68-82.

Aloysius W, Uwe L. 1999b. Theme issue on airborne laser scanning. ISPRS Journal of Photogrammetry and Remote Sensing, 54: 61-63.

Antoniou A. 1993. Digital Filters: Analysis, Design, and Applications. New York: Mc Graw-Hill.

Baltsavias E P. 1999a. A comparison between photogrammetry and laser scanning. ISPRS Journal of Photogrammetry and Remote Sensing, 54: 83-94.

Baltsavias E P. 1999b. Airborne laser scanning: Existing systems and firms and other resources. ISPRS Journal of Photogrammetry and Remote Sensing, 54: 164-198.

Baltsavias E P. 1999c. Airborne laser scanning: Basic relations and formulas. ISPRS Journal of Photogrammetry and Remote Sensing, 54(2-3): 199-214.

Banic J, Sizgoric S, ONeil R. 1987. Scanning lidar bathymeter for water depth measurement. Geocarto International, 2(2): 49-56.

Bharat L, David C. 2001. Application of airborne scanning laser altimetry to the study of tidel channel geomorphology. ISPRS Journal of Photogrammetry and Remote Sensing, 56: 100-120.

Charlton M E, Large A R G, Fuller I C. 2003. Application of airborne LiDAR in river environments: The River Coquet, Northumberland, UK. Earth Surface Processes and Landforms, 28: 299-306.

Chen C, Tian Y. 2021. Comprehensive application of multi-beam sounding system and side-scan sonar in scouring detection of underwater structures in offshore wind farms. IOP Conference Series: Earth and Environmental Science, 668(1): 012007.

Cuesta J, Chazette P, Allouis T, et al. 2010. Observing the forest canopy with A new ultra-violet compact airborne lidar. Sensors, 10(8): 7386-7403.

Duong H V, Lefsky M A, Ramond T, et al. 2012. The electronically steerable flash lidar: A full waveform scanning system for topographic and ecosystem structure applications. IEEE Transactions on Geoscience and Remote Sensing, 50(11): 4809-4820.

Hoge F E, Swift R N, Frederick E B. 1980. Water depth measurement using an airborne pulsed neon laser system. Applied Optics, 19(6): 871-883.

Kim H H. 1977. Airborne bathymetric charting using pulsed blue-green lasers. Applied Optics, 16(1): 46-56.

Li X L, Liu C, Wang Z N, et al. 2020. Airborne LiDAR: State-of-the-art of system design, technology and application. Measurement Science and Technology, 32(3): 032002.

Lillycrop W, Parson L, Estep L, et al. 1994. Field testing of the US army corps of engineers airborne lidar hydrographic survey system. Virginia: Proceedings of the Unite States Hydrogra-phic Conference, (94): 18-23.

Nayegandhi A, Brock J C, Wright C W. 2009. Small-footprint, waveform-resolving Lidar estimation of submerged and sub-canopy topography in coastal environments. International Journal of Remote Sensing, 30(4): 861-878.

Parrish C E, Nowak R D. 2009. Improved approach to lidar airport obstruction surveying using full-waveform data. Journal of Surveying Engineering, 135(2): 72-78.

Penny M F, Abbot R H, Phillips D M, et al. 1986. Airborne laser hydrography in Australia. Applied Optics, 25(13): 2046-2058.

Penny M F, Billard B, Abbot R H. 1989. LADS-the Australian laser airborne laser airborne depth sounder. International Journal of Remote Sensing, 10(9): 1463-1479.

Qin H M, Wang C, Xi X H, et al. 2017a. Simulating the effects of airborne LiDAR scanning angle, flying altitude and pulse density for forest foliage profile retrieval. Applied Science, 7: 712.

Qin H M, Wang C, Xi X H, et al. 2017b. Estimation of coniferous forest above ground biomass with aggregated airborne small footprint LiDAR full-waveforms. Optics Express, 25(16): A851-A869.

Sinclair M. 1998. Australians get on board with new laser airborne depth sounder. Sea Technology, 39(6): 19-25.

Steinvall K, Koppari K, Karlsson U. 1993. Experimental evaluation of an airborne depth-sounding lidar. Optical Engineering, 32(6): 1307-1321.

Steinvall O, Klevebrant H, Lexander J, et al. 1981. Laser depth sounding in the Baltic Sea. Applied Optics, 20(19): 3284-3286.

Svensson S, Ekstrom C, Ericson B, et al. 1987. Attenuation and scattering meters designed for measuring laser system performance. Massachusetts: Proceedings of SPIE-The International Society for Optical Engineering, 925: 203-212.

Wei J D, Zhou G Q, Zhou X, et al. 2020. Design of three-channel optical receiving system for dual-frequency laser radar. The International Archives of Photogrammetry, Remote Sensing and Spatial Information Sciences, 42: 815-819.

Wölfl A-C, Snaith H, Amirebrahimi S, et al. 2019. Seafloor mapping - the challenge of a truly global ocean bathymetry. Frontiers in Marine Science, 6: 283.

Zhou G Q, Huang J J. 2015. Evaluation of the wave energy conditions along the coastal waters of Beibu Gulf. China. Energy, 85: 449-457.

Zhou G Q, Li C, Zhang D, et al. 2021a. Overview of underwater transmission characteristics of oceanic LiDAR. IEEE journal of selected topics in applied earth observations and remote sensing, 14: 8144-8159.

Zhou G Q, Lin G C, Liu Z X, et al. 2023a. An optical system for suppression of laser echo energy from the water surface on single-band bathymetric LiDAR. Optics and Lasers in Engineering, 163: 107468.

Zhou G Q, Liu Y, Zhang R. 2014. 3D flash lidar imager on board UAV. Maryland: Proceedings of SPIE-The International Society for Optical Engineering, 9262.

Zhou G Q, Song C, Schickler W. 2004. Urban 3D GIS from LiDAR and digital aerial images. Computers & Geosciences, 30(4): 345-353.

Zhou G Q, Xie M. 2009a. Coastal 3-D morphological change analysis using LiDAR series data: A case study of Assateague Island National Seashore. Journal of Coastal Research, 25(2): 400-435.

Zhou G Q, Xie M. 2009b. GIS-based three-dimensional morphologic analysis of assateague island national seashore from LiDAR series datasets. Journal of Coastal Research, 25(2): 435-447.

Zhou G Q, Xu C, Zhou X, et al. 2022b. PMT gain self-adjustment system for high-accuracy echo signal detection. International Journal of Remote Sensing, 43(19-24): 7213-7235.

Zhou G Q, Xu J, Hu H, et al. 2023b. Off-axis four-reflection optical structure for lightweight single-band bathymetric LiDAR. IEEE Transactions on Geoscience and Remote Sensing, 61: 1000917.

Zhou G Q, Zhang H T. 2023. Study on real-time data acquisition system for single-band bathymetric LiDAR. IEEE Transactions on Geoscience and Remote Sensing, 61: 1-21.

Zhou G Q, Zhao D, Zhou X, et al. 2022a. An RF Amplifier circuit for enhancement of echo signal detection in bathymetric LiDAR. IEEE Sensors Journal, 22(21): 20612-20625.

Zhou G Q, Zhou X. 2014. Seamless fusion of LiDAR and aerial imagery for building extraction. IEEE Transaction on Geoscience and Remote Sensing, 52(11): 7393-7407.

Zhou G Q, Zhou X, Hu H C, et al. 2020. Design of LiDAR optical-mechanical system for water depth measurement. Infrared and Lased Engineering, 49(2): 63-70.

Zhou G Q, Zhou X, Song Y, et al. 2021b. Design of supercontinuum laser hyperspectral light detection and ranging(LiDAR)(SCLaHS LiDAR). International Journal of Remote Sensing, 42(10): 3731-3755.

Zhou G Q, Zhou X, Yang J, et al. 2015. Flash lidar sensor using fiber-coupled APDs. IEEE Sensors Journal, 15(9): 1.

第2章 单波段激光雷达水深探测原理

2.1 引　　言

与双波段水深探测激光雷达相比，单波段水深探测激光雷达仅发射 532nm 波段激光，因此，其具有体积小、光束质量好、工艺简化等优点，更适合于无人搭载平台。单波段水深探测激光雷达与双波段水深探测激光雷达的模块结构基本相似，两者主要的区别是：双波段激光器被单波段激光器替代，相应的收发光学模块、探测模块也做相应的调整。另外，在单波段水深探测激光雷达中，回波信号分解更注重水面和水底信号的分离与判断，以得到准确的水深数据（图 2-1）。

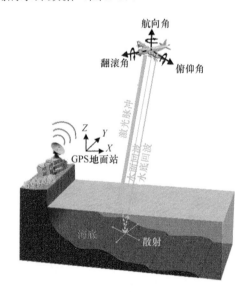

图 2-1　激光雷达水下探测原理图（胡皓程，2021）

理论上，激光接收器接收到的海底底质回波信号强度如下（Hfle and Hollaus，2010）：

$$P_l^{(L)} = P\left(\frac{ct}{2}\right)\beta_b(L)\eta\frac{A_r}{L^2}\cdot\exp\left[-2\int_0^L\alpha(l)\mathrm{d}l\right] \tag{2-1}$$

式中，$P_l^{(L)}$ 为激光接收器接收到的激光功率；P 为激光雷达的发射功率；c 为光在空气中的传播速度；t 为接收到回波信号的时间和发射激光脉冲的时间之间的时间差；β_b 为水体的后向散射系数；η 为激光雷达系统的效率；A_r 为有效接收面积；L 为探测的距离；l 为激光从发射器到反射位置的距离；$\alpha(l)$ 为总的衰减系数。

通过记录回波信号波峰间的时间间隔，即可计算探测到的水体的深度。当激光垂直射入水体时，水体深度的计算公式为（Lin et al.，2014）

$$H_{水深} = \frac{1}{2} \cdot \frac{c}{n} \cdot \Delta t \qquad (2\text{-}2)$$

式中，$H_{水深}$ 为水体深度；c 代表光速；n 为水体折射率；Δt 为激光传输到达接收机的时间差。

对于机载激光雷达水下探测系统来说，一方面，不同天气的大气环境差异、不同气候的海面反射差异、不同海域水体水质和海底底质差异，均可导致激光脉冲在传输时产生不同程度的衰减（Gao et al.，2020）。另一方面，不同的传感器设计参数和机载平台飞行参数的选择，同样导致机载激光雷达接收系统接收回波信号大小的范围产生差异（Groß et al.，2014）。因此，不同的机载激光雷达水下探测系统对不同海域的水下最大可探测深度值（简称机载激光雷达最大测量水深）存在未知性。

一些学者优化了针对某一海域机载激光雷达最大探测深度的预测模型，以便在实际应用过程中结合任务要求，为待测量水域提供可探测的深度范围、机载激光雷达参数选择（包括传感器系统参数）、机载平台飞行参数、飞行航线设计等，并能极大地节约成本（Yan and Dong，2004）。机载激光雷达水下探测系统的最大测量水深及预测是十分重要的（Cote et al.，2012；Wz et al.，2021）。

2.2　单波段激光脉冲不同介质传输理论

单波段激光雷达水深测量系统在工作时，搭载的运动平台有多种形式，如有人飞机、无人飞机、无人船等。所以，考虑到激光雷达需搭载不同运动平台进行水深测量的情况，本节对激光脉冲在测量过程中所要穿过不同介质的传输理论进行分析阐述，包括大气中的激光传输理论、大气–水界面激光传输理论和水下激光传输理论。

2.2.1　大气中激光传输理论

激光脉冲在大气环境中的传输衰减作用，包括大气吸收和大气散射。激光的大气吸收包括气体分子的吸收和气溶胶粒子的吸收。激光的大气散射包括气体分子的散射和气溶胶粒子的散射。因此，需要分别定义大气散射系数 $b_{大气}$ 和吸收系数 $a_{大气}$，即（王英俭和范承玉，2015）

$$\begin{cases} a_{大气} = a_m + a_k \\ b_{大气} = b_m + b_k \end{cases} \qquad (2\text{-}3)$$

式中，m 和 k 分别表示分子和气溶胶的微粒；a_m 为气体分子的吸收系数，表示气体分子对激光的吸收作用；a_k 为气溶胶粒子的吸收系数，表示气溶胶粒子对激光的吸收作用；b_m 为气体分子的散射系数，表示气体分子对激光的散射作用；b_k 为气溶胶粒子的散射系数，表示气溶胶粒子对激光的散射作用。

此外，激光脉冲在大气环境中的传输非常复杂。由于激光脉冲在大气环境中的传输衰减作用相对于水体的传输衰减作用小很多，因此，本节对于激光脉冲在大气传输时，只考虑总的大气衰减，不再考虑复杂情况时的衰减。激光脉冲能量在大气环境中的传输衰减程度与入射激光的波长密切相关，其衰减规律遵循朗伯比尔定律（Lambert-Beer law）（Mohlenhoff et al.，2005）：

$$I_x(\lambda) = I_0(\lambda) \exp[-c_{\text{气}}(\lambda)x] \tag{2-4}$$

式中，$I_0(\lambda)$ 为传输前的激光初始辐照度，又可以称为激光功率或激光能量；$I_x(\lambda)$ 为激光在介质中传输了 x 路程后的激光辐照度；$c_{\text{气}}(\lambda)$ 为大气衰减系数。Lambert-Beer 定律适用于一般介质，如大气和水下环境。

因此，在知道大气衰减系数值的前提下，就可以进一步计算出激光脉冲传输在大气中的衰减。而大气的衰减系数可由大气能见度（V，单位 km）计算，即（Horvath，1981）

$$c_{\text{气}}(\lambda) = \frac{3.914}{V}\left(\frac{\lambda}{550}\right)^{-q} \tag{2-5}$$

式中，q 为常系数；V 为大气能见度，二者关系如表 2-1 所示。

表 2-1　常系数 q 与能见度关系表（栗伟珉，2007）

q 系数取值	V 能见度范围/km
1.6	$V>50$
1.3	$6<V<50$
$0.16V+0.34$	$0.5<V<1$
0	$V<0.5$

所以，一般计算激光脉冲在大气环境中的衰减可以先通过仪器或人眼测量或估算大气能见度，进而根据式（2-5）计算得到大气衰减系数，并通过式（2-4）计算得出大气环境对激光脉冲造成的衰减。

2.2.2　大气–水界面激光传输理论

激光脉冲在穿透海面时，海面对激光脉冲造成的衰减和大气对其造成的衰减不同，激光脉冲会由于海面波浪、海面泡沫和海面反射等作用产生不同程度的衰减。虽然海面波浪和海面泡沫等对激光的衰减不能消除，但由于衰减的数值并不能进行准确计算，而且其对激光脉冲传输造成的衰减相对于海面反射来讲是微乎其微的，因此可以忽略不计。所以，激光脉冲在穿透海面时，我们可得海面近似为一个平静的水面，仅考虑海面反射对激光脉冲造成的衰减；而对于一个平静的海面，其对激光脉冲传输造成的衰减则与海面反射率息息相关。当扫描角小于 30°时，海面反射率一般小于 0.02（Bufton et al.，1983）。在不考虑海面风浪等原因的情况下，其海面反射率与入射角，即激光扫描天顶角有关。

Bufton 等（1983）给出了海面反射率 F 关于入射角 θ_1（扫描角度又叫扫描天顶角）的函数，其函数关系由斯涅耳定律和菲涅耳公式（Milosevic，2012）可知，当入射角 θ_1 为垂直入射时，即入射角为 0°时，海面反射率计算公式为（Sayer et al.，2010）

$$F = \left(\frac{n_{\text{水}} - n_{\text{气}}}{n_{\text{水}} + n_{\text{气}}}\right)^2 \tag{2-6}$$

式中，$n_{\text{水}}$ 表示水平的折射率；$n_{\text{气}}$ 表示空气的折射率。

当入射角 θ_1 为一般角度入射时，海面反射率由以下公式计算：

$$F = \frac{\sin^2(\theta_1 - \theta_2)\left[1 + \dfrac{\cos^2(\theta_1 + \theta_2)}{\cos^2(\theta_1 - \theta_2)}\right]}{2\sin^2(\theta_1 + \theta_2)} \tag{2-7}$$

式中，θ_1 为入射角即扫描角度；θ_2 为折射角。

经过上述分析，则激光脉冲在穿透海面时造成的衰减计算公式为

$$P_{海面反射衰减} = P_{射入海面} \cdot F \tag{2-8}$$

式中，$P_{海面反射衰减}$ 为海面反射造成的激光脉冲能量衰减；$P_{射入海面}$ 为射入海面时激光脉冲的能量；F 为海面反射率。由式（2-8）可知，海面反射率越大，则其造成的衰减越大。综上所述，可以通过激光扫描天顶角计算海面反射率，进而计算海面造成的衰减。

2.2.3　水下激光传输理论

激光在海洋环境中的传输衰减一般包括吸收衰减和散射衰减两个部分。吸收衰减包括纯海水吸收和海水中溶解物质的吸收，散射衰减包括纯海水的散射和海水中溶解物质的散射。根据激光传输的散射方向可分为前向散射和后向散射；根据散射粒子粒径的大小又可分为瑞丽散射和米氏散射，粒子尺度远小于入射光波长时即发生瑞丽散射（纯海水的散射也属于瑞丽散射），除此之外，可以统一理解为米氏散射。当然还有更多复杂的散射作用，本节将不再加以解释。

激光脉冲在海水中传输，经过吸收和散射作用后，辐射传输方程为（李景镇，1986）

$$\frac{\mathrm{d}L(z,\theta,\varphi)}{\mathrm{d}r} = -cL(z,\theta,\varphi) + \overline{L}(z,\theta,\varphi) \tag{2-9}$$

式中，c 为衰减系数，包括散射衰减和吸收衰减；z 为水深；θ 为激光散射方向天顶角；φ 为散射方向方位角；r 为激光传输距离；L 为辐射亮度。右侧第一部分表示衰减损失，右侧第二部分表示光束散射增益，即

$$\overline{L}(z,\theta,\varphi) = \int_0^{2\pi}\int_0^{\pi} \beta(\theta,\varphi;\theta',\varphi') L(z,\theta',\varphi') \sin\theta' \mathrm{d}\theta' \mathrm{d}\varphi' \tag{2-10}$$

式中，β（θ，φ；θ'，φ'）表示散射相位函数；θ' 表示激光水面入射方向天顶角；φ' 表示激光水面入射方向方位角。

1. 532 nm 波段激光脉冲在纯水环境中的衰减

激光脉冲在纯水环境中的衰减包括纯水的吸收衰减和纯水的散射衰减。纯水的吸收和散射目前来看，很难对其进行准确计算。目前被广泛接受的是 Smith 和 Baker（1981）提出的关于对纯海水的吸收和散射光谱，其给出了纯净海水下纯海水的吸收系数、散射系数和漫衰减系数值（表 2-2）。

根据表 2-2，本节通过插值方法得出 532 nm 波段的纯海水的吸收系数为 0.0517，纯海水的散射系数为 0.00218，并绘制了 500～570 nm 波段纯海水的吸收系数和散射系数光谱，如图 2-2 和图 2-3 所示。

表 2-2 纯海水的吸收系数、散射系数和漫衰减系数（Smith and Baker，1981）

激光波长 λ/nm	吸收系数 a_p/m^{-1}	散射系数 b_p/m^{-1}	漫衰减系数 K_d/m^{-1}
510	0.0357	0.0026	0.0370
520	0.0477	0.0024	0.0489
530	0.0507	0.0022	0.0519
540	0.0558	0.0021	0.0568

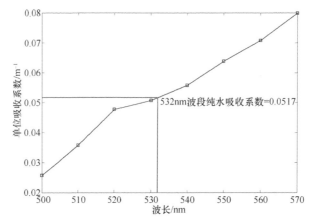

图 2-2 500～570nm 波段纯海水的吸收系数光谱

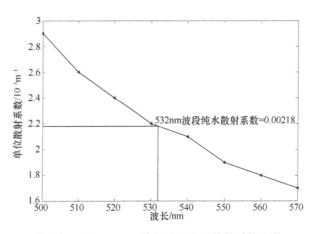

图 2-3 500～570nm 波段纯海水的散射系数光谱

2. 532nm 波段激光脉冲在海洋环境中的衰减

海水中的溶解物质一般是指黄色物质，即海水中溶解的镁、钠、钙、钾等无机盐，其近似公式表示为（王英俭和范承玉，2015）

$$a_y(\lambda) = a_y(\lambda_0)e^{-\omega(\lambda-\lambda_0)} \qquad (2\text{-}11)$$

式中，参考波长 λ_0=440 nm，海洋的光谱斜率 ω 近似为 0.015 nm^{-1}。黄色物质在不同海区情况下，其溶解含量不同，变化较大，也导致其右侧第一部分变化较大。所以，不同海域黄色物质对激光的吸收作用变化较大。

海水中浮游植物的吸收作用对于 532 nm 波段激光传输衰减来说，吸收作用是较强的，浮游植物的光合作用正好对蓝绿波段的激光产生吸收作用。而浮游植物中对激光传输衰减起主要作用的物质就是叶绿素浓度。Morel（1988）得到了 14 种浮游植物单位吸收曲线（图 2-4）。

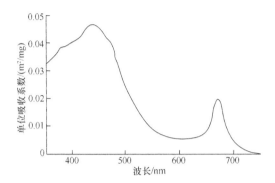

图 2-4　14 种浮游植物平均的单位叶绿素浓度的光谱吸收系数（Morel，1988）

由图 2-4 可知，其在 440 nm 和 675 nm 处有两个波峰，其在 532 nm 波段时的单位吸收系数大于 0.01 m²/mg。

海水中的散射作用包括瑞丽散射和米氏散射。瑞丽散射可以简单理解为纯水分子的散射，其体积散射函数为可以描述为（Smith and Baker，1981）

$$\beta_{\mathrm{w}}(\theta, \lambda) = \beta_{\mathrm{w}}(90°, \lambda)(\frac{\lambda}{\lambda_0})^{-4.32}(1 + 0.835\cos^2\theta) \tag{2-12}$$

式中，θ 为散射角；λ_0 为参考波长。

而对于纯水分子的总的散射系数可以表示为（Smith and Baker，1981）

$$b_{\mathrm{w}}(\lambda) = 16.06\beta_{\mathrm{w}}(90°, \lambda)(\frac{\lambda}{\lambda_0})^{-4.32} \tag{2-13}$$

而实际上海水的散射系数是分子的散射和悬浮微小颗粒及大粒径粒子散射的叠加，一般可表示为（Smith and Baker，1981）

$$\beta(\theta) = \beta_{\mathrm{w}}(\theta) + C_{\mathrm{p}}\beta_{\mathrm{p}}(\theta) + C_{\mathrm{s}}\beta_{\mathrm{s}}(\theta) \tag{2-14}$$

式中，$\beta_{\mathrm{p}}(\theta)$、$\beta_{\mathrm{s}}(\theta)$ 分别为悬浮微小颗粒及大粒径粒子散射的散射相位函数；C_{p}、C_{s} 分别为悬浮微小颗粒及大粒径粒子的浓度。

而激光脉冲在海水中的总衰减系数可以表示为（Smith and Baker，1981）

$$c(\lambda) = a(\lambda) + b(\lambda) \tag{2-15}$$

式中，$a(\lambda)$ 为水体总吸收系数；$b(\lambda)$ 为水体总散射系数。

通过查阅资料得到可见光波段若干海区衰减系数一般范围如表 2-3 所示。

表 2-3　可见光波段若干海区衰减系数一般范围（王英俭和范承玉，2015）

海区	衰减系数/m⁻¹	海区	衰减系数/m⁻¹
黄渤海	0.4～3	西沙海域	0.18～0.35
南黄海	0.2～2	南海中部	0.08～0.18
台湾海峡	0.6～5	南沙海域	0.08～0.3
南海东北部	0.1～0.3		

2.3 最大测量水深预测模型的构建

本节在 2.2 节的基础上，从经验模型、模型数据参数选择、模型的耦合改进和模型的误差分析四个方面阐述如何完整地构建水下最大测量水深预测模型。

2.3.1 水下最大测深与系统衰减系数的经验模型

对于单波段激光雷达水下探测系统来说，其水下最大测量水深与两方面因素相关：一是单波段激光雷达水下探测系统的自身设备性能；二是激光脉冲传输时环境对其造成的衰减影响。理论上来讲，设备性能越优，则最大测量水深越深，可探测范围也越广；同样地，测量环境条件越好、水质越清澈、天气越晴朗，对激光脉冲传输时造成的衰减越小，水下最大测量水深越深，可探测范围也越广。

从传统激光雷达最大测量水深与系统衰减系数的经验关系可以看出，激光雷达系统的最大测水深度主要受到系统衰减系数影响，也就是说，在相同条件下，系统衰减系数越小，激光脉冲的穿透力越强，最大测量水深越大，可探测范围越广。

1981 年 5 月，Steinvall 等（1981）在四个不同水质的区域进行了测试，同时在船上进行了海洋真值测量，得到了大于 30m 的最大穿透深度，并得到了激光雷达水下最大测深与系统衰减系数的经验公式：

$$\begin{cases} L_{\max} = \dfrac{\ln(P_A / P_B)}{2\beta} \\ P_A = \dfrac{P_T A_r \rho \eta}{\pi H^2} \end{cases} \tag{2-16}$$

式中，$L_{\max}$ 为最大测量水深；β 为单波段激光雷达系统的有效衰减系数；P_A 为单波段激光雷达系统的有效接收功率；P_B 为背景噪声功率；P_T 为单波段激光雷达系统发射激光的峰值功率；ρ 表示底部反射率；A_r 为接收系统的有效接收面积；η 为单波段激光雷达接收系统的效率；H 为搭载运动平台进行探测时平台距离海面的高度。

传统的太阳光背景噪声功率为（张逸新和迟泽英，1997）

$$P_B = I_s A_r D_s \Omega \tag{2-17}$$

式中，A_r 为接收系统的有效接收面积；D_s 为光谱接收带宽；Ω 为接收立体角；I_s 为背景辐照度，其取值为轻霾天气（一般天气情况下）（张逸新和迟泽英，1997），即

$$I_s = \frac{10}{680} \left[\mathrm{mW} / \left(\mathrm{cm}^2 \cdot \mathrm{sr} \cdot \mathrm{nm} \right) \right] = 0.0147 \left[\mathrm{mW} / \left(\mathrm{cm}^2 \cdot \mathrm{sr} \cdot \mathrm{nm} \right) \right] \tag{2-18}$$

Ω 为接收立体角，其计算方法如下：

$$\Omega = 2\pi \left[1 - \cos\left(\frac{\theta}{2} \right) \right] \tag{2-19}$$

式中，θ 为接收视场角（FOV）。

因此，根据传统经验公式（2-16）和太阳光背景噪声功率的计算公式（2-17）可得，在预测最大测量水深时，普遍认为背景噪声功率 P_B 和有效接收功率 P_A 均随着接收系统有效接收面积的增大而增大、减小而减小。所以，在忽略其他相关参数情况下，假定 P_A/P_B 是常数，进而通过对系统衰减系数 β 的计算和估计来预测最大测量水深。进一步地，可利用系统衰减系数和水体漫衰减系数的关系，通过对水体漫衰减系数的获取和估计，来预测最大测量水深，其计算公式为（Guenther，1985）

$$\beta \cong \frac{K_d\left(1-0.832\omega_0\right)}{\left[0.19\left(1-\omega_0\right)\right]^{\omega_0/2}} \tag{2-20}$$

式中，K_d 为漫衰减系数；ω_0 为水体单次散射反照率，其值为水体散射系数和水体衰减系数的比值。

使用传统方法对最大测量水深进行预测时，一般先通过获取漫衰减系数，再利用经验公式（2-16）和公式（2-17）等算法对其进行预测。而漫衰减系数值的获取可通过塞克盘（secchi）等仪器进行实地测量得到，也可以通过卫星遥感反演漫衰减系数得到。

但是，对于传统方法中提到的"假定 P_A/P_B 是常数"这一理论是严格的，主要体现在两个方面：一是对于单波段激光雷达水下探测技术来说，最大测量水深不仅仅取决于水质环境的影响，而且不同的大气条件差异、不同气候的海面波浪差异、不同海域水体水质和海底底质差异，均可对激光脉冲在传输时造成不同程度的衰减。因此，为了得到更加准确的预测模型，需要更加全面完整的方法。二是获取漫衰减系数的方法一般并不准确并且获取方法较为烦琐。由于最大测量水深本身为预测值，所以其获取速度在某种程度上也是尤为重要的。因此，需要更加方便、快捷的方法。

若不使用传统方法，直接利用自身的经验公式（2-16）中的相关参数去预测最大测量水深，则需要获取的参数包括激光雷达系统传感器参数、运动平台参数、传输路径介质环境参数（海洋环境参数、海面传输介质参数、大气环境参数）。其中，激光雷达系统传感器参数包括激光峰值发射功率、接收系统的效率、有效接收面积和背景噪声功率4 个参数；背景噪声功率在相同太阳光照条件下，与激光雷达系统传感器参数息息相关，所以将背景噪声功率归类于此。机载平台运动参数包括平台高度；传输路径介质环境参数包括系统的有效衰减系数和底质反射率2 个参数。这意味着，仅仅7 个参数就可以预测最大测量水深。这个计算模型明显不够全面，因为用以计算背景噪声功率和有效接收面积等参数的值不易直接获取。

因此，综合考虑各种因素，本节提出一种改进的最大水深预测模型。该模型一方面耦合了部分更易直接获取的参数，将公式（2-16）中未细化的激光雷达传感器参数和传输环境参数等一起考虑，以求方便、快捷地预测；另一方面将激光脉冲传输在大气、海面和海洋水质中的衰减等因素一起考虑，对最大测量水深的原始经验公式中的激光雷达传感器参数、机载平台参数、传输路径介质环境参数等进行耦合，建立了完整的单波段激光雷达水下最大水深预测模型（图2-5）。

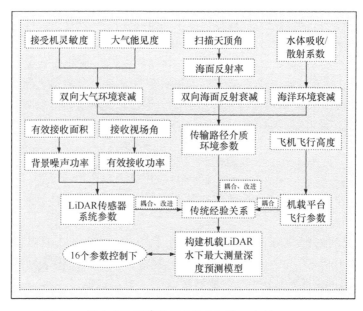

图 2-5　最大水深预测模型结构框架图（高健，2021）

2.3.2　水下最大测深与系统模型参数的选择

在预测最大测量水深时，需要考虑预测模型所需的参数取值及其范围。通过查阅资料及实验可知，激光雷达传感器参数和运动平台参数的一般取值范围如表 2-4 所示。

表 2-4　激光雷达传感器参数和运动平台参数的一般取值范围

参数类别	取值范围
激光峰值发射功率/MW	0.1～10
激光扫描天顶角/（°）	5～30
接收视场角/mrad	2～200
接收口径/mm	40～400
光谱接收带宽/nm	0.1～10
接收系统效率	0.1～0.5
接收机灵敏度/nW	0.5～500
入水激光脉冲波长/nm	532
平台高度/m	40～1500

1. 激光雷达传感器参数和运动平台参数

激光雷达传感器参数包括激光峰值发射功率、激光扫描天顶角、接收视场角、接收口径、光谱接收带宽、接收系统效率、接收机灵敏度及入水激光脉冲波长等。运动平台参数主要是指平台的高度。

激光峰值发射功率一般在 0.1～10 MW，发射功率过低会导致在环境参数相同时可探测范围小，甚至在环境条件恶劣时无法探测；发射功率过高则会造成资源浪费，增加预算。因此，应根据系统设计时的参数和实际需要，确定合理的激光峰值发射功率。

激光扫描天顶角一般在 5°～30°，角度过小会导致系统设备整合产生一定困难，角度过大会导致传输路径变长，增加海面反射导致的衰减，当环境参数相同时可探测范围将会变小。

接收视场角一般在 2～200 mrad，角度过小会导致可接收的回波信号变小，增加成本；角度过大会导致可接收的背景噪声过大，增大接收的噪声功率，影响探测精度。

接收口径一般在 40～400 mm，其原因同接收视场角相似，口径过小会导致可接收的回波信号变小，增加成本；角度过大会导致接收的背景噪声过大，影响探测精度。

光谱接收带宽一般在 0.1～10 nm，其设计过小，会导致系统设计产生一定困难，设计过大会导致接收的信噪比变小，影响精度。

接收系统效率一般在 0.1～0.5，接收系统效率同激光雷达系统设备设计整合相关，一般在此范围内，可知其利用效率并不高。

接收机灵敏度一般在 0.5～500 nW，其分为光电倍增管（PMT）和雪崩二极管（APD），灵敏度范围过小会导致系统设计产生一定困难，设计过大会导致一定的资源浪费，增加成本。

平台高度一般在 40～1500m，飞行过低会导致扫描带宽减小，工作效率一定程度减小，并且飞行越低受到的天气影响过大；而过高会造成大气衰减增大，导致一定的资源浪费，增加成本。

入水激光脉冲波长选择蓝绿波段 532 nm 的激光脉冲。

2. 海洋、海面及大气环境参数

海洋（水体）水质参数、海面反射参数及大气传输衰减参数即传输介质环境参数，一般指激光脉冲传输时的衰减参数，包括水体吸收系数、水体散射系数、海面反射率、大气能见度、背景辐照度、大气折射率、水体折射率 7 个参数。对于传输介质环境参数的选择一般会随着环境的变化而变化，其中水体吸收系数、水体散射系数、海面反射率、大气能见度会随着环境的变化而变化较大；而背景辐照度、大气折射率、水体折射率随着环境的变化而变化较小。此部分不给出参考取值范围，后文会给出传输介质环境的典型参数，前文中表 2-2 给出了可见光波段若干海区漫衰减系数的一般范围。

水体吸收系数和水体散射系数之和即水体衰减系数，其值越大说明其吸收和散射的作用越严重，水域的水质越差。同一片水域其值也会有一定程度的变化，海岸带由于人类活动等影响，其吸收和散射系数都会比海洋中间严重，即其对激光脉冲传输时造成的衰减大。不同水域其值同样有着不同的变化范围，海洋生物种类、污染程度的严重与否同样决定了其衰减范围的不同。

海面反射率同激光雷达的入射角（激光扫描天顶角）有关，一般来说扫描天顶角越大，反射越大，入射角越小。因此可以通过选择合理的扫描角，以控制该部分的能量损耗。

大气能见度是计算大气衰减系数的参数，它反映了大气衰减程度。目前可以利用仪器或人眼测量能见度，再计算其值，进一步计算激光脉冲在大气中的衰减。

背景辐照度、大气折射率和水体折射率一般在环境变化时，其值变化相对较小。所以本节在实验时，其取值内置为固定值。

单波段激光雷达系统的传感器设计参数如表 2-5 所示。

表 2-5 单波段激光雷达水下探测系统的传感器设计参数

激光雷达系统的传感器设计参数	参数数值（说明）
平台高度 H/m	100（运动平台参数）
激光发射功率 P_T/w	0.2×10^6
接收视场角 θ/mrad	21
接收口径 D_r/mm	110
接收系统效率 η	0.45
激光扫描天顶角 θ_1/（°）	10
光谱接收带宽 D_g/nm	1
入水激光脉冲波长/nm	532（内置）
接收机灵敏度 $P_{最小灵敏度}$/nW	1×10^{-10}

传输介质环境典型参数中水体吸收系数和水体散射系数的选择主要取决于水质。本节以南海为例。南海海洋环境衰减系数在 0.08～0.3，本节选择介于其之间的衰减系数为 0.18。进一步地，由表 2-2 可知，当波段为 530 nm 和 540 nm 时，纯水的吸收系数分别为 0.0507 和 0.0558。因此，经过插值得到波段为 532 nm 时，纯水的吸收系数为 0.0517，进一步分析并考虑主要的黄色物质的吸收衰减，所以吸收系数选取 0.06，因此散射系数选取 0.12，属于中度水质时的衰减系数（表 2-6）。

表 2-6 传输介质环境典型参数

海洋、大气环境等相关参数	参数数值（说明）
水体折射率 $n_水$	1.33（内置）
大气折射率 $n_气$	1.000029（内置）
背景辐照度/[mW/（cm²·sr·nm）]	0.0147（内置）
大气能见度	6
底质反射率	0.1
水体吸收系数/m⁻¹	0.12
水体散射系数/m⁻¹	0.06

2.3.3 最大测量水深预测模型的耦合

1. 激光雷达系统相关参数的耦合

由经验公式（2-16）可知，激光雷达系统传感器参数包括激光峰值发射功率、接收系统的效率、有效接收面积和背景噪声功率 4 个参数。

对于激光峰值发射功率和接收系统的效率一般比较容易获取或者会直接通过一定方法测出来，所以本节不进行细化。而有效接收面积是用来计算背景噪声功率的一个参数，同时也是计算有效接收功率的一个参数。对于有效接收面积，耦合过程更易直接获取激光雷达的接收口径。因此，接收系统有效面积由接收口径直接计算（王振东等，2009）：

$$A_r = \pi \left(\frac{D_r}{2} \right)^2 \tag{2-21}$$

式中，D_r 为接收口径。该公式考虑了接收口径 D_r，更能真实计算出激光接收器的有效接收面积 A_r。

1）背景噪声功率算法中系统有效接收面积的改进

由传统的经验公式（2-16）和传统背景噪声功率的算法公式（2-17）可知，用传统方法对激光雷达最大测量水深进行预测时，由于背景噪声功率和有效接收功率同接收系统有效面积的关系均为正比例关系，其在计算"P_A/P_B"时，将接收系统有效面积约去，进而导致接收系统有效面积对最大测量水深的影响无法表达。因此，针对这一问题，本节改进利用有效面积计算背景噪声功率的算法。

另外，对于单波段激光雷达水下探测系统来说，传感器系统参数决定着其自身的探测性能。只有设备整合时的参数选择在合理范围内，才会使单波段激光雷达水下探测系统得以成功探测。因此，在设计时，不同的参数选择都将影响最大测量水深，但有些参数影响相对较大，而有些参数影响相对较小。

单波段激光雷达系统接收光斑和海面光斑关系如图 2-6 所示。理论上，对于背景噪声功率 P_B 来讲，其总是随着接收口径和接收视场角（FOV）的增加而增加，背景噪声功率与接收机接收的太阳光息息相关。

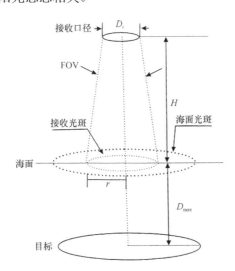

图 2-6　接收光斑和海面光斑关系示意图（陈文革等，1996）

而对于有效接收功率 P_A 来讲，当接收光斑小于海面光斑时，随着接收口径和接收视场角的增加，有效接收功率是增加的。而当接收光斑大于海面光斑时，随着接收口径和接收视场角的增加，有效接收功率则是不变的。在接收光斑小于海面光斑时，随着接收口径和接收视场角增加，接收到的激光脉冲占比增加，所以有效接收功率应该是增加的；但当接收光斑大于海面光斑时，接收到的激光脉冲占比已达最大，即使继续增加接收口径和接收视场角，其有效接收功率也不会变化。

在大部分情况下，因为接收的激光脉冲发生了散射作用，海面光斑均会大于接收光斑，对于接收系统来讲必然会造成一些能量浪费。在此种情况下，随着接收口径和接收视场角的增加，背景噪声功率和有效接收功率均是增加的。

此外，不同天气情况下背景噪声数值可见表 2-7。由表 2-7 可知，背景噪声功率与太阳光环境的相关性更加密切，即太阳光环境对背景噪声功率的影响更为直接密切。

表 2-7　不同天气情况的背景噪声数值选择（张逸新和迟泽英，1997）

天气条件	太阳光（中午，无滤波器）	太阳光（中午，滤波器）	月光（满月，无滤波器）	月光（满月，滤波器）
背景噪声功率/W	5.45×10^{-4}	4.3×10^{-8}	6.67×10^{-10}	3.46×10^{-16}

由于激光脉冲发生了散射作用，当接收光斑越接近海面光斑时，其接收到的激光脉冲占比的增大程度越小，近似于对数形式。所以，有效接收功率增加的幅度相对于背景噪声功率来说应该是越来越小的，其比值应呈现对数函数的形式，而非传统预测方法中的将有效接收功率和背景噪声功率比值作为固定常数。

基于上述讨论，本节对传统的太阳光背景噪声功率的计算公式作如下改进：

$$P_{\mathrm{B}} = I_{\mathrm{s}}\frac{\ln\left(A_{\mathrm{r}}+1\right)}{10^{2}}D_{\mathrm{s}}\varOmega \tag{2-22}$$

式（2-22）利用有效接收面积计算背景噪声功率时，有效接收面积改为对数函数 $\ln(A_{\mathrm{r}}+1)$。

2）有效接收功率算法中接收视场角的改进

基于对传统的经验公式（2-16）和传统背景噪声功率的公式（2-17）及图 2-6 的分析可知，接收视场角也是影响背景噪声功率和有效接收功率的重要因素。背景噪声功率的算法虽然考虑了接收视场角的影响，且其关系为正比例关系，但在传统的经验公式中，有效接收功率并未考虑接收视场角的影响，这意味着接收视场角对有效接收功率的影响不能忽略。因此，本节在计算有效接收功率时，考虑接收视场角的影响，进一步依据公式（2-16）和对图 2-6 的分析讨论，将有效接收功率的算法改进为

$$P_{\mathrm{A}} = \frac{P_{\mathrm{T}}A_{\mathrm{r}}\rho\eta}{\pi H^{2}}\theta^{\frac{5}{2}} \tag{2-23}$$

式中，利用接收视场角计算有效接收功率时，接收视场角改成幂函数 $\theta^{\frac{5}{2}}$。

2. 激光传输海洋环境衰减与经验关系的耦合

由式（2-16）可知，传输路径介质环境参数包括系统的有效衰减系数和海底底质反射率 2 个参数，均是针对激光脉冲传输在水体衰减的参数。这意味着传统的经验公式并未考虑激光脉冲在大气、海面等环境中的衰减。

对于激光脉冲在水体传输时的衰减损失作如下思考：当激光脉冲在水下传输时，会有复杂的衰减情况，包括前向散射、后向散射、水体溶解物质吸收等。因此，在不考虑复杂情况时，可以通过水体的光束衰减系数予以描述。

进一步分析式（2-16）可知，传统经验公式仅仅通过系统的有效衰减系数 β 描述激光脉冲在海洋传输时造成的衰减。从理论上讲，这种描述有点勉强，因为模型本身是一种预测模型。陈文革等（1996）用蒙特卡罗方法建立了光束衰减系数 $c(\lambda)$ 和系统的有效衰减系数 β 之间的关系，即

$$\beta = c(\lambda)(1 - 0.832w_0) \tag{2-24}$$

式中，$c(\lambda)$ 为光束衰减系数；w_0 为单次散射反照率，其为散射系数和光束衰减系数的比值。而对于光束衰减系数和单次散射反照率，通常利用水体的散射系数和水体的吸收系数来描述。所以，光束衰减系数 $c(\lambda)$ 和单次散射反照率 w_0 同吸收系数和散射系数的关系为

$$\begin{cases} c(\lambda) = a(\lambda) + b(\lambda) \\ w_0 = b(\lambda) / [a(\lambda) + b(\lambda)] \end{cases} \tag{2-25}$$

式中，$a(\lambda)$ 为吸收系数；$b(\lambda)$ 为散射系数。目前，获取水体中吸收系数和散射系数主要包括利用卫星遥感反演和直接测定两种方法。两种方法都十分简单且高效，而且人们早已获得了大部分海域的吸收系数和散射系数。

3. 激光脉冲在大气传输中衰减与经验关系的耦合

由式（2-16）可知，运动平台的参数只有平台高度这一个参数。传统的经验公式虽然体现了平台高度这个参数，但对这个参数更深层次的理解是，激光脉冲在大气传输时能量衰减的路径。为此，本节对其进行了细化、改进。

由激光脉冲在大气传输时衰减原理可知，根据仪器或利用人眼测得大气能见度，再依据式（2-4）和式（2-5）计算激光脉冲在大气传输中的衰减。对于单波段激光雷达水下探测系统来说，发射的激光脉冲会在大气传输时造成衰减，再经海底反射回来后，回波激光脉冲同样在大气传输时造成衰减。因此，需要考虑激光脉冲在大气中的两部分衰减，即总衰减为

$$P_{大气衰减} = P_{大气衰减1} + P_{大气衰减2} \tag{2-26}$$

式中，$P_{大气衰减1}$ 即为激光射入水前的大气衰减；$P_{大气衰减2}$ 为激光射出水后的大气衰减。

依据激光脉冲在大气传输时衰减原理，由式（2-4）可知，激光脉冲功率表示为 Lambert-Beer 定律，即

$$P_x = P_T \exp[-c_气(\lambda)x] \tag{2-27}$$

式中，P_T 为峰值功率；P_x 为传输 x 距离后的激光功率。

在此，本节引入"接收机灵敏度"的概念，即接收系统接收激光脉冲能量时能感知并接收的最小功率。当接收系统接收到的激光脉冲能量大于接收机灵敏度时，即可以探测到回波信号，即激光雷达系统可以成功探测到水深；反之，当接收系统接收到的激光脉冲能量小于接收机灵敏度时，该激光雷达系统未能成功探测回波信号。理论上，在其他条件不变的情况下，激光峰值发射功率越高，激光脉冲能量越大，即在同样衰减条件下接收到的激光脉冲能量越大，即最大测量水深就越深。

依据上述原理和式（2-27），激光脉冲在大气传输时的两部分衰减可以表示为

$$\begin{cases} \exp[-c_{\text{气}}(\lambda)H_1] = \dfrac{P_{\text{射入水面前}}}{P_{\text{T}}} \\[3mm] \exp[-c_{\text{气}}(\lambda)H_1] = \dfrac{P_{\text{最小灵敏度}}}{P_{\text{射出水面后}}} \end{cases} \qquad (2\text{-}28)$$

式中，$P_{\text{最小灵敏度}}$ 为激光雷达所能接收的最小功率；$c_{\text{气}}(\lambda)$ 为大气衰减系数；$P_{\text{射入水面前}}$ 为激光经过大气衰减后到达海面时的激光功率；$P_{\text{射出水面后}}$ 为激光经过大气衰减、进入水体衰减，再经过海底反射出来，刚射出水面时的功率。

当平台高度为 H 时，激光扫描天顶角和单次激光脉冲在大气中的真实传输距离之间的关系式为

$$H_1 = \frac{H}{\cos\theta_1} \qquad (2\text{-}29)$$

式中，激光实际传输距离为 H_1；飞机飞行时距离海面的高度为 H；激光扫描天顶角为 θ_1。

所以，依据公式（2-27），激光入水前的第一段大气衰减计算公式为

$$P_{\text{大气衰减}1} = P_{\text{T}}(1 - \exp[-c_{\text{气}}(\lambda)H_1]) \qquad (2\text{-}30)$$

由式（2-27）和式（2-28）可知，当大气衰减系数和平台高度一定时，式（2-28）左侧部分即为常数。因此，激光射出水面后的功率计算公式为

$$P_{\text{射出水面后}} = \frac{P_{\text{最小灵敏度}}}{\exp[-c_{\text{气}}(\lambda)H_1]} \qquad (2\text{-}31)$$

另外，当接收到的功率恰好为探测器的最小灵敏度时，单波段激光雷达水下探测系统所测量的深度恰好为最大测量水深，即接收到的功率和探测器的最小灵敏度相同。因此，激光射出水面后的功率减去探测器的灵敏度为第二段大气衰减，即

$$P_{\text{大气衰减}2} = P_{\text{最小灵敏度}} \cdot \left(\frac{1}{\exp[-c_{\text{气}}(\lambda)H_1]} - 1 \right) \qquad (2\text{-}32)$$

式中，激光大气衰减系数 $c_{\text{气}}(\lambda)$ 可依据式（2-27）计算。

4. 激光传输在海面反射衰减的耦合

海面反射是激光脉冲在穿透海面时造成衰减的主要因素，而海面泡沫和海面波浪等因素对激光脉冲在穿透海面时造成衰减的损失作用较小，因此，相对于海面反射的影响，可以忽略不计。

激光脉冲传输时海面反射造成的衰减同样分为两部分，分别为激光射入水面和激光射出水面。经过分析可得：

$$\begin{cases} P_{\text{海面衰减}} = P_{\text{射入时衰减}} + P_{\text{射出时衰减}} \\ P_{\text{射入时衰减}} = P_{\text{射入水面前}} \cdot F \\ P_{\text{射出时衰减}} = P_{\text{射出水面后}} \cdot F \end{cases} \qquad (2\text{-}33)$$

式中，$P_{\text{射入时衰减}}$ 为激光入水时海面造成的功率衰减；$P_{\text{射出时衰减}}$ 为激光出水时海面造成的功率衰减；F 为水面反射率；$P_{\text{海面衰减}}$ 为海面造成的总衰减；$P_{\text{射入水面前}}$ 为射入水面前

的功率；$P_{射出水面前}$ 为激光从海底返回射出水面前功率。

由 Lambert-Beer 定律可以直接计算激光入水时海面造成的功率衰减，即

$$P_{射入时衰减} = P_T \cdot \exp[-c_{气}(\lambda) \cdot H_1] \cdot F \tag{2-34}$$

由式（2-30）和式（2-31）可知，射出水面前的功率为

$$P_{射出水面前} = \frac{P_{最小灵敏度}}{\exp[-c_{气}(\lambda)H_1] \cdot (1-F)} \tag{2-35}$$

激光出水时海面造成的功率衰减为

$$P_{射出时衰减} = \frac{F \cdot P_{最小灵敏度}}{(1-F) \cdot \exp[-c_{气}(\lambda)H_1]} \tag{2-36}$$

式中，海面反射率 F 为入射角 θ_1 的函数，其关系已由式（2-6）和式（2-7）给出。θ_2 为折射角，可由折射定律得出（李景镇，1986）：

$$\theta_2 = \arcsin\left[\frac{\sin\theta_1 n(\lambda)_{气}}{n(\lambda)_水}\right] \tag{2-37}$$

式中，$n(\lambda)_气$ 为在标准状态下空气对可见光的折射率，约为 1.00029；$n(\lambda)_水$ 为标准状态下海水对可见光的折射率，约为 1.33（Cox and Munk，1954）。

5. 最大测量水深预测模型

通过对激光雷达传感器系统参数、平台运动参数、传输路径介质环境参数等参数的改进，最大测量水深预测模型为

$$
\begin{cases}
L_{max} = \dfrac{\ln(P_A / P_B)}{2\left[c(\lambda)(1-0.832)\left(\dfrac{b(\lambda)}{c(\lambda)}\right)\right]} \\[4mm]
P_A = \dfrac{(P_T - P_{大气衰减} - P_{海面衰减})\pi D_r^2 \rho\eta}{4\pi\left(\dfrac{H}{\cos\theta_1}\right)^2}\theta^{\frac{5}{2}} \\[4mm]
P_B = 2I_s \ln(\dfrac{\pi D_r^2}{4}+1)D_s\pi(1-\cos\dfrac{\theta}{2}) \\[4mm]
P_{大气衰减} = P_T\left(1-\exp\left[-c_{气}(\lambda)\dfrac{H_1}{\cos\theta_1}\right]\right) + P_{最小灵敏度}\cdot\left(\dfrac{1}{\exp[-c_{气}(\lambda)\dfrac{H_1}{\cos\theta_1}]}-1\right) \\[4mm]
P_{海面衰减} = P_T\left(\exp\left[-c_{气}(\lambda)\dfrac{H_1}{\cos\theta_1}\right]\right)F + \dfrac{F\cdot P_{最小灵敏度}}{(1-F)\left(\exp\left[-c_{气}(\lambda)\dfrac{H_1}{\cos\theta_1}\right]\right)}
\end{cases} \tag{2-38}
$$

式中，P_T 为激光峰值发射功率。考虑各类衰减系数的模型，P_T 计算公式调整为

$$P_T = P_{T(峰值)} - P_{大气衰减} - P_{海面衰减} \tag{2-39}$$

传统的最大测量水深预测模型经验公式（2-4）需要 7 个参数，而本节构建的最大测量水深预测模型考虑了 16 个参数。所考虑的包括：初始激光峰值发射功率、接收系统的效率、平台高度和底质反射率 4 个参数，以及细化后的参数，包括接收口径、接收视场角、激光扫描天顶角、大气能见度、水体散射系数、水体吸收系数、光谱接收带宽、接收机灵敏度、激光波长、大气折射率、水体折射率和背景辐照度 12 个参数。其中，激光波长、大气折射率、水体折射率和背景辐照度 4 个参数一般为内置参数。

2.3.4　最大测量水深预测模型的误差分析

本节所构建的最大测量水深预测模型存在着一定的误差，一般包括模型自身误差、激光雷达传感器的参数耦合误差和传输介质环境参数算法误差，以及用以预测最大测量水深的数据偶然误差。

模型自身误差是指本节建立的模型的误差。由于本节所构建的模型是依据传统的最大测量水深和系统衰减系数的关系构建的，因此若传统的经验关系存在一定的误差，且该部分误差并未在传统经验关系中体现，将导致本节所构建的模型存在模型误差。例如，传统经验关系构建时，由于数据不足或数据错误，该部分误差基本不会消除。

激光雷达传感器参数耦合误差是指在考虑激光雷达传感器参数间的关系时，对有些参数考虑不足，或者考虑不全。例如，利用接收口径和有效接收面积间关系计算有效接收面积。

传输介质环境参数算法误差是指在计算激光脉冲在大气、大气海水界面及水下传输时衰减算法存在的误差。本节发展的激光脉冲在大气和大气海水界面传输造成的衰减是依据接收机灵敏度及其关系反向推导出来的。因此，即使该部分存在误差，其误差程度也相对较小，但确实仍会存在（Bufton et al., 1983）。

预测最大测量水深的数据偶然误差是指在获取传输介质环境参数时，数据产生的偶然误差。例如，在获取水体衰减系数时，采样不足导致对预测范围不准确。

2.4　最大测量水深预测模型的验证

预测模型主要是先验性的预测最大测量水深，为单波段激光雷达系统设计及设备的参数选择提供依据。对于预测模型而言，允许在可控范围内存在一定误差。本节构建的最大测量水深预测模型由 16 个参数构成，即单波段激光雷达能够成功探测到水下回波信号，需要考虑这些参数取值及其范围。下面将进一步对这些参数进行说明，并给出其一般取值范围。

2.4.1　背景噪声功率和有效接收功率交叉对比验证

1. 改进背景噪声功率计算模型及对比验证

本节对背景噪声功率计算的改进是通过改变利用接收口径计算背景噪声功率的函

数关系，即将原来的线性函数关系调整为对数函数关系。考虑改进前后的精度、变化程度、单位等多种原因，选择将原来 $P_B \sim A_r$ 的函数关系改为 $P_B \sim \ln (A_r+1)/102$ 的函数关系。其中，$\ln (A_r+1)$ 为对数函数关系，1/102 是为了单位统一和考虑改进前后变化程度不宜过大而加入的控制系数。

本节从两部分验证背景噪声功率改进后的效果。首先，以接收口径作为自变量，对改进后接收口径同背景噪声功率和最大测量水深的响应关系分别进行验证。接收口径的取值范围参考表 2-4，取 40～400 mm 作为实验的接收口径的范围。传感器设计预参数和传输介质环境典型参数从表 2-5 和表 2-6 选取。获得改进前后背景噪声功率随接收口径响应对比图（图 2-7）。

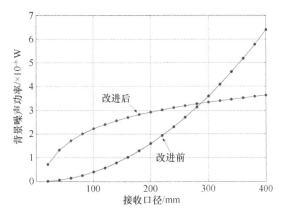

图 2-7　改进前后背景噪声功率随接收口径响应对比图

由图 2-7 可知，改进前背景噪声功率随接收口径响应的曲线斜率是逐渐变大的，即随着接收口径在 40～400 mm 增大，背景噪声功率增大程度是增强的；而改进后背景噪声功率随接收口径响应的曲线斜率逐渐变小。例如，当接收口径在 40～400 mm 增大，背景噪声功率增大后又逐渐减弱。

另外，为了进一步验证背景噪声功率算法改进的正确性，对改进后接收口径对最大测量水深的影响关系进行验证，其结果表示在图 2-8 中。

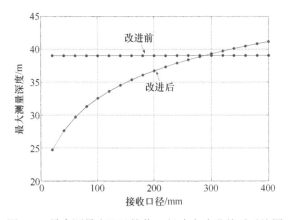

图 2-8　最大测量水深随接收口径响应改进前后对比图

由图 2-8 可知，改进前最大测量水深不随接收口径的增大而变化；改进后最大测量水深随接收口径的变大而增加。例如，当接收口径在 40～400 mm 增大时，最大测量水深增大程度逐渐增大。

分析可知，由于改进前接收口径计算背景噪声功率的函数关系和接收口径计算有效接收功率的函数关系均是线性关系。依据原始经验公式（2-4）预测最大测量水深时，其中 P_A/P_B 部分会将接收口径的影响忽略掉，所以改进前最大测量水深随接收口径响应的曲线斜率和数值均是不变的。

经过上述验证可知，改进后利用接收口径计算背景噪声功率的函数关系更加符合实际情况，即改进后的模型是正确且合理的。

2. 改进有效接收功率计算

本节对有效接收功率计算的改进是在原计算公式中加入接收视场角变量。另外，由于传统的有效接收功率算法未考虑接收视场角的影响，所以不能对比改进前后接收视场角对有效接收功率的影响，只能考虑改进后，P_A/P_B 对预测结果的影响。首先，在 P_A/P_B 的比值关系中，背景噪声功率和有效接收功率应该是随着接收视场角的变化而变化；其次，由于背景噪声功率同接收视场角的响应关系是幂次为 2 的幂函数关系，所以在理论上，接收视场角和有效接收功率间的关系应该也是幂次为 2 的幂函数关系。进一步分析可知，P_A/P_B 的比值关系直接影响预测的最大测量水深。所以，应该考虑验证接收视场角对最大测量水深的影响关系。

依据所构建的最大测量水深预测模型，在有效接收功率中分别加入 θ^2、$\theta^{\frac{5}{2}}$、θ^3 和 θ^4 乘积关系，接收视场角的取值范围为 2～150 mrad，传感器设计预参数和传输介质环境典型参数选择参考表 2-5 和表 2-6 的参数，最后的计算结果如图 2-9 所示。

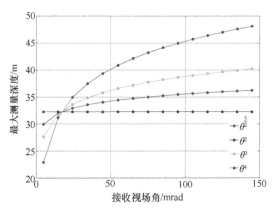

图 2-9　最大测量水深随不同的接收视场角幂次响应图

由图 2-9 可知，最大测量水深不随接收视场角在 2～150 mrad 的增加而变化，这是由于背景噪声功率和接收视场角的函数关系也是 θ^2 的乘积关系，因此，P_A/P_B 会略去接收视场角影响，导致响应结果不变，这是合理的。当有效接收功率中分别加入 $\theta^{\frac{5}{2}}$、θ^3

和 θ^4 的乘积关系时，最大测量水深均随接收视场角在 2～150 mrad 的增大而增大。这种情况符合实际，一方面，改进前后最大测量水深的变化范围不应过大，很明显 $\theta^{\frac{5}{2}}$ 是使最大测量水深变化最小的；而另一方面，预测模型在构建时，参数在合理范围内且符合实际情况均可。

综上所述，在计算有效接收功率的算法中，接收视场角调整为 $\theta^{\frac{5}{2}}$，符合实际情况。

2.4.2　最大测量水深预测模型对比

1. 最大测量水深预测模型交叉对比验证

对于本节所构建的最大测量水深预测模型来说，精度验证或正确性的验证方法一般有两种：一种是实地测量验证法，另一种则是交叉对比验证法。

实地测量验证法，是通过和单波段激光雷达在同一海域实地测量一次得出的结果进行对比，两者之差即认为是本模型的"真误差"，由此对模型进行改进。

交叉对比验证法是指在参数相同时（包括系统的传感器和传输介质环境参数等），将依据其他人所构建的模型或使用的方法得到的预测值，与依据本节所构建的完整的最大测量水深预测模型的预测值做差，即可得出其相对误差。

本节选择以汪权东等（2003）所使用的预测方法进行交叉对比验证，其选择参数如表 2-8 所示。传感器设计预参数和传输介质环境典型参数参考表 2-5 和表 2-6 中的参数。接收视场角范围为 10～50 mrad，最大测量水深随接收视场角变化的结果如图 2-10 所示。

表 2-8　单波段激光雷达测深模拟参数（汪权东等，2003）

所选参数	参数数值（说明）
平台高度/m	500
激光发射功率/MW	2
接收视场角 θ/mrad	10～50
有效接收面积/m²	0.05
接收系统效率	0.3
激光扫描天顶角/（°）	15
光谱接收带宽 D_g/nm	0.5
入水激光脉冲波长/nm	532（内置）
背景辐照度/［mW/（sr·cm²·nm）］	0.014
水体折射率	1.34
水体衰减系数/m⁻¹	0.2

由图 2-10 可知，利用本节所构建的最大测量水深预测模型预测的结果，在接收视场角范围为 10～50 mrad 时，最大测量水深为 47～50 m；当接收视场角为 50 mrad 时，为 49.86 m。这也就说明，相对误差小于 1 m。汪权东等（2003）预测的结果为，接收视场角 50 mrad（最大）时，预测的最大测深能力为 49 m。

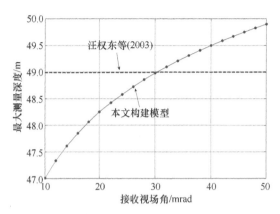

图 2-10　最大测量水深随接收视场角变化

　　汪权东等（2003）的预测结果是未进行对比验证的，因此存在不确定性。但经过同本节模型的结果对比可知，两者的相对误差较小，说明两种模型均是合理的。

2. 模型精度分析

　　通过与汪权东等（2003）的模型进行交叉对比验证，发现二者相对误差为 0.86m。为了进一步验证被发展模型的正确性，我们选择与丁凯等（2018）提出的预测 CZMIL 系统在中国南海北部海域的最大可测水深进行对比。丁凯等（2018）针对南海北部海域，依据 MODIS 数据反演并计算得到漫衰减系数（K_d=532nm），得到 CZMIL 系统在中国南海北部海域的最大可测水深约为 71.18 m。依据本节所构建模型预测得到 CZMIL 系统在中国南海北部海域的最大可测水深结果为 69.9 m，二者相差为 1.28 m。

表 2-9　模型交叉对比验证相对误差表　　　　　　　　　（单位：m）

	汪权东等（2003）	丁凯等（2018）
最大测量水深	49	71.18
本节构建模型	49.86	69.9
相对误差（交叉对比）	+0.86	−1.28

　　由表 2-9 可知，汪权东等（2003）的方法预测结果比本节方法预测结果低，而丁凯等（2018）的方法预测结果比本节方法预测结果高。丁凯等（2018）的方法是由于其是依据传统经验关系进行预测，并未考虑激光在大气和海水界面传输的衰减，因此存在一定程度的误差，所以预测结果比本节方法多 1.28 m。而对于汪权东等（2003）的方法是依据信噪比进行预测，目前单波段激光雷达水下探测系统已经可以对噪声进行预处理，所以其结果是存在一定误差。

2.4.3　最大测量水深预测

1. 预参数下不同海域最大测量水深预测

　　本节依据所构建的预测模型，对不同海域的最大测量水深进行预测。

由表 2-3 可知，南海的水质衰减系数范围为：0.08～0.3 m^{-1}，黄渤海的水质衰减系数范围为：0.4～3 m^{-1}，台湾海峡的水质衰减系数范围为：0.6～5 m^{-1}，西沙海域的水质衰减系数范围为：0.18～0.35 m^{-1}。以南海为例，传感器设计预参数和其他传输介质环境典型参数参考表 2-5 和表 2-6 中的参数，绘制了南海海域单波段激光雷达水下最大可测量深度随水体衰减系数响应图（图 2-11）。

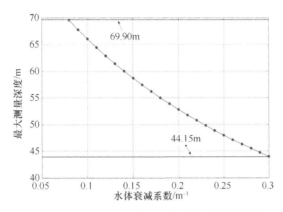

图 2-11　最大测量深度随水体衰减系数响应图

由图 2-11 可知，依据本节所构建的最大测量水深预测模型，预测的南海海域最大可测量水深范围为 44.15～69.90 m。

其他海域的最大可测量水深随水体衰减系数响应图不再绘制，直接给出结果，其结果是：黄海、渤海海域最大可测量水深范围为 7.99～37.81 m，台湾海峡最大可测量水深范围为 4.97～29.38 m，西沙海域最大可测量水深范围为 40.74～55.25 m。

2. 最大测量水深与传感器参数响应关系实验及最优参数选择

本节将依据构建的最大测量水深预测模型进一步对最大测量水深与传感器参数响应关系进行实验并对参数的优选进行讨论。

从能量的角度出发，对于单波段激光雷达水下探测系统来说，在传输过程中会造成激光脉冲能量损失，如果该损失较大，则可接收的回波信号变弱，导致最大测量水深变小。若激光脉冲传输的衰减在一定范围内，则激光峰值发射功率越大，最大测量水深则越大；反之一样。

为了验证相关参数对最大测量水深的影响，激光峰值发射功率的范围选择为 0.1～10 MW，水质环境参数（水体吸收系数和水体散射系数）依据表 2-1 和表 2-2 分为以下 3 类。

（1）清澈水质时：水体衰减系数为 0.2m^{-1}，水体吸收系数为 0.06m^{-1}，水体散射系数为 0.14m^{-1}。

（2）中度水质时：水体衰减系数为 0.5m^{-1}，水体吸收系数为 0.07m^{-1}，水体散射系数为 0.43m^{-1}。

（3）浑浊水质时：水体衰减系数为 1.5m^{-1}，水体吸收系数为 0.10m^{-1}，水体散射系数为 1.40m^{-1}。

对于接收系统的效率、光谱接收带宽和内置等参数，由于其对最大测量水深的影响较小等原因，这里不予考虑。因此，本节只验证平台高度、接收视场角、接收口径、激光扫描天顶角等参数。

1）平台高度

当平台高度分别为 50 m、200 m 和 500 m 时，不同水质环境参数、最大测量水深随激光峰值发射功率响应表示如图 2-12 所示。

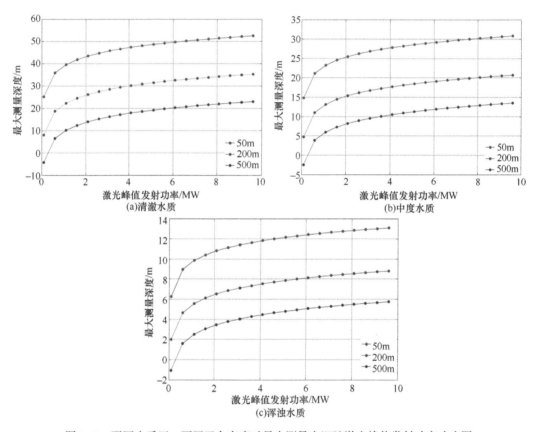

图 2-12 不同水质下、不同平台高度时最大测量水深随激光峰值发射功率响应图

由图 2-12 可知，当平台飞行高度分别为 50 m、200 m 和 500 m 时，无论是清澈水质、中度水质还是浑浊水质，平台飞行高度越低，则单波段激光雷达可探测的最大水深越深。平台飞行高度为 50～200 m、再从 200～500 m 时，当激光峰值发射功率相同的情况下，最大测量水深变浅（图 2-12）。这个结果说明，在选择平台高度时，应选择较小的高度，最好在 100 m 下，这样有利于达到最大测量水深。另外，当飞行高度大于 500 m、激光峰值发射功率为 0.2 MW 以上时，才可以成功探测到回波信号，这个结果说明，激光峰值发射功率对单波段激光雷达可探测的最大测量水深影响较大。

2）接收视场角

当接收视场角分别为 5 mrad、21 mrad 和 70 mrad 时，不同水质参数对应的最大测量水深，随激光峰值发射功率响应如图 2-13 所示。

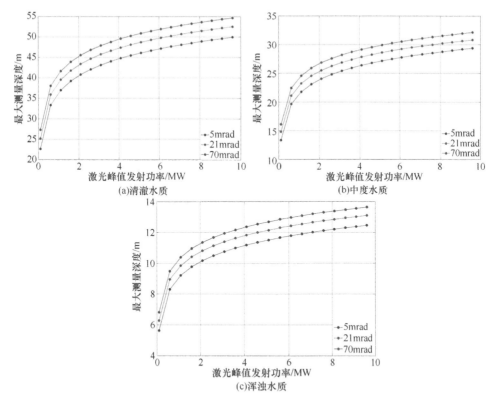

图 2-13　不同水质、不同接收视场角度时最大测量水深随激光峰值发射功率响应图

由图 2-13 可知，当接收视场角分别为 5 mrad、21 mrad 和 70 mrad 时，无论是清澈水质、中度水质还是浑浊水质，接收视场角越大，则最大测量水深越深。当接收视场角从 5 mrad 到 21 mrad、再从 21 mrad 到 70 mrad 时，接收视场角越大，可探测的最大测量水深越小。这种现象说明，随着接收视场角的增大，最大测量水深随之变小。因此，理论上应根据目标探测深度选择合适的接收视场角。

3）接收口径

当接收口径分别为 50 mm、110 mm 和 300 mm 时，选择不同水质参数时，最大测量水深随激光峰值发射功率响应如图 2-14 所示。

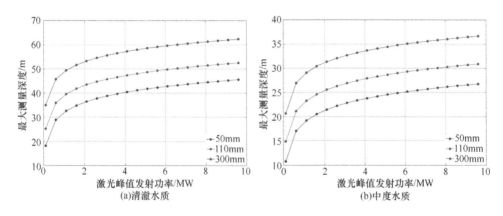

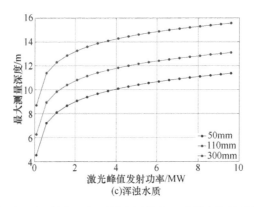

图 2-14　不同水质、不同接收口径时最大测量水深随激光峰值发射功率响应图

由图 2-14 可知，接收口径分别为 50 mm、110 mm 和 300 mm 时，无论是清澈水质、中度水质还是浑浊水质，接收口径越大，最大测量水深越浅。当接收口径从 50 mm 到 110 mm、再从 110 mm 到 300 mm 时，接收口径越大，则最大测量水深越浅。因此，理论上则根据目标探测深度选择合适的接收口径是重要的。

4）激光扫描天顶角

激光扫描天顶角 10°、60° 和 80° 时，不同水质参数对应的最大测量水深随激光峰值发射功率响应表示如图 2-15 所示。

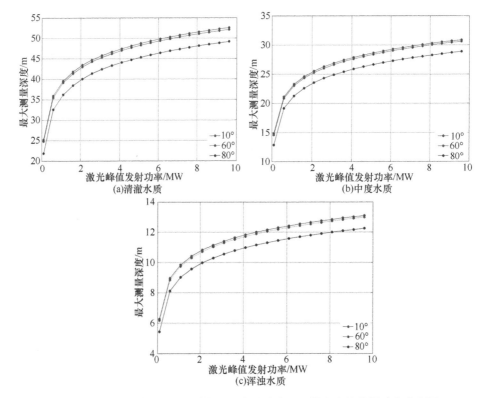

图 2-15　不同水质、不同天顶角时最大测量水深随激光峰值发射功率响应图

由图 2-15 可知,激光扫描天顶角分别为 10°、60° 和 80° 时,无论是清澈水质、中度水质还是浑浊水质,激光扫描天顶角越小,则最大测量水深越深。当激光扫描天顶角从 80° 到 60°、再从 60° 到 10° 时,随着激光扫描天顶角变小,最大测量水深随之变大;当激光扫描天顶角从 60° 到 10° 时,最大测量水深的减小变化程度可以忽略不计;而激光扫描天顶角一旦大于 60°,则最大测量水深出现较大变化。因此,在选择激光扫描天顶角时,一般要根据具体情况选择,10° 左右均是合理的。

2.5 本 章 小 结

本章介绍了单波段激光雷达在不同介质下传输的衰减原理及传输理论,其中包括单波段激光雷达在海水中传输的基本物理定义和表达式,并特别阐述了激光脉冲在经过大气、海面和海水时造成的衰减理论、模型和计算方法。

此外,本章还介绍了传统激光雷达最大测深与系统衰减系数的经验公式,并分析了依据经验公式预测最大测量水深的不足;进一步建立了单波段激光雷达最大测量水深预测模型(该模型改进了激光雷达传感器系统相关参数和传输介质环境参数);最后,对模型存在的误差进行了分析。

本章在合理的数据参数范围内选择了传感器设计预参数和传输介质环境典型参数,对背景噪声功率和有效接收功率的改进行验证实验,并对构建的最大测量水深预测模型进行验证。通过验证得出如下结论:改进后的计算背景噪声功率和有效接收功率的算法是更加符合实际情况且合理的。构建的最大测量水深预测模型与实际测量水深对比,相对误差小于 1 m,说明本节构建的预测模型,具有因素考虑全面、精度高、实际意义大等特点。

参 考 文 献

陈文革, 黄本雄, 杨宗凯, 等. 1996. 机载海洋激光雷达系统的有效衰减系数. 电子学报, 24(6): 47-50.

丁凯, 李清泉, 朱家松, 等. 2018. 运用 MODIS 遥感数据评测南海北部区域机载激光雷达测深系统参数. 测绘学报, 47(2): 180-187.

高健. 2021. 最大测量水深预测模型研究. 桂林: 桂林理工大学.

胡皓程. 2021. 机载单频水深测量激光雷达光机系统设计实现. 桂林: 桂林理工大学.

李景镇. 1986. 光学手册. 西安: 陕西科学技术出版社.

栗伟珉. 2007. 大气信道对 532nm 激光传输影响的研究. 桂林: 桂林电子科技大学.

汪权东, 陈卫标, 陆雨田, 等. 2003. 机载海洋激光测深系统参量设计与最大探测深度能力分析. 光学学报, 23(10): 1255-1260.

王英俭, 范承玉. 2015. 激光在大气和海水中传输及应用. 北京: 国防工业出版社.

王振东, 羊毅, 张红刚. 2009. 目标特性对机载激光雷达接收带宽影响的数值仿真. 红外与激光工程, (2): 308-312.

张逸新, 迟泽英. 1997. 光波在大气中的传输与成像. 北京: 国防工业出版社.

Bufton J L, Hoge F E, Swift R N. 1983. Airborne measurements of laser backscatter from the ocean surface. Applied Optics, 22(17): 2603.

Cote J F, Fournier R A, Frazer G W, et al. 2012. A fine-scale architectural model of trees to enhance lidar-derived measurements of forest canopy structure. Agr Forest Meteorol, 166: 72-85.

Cox G, Munk W. 1954. Measurement of the roughness of the sea surface from photographs of the sun's glitter. Journal of the Optical Society of America, 44(11): 838-850.

Gao J, Zhou G Q, Wang H Y, et al. 2020. LiDAR bathymetric evaluation based on scattering classification algorithm. The International Archives of the Photogrammetry, Remote Sensing and Spatial Information Sciences, 3(10): 97-98.

Groß S, Wirth M, Schafler A, et al. 2014. Potential of airborne LiDAR measurements for cirrus cloud studie. Atmospheric Measurement Techniques, 7(4): 4033-4066.

Guenther G C. 1985. Airborne laser hydrography: System design and performance factors. Sensors, 19: 529.

Hfle B, Hollaus M. 2010. Roughness parameterization using full-waveform airborne LiDAR data. EGU General Assembly Conference Abstracts, 2528.

Horvath H. 1981. Atmospheric visibility. Atmospheric Environment, 15(10): 1785-1796.

Lin C, Nicholas C, Txomin H, et al. 2014. Using small-footprint discrete and full-waveform airborne LiDAR metrics to estimate total biomass and biomass components in subtropical forests. Remote Sensing, 6(8): 7110-7135.

Milosevic M. 2012. Fresnel Equations. New York: John Wiley & Sons, Ltd.

Mohlenhoff B, Romeo M, Diem M, et al. 2005. Mie-type scattering and non-beer-lambert absorption behavior of human cells in infrared microspectroscopy. Biophysical Journal, 88(5): 3635-3640.

Morel A. 1988. Optical modeling of the upper ocean in relation to its biogenous matter content(case I waters). Journal of Geophysical Research Atmospheres, 931(C9): 10749-10768.

Sayer A M, Thomas G E, Grainger R G. 2010. A sea surface reflectance model for(A)ATSR, and application to aerosol retrievals. Atmospheric Measurement Techniques, 3(4): 813-838.

Smith R C, Baker K S. 1981. Optical properties of the clearest natural waters(200-800 nm). Applied Optics, 20(2): 177-184.

Steinvall O, Klevebrant H, Lexander J, et al. 1981. Laser depth sounding in the Baltic Sea. Applied Optics, 20(19): 3284-3286.

Yan H E, Dong W U. 2004. Performance evaluation of airborne ocean LiDAR for measuring chlorophyll-a, suspended matter and coastal water depth in the East China Sea. Journal of Ocean University of Qingdao, 34(4): 649-654.

Wz A, Nan X B, Yue M, et al. 2021. A maximum bathymetric depth model to simulate satellite photon-counting LiDAR performance. ISPRS Journal of Photogrammetry and Remote Sensing, 174: 182-197.

第3章 单波段激光雷达发射光学系统

3.1 引 言

激光雷达发射系统是发射激光光束的主通道，包含激光准直扩束系统和扫描系统。激光准直扩束系统用于激光器发射激光的准直和扩束。在激光雷达系统中，通用的几种激光器的发射光束在一定程度上都会受发散角的影响，发射光束在到达探测目标时形成的光斑直径会比较大，往往难以达到探测目标的精度要求。因此，需要在整个激光雷达探测系统中加入发射光学系统，增强光辐射密度并有效地改善发射光束的发散度、波束宽度及截面积（王春晖和陈德应，2014）。发射系统首先根据探测目标对象选择合适的激光器，根据探测的方式、距离、精度等指标要求，设计合适的扩束准直装置，将激光器发射的激光扩束成满足要求的测量激光，投射到探测目标的表面。本章通过计算，对比选取更利于缩减体积的发射系统（林港超，2022）。

激光扫描系统可将脉冲激光排列成特定图形，如摆线扫描、圆锥扫描。由于圆锥扫描比摆线扫描可获得更高的点密度，本章采用圆锥扫描图形。实现圆锥扫描图形的光学器件有单光楔、双光楔，它们对光线具有偏折能力，可使光线偏离固定夹角发出。本章还提出了一种反射式光楔，并对比它与圆锥扫描的优缺点。此外，扫描点的运动、电机转速等因素也影响扫描图形形状。本章将建立扫描点的运动模型，用 MATLAB 模拟扫描点的运动轨迹，以便研究无人机在不同航高、不同飞行速度时扫描点图形形状。

3.2 发射光学设计理论

激光准直扩束系统为激光雷达发射光学系统的组成之一。为了研究准直扩束系统，需要先研究单片透镜放大光束的原理。任何激光器发射的激光束均有一定的发散角，经过长距离的传播，激光光斑变大，可能会对接收产生影响（崔胜利，2008）。所以，需要对出射激光束进行准直扩束，满足设计时激光发射的光斑大小。根据高斯公式（郁道银，2017）。

$$\frac{1}{s} + \frac{1}{s'} = \frac{1}{f} \tag{3-1}$$

式中，s 为物距；s' 为像距；f 为薄透镜焦距。假设一片薄透镜，正面曲率半径为 R，反面曲率半径为 R'，则高斯公式可改写为

$$\frac{1}{R} + \frac{1}{R'} = \frac{1}{f} \tag{3-2}$$

设 ω_0 为初始激光器光斑束腰半径，ω 为薄透镜前激光束腰半径大小，ω' 为经过薄

透镜后的激光束腰半径大小，ω_0' 为出射后光斑半径大小，则激光入射透镜组时的有效截面半径公式为式（3-3），波阵面半径为

$$\omega = \omega_0 \sqrt{1 + \left(\frac{\lambda s}{\pi \omega_0^2}\right)^2} \tag{3-3}$$

$$R = s\left[1 + \left(\frac{\pi \omega_0^2}{\lambda s}\right)^2\right] \tag{3-4}$$

将高斯公式作变换，有

$$\begin{cases} \omega = \omega' \\ \dfrac{1}{R'} = \dfrac{1}{R} - \dfrac{1}{f} \end{cases} \tag{3-5}$$

结合公式（3-3）和式（3-4），可推导出激光通过单个薄透镜的情形时关于像距 s' 和出射束腰半径 ω_0' 的公式，即（李建新，2009）

$$s' = \frac{-R'}{1 + \left(\dfrac{\lambda R'}{\pi \omega'^2}\right)^2} \tag{3-6}$$

$$\omega_0'^2 = \frac{\omega'^2}{1 + \left(\dfrac{\pi \omega'^2}{\lambda R'}\right)^2} \tag{3-7}$$

3.2.1 开普勒准直扩束装置

一个准直扩束装置通常为两个或三个是有一定厚度的透镜。若透镜组为两个正透镜，则该装置为开普勒型准直扩束装置；若透镜组为一个正透镜和一个负透镜，则该装置为伽利略型准直扩束装置（胡皓程，2021）。设计准直扩束装置前，应先确定激光器初始参数和设计目标（表3-1）。

表 3-1 激光器初始参数和准直扩束装置设计目标

	参数类型	数据
激光器初始参数	激光波长	532nm
	激光脉冲宽度	3ns
	初始激光半径	0.5mm
	初始激光发散角	2mrad
准直扩束装置设计目标	期望准直扩束后激光半径	2.5mm
	期望准直扩束后激光发散角	<0.5mrad
	激光器和准直装置间距	10mm

根据表3-1数据，在距离准直10mm，仅有2mrad的发散角情况下，可近似认为激光平行发射。开普勒型激光准直扩束原理见图3-1，光束经过第一透镜后聚焦，该准直装置中心有焦点，经过第二透镜后调整为准直平行光束。

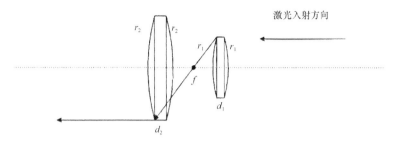

图 3-1　开普勒型准直扩束装置原理

图 3-1 为开普勒型准直扩束装置，其第一片透镜厚度为 d_1、第二片透镜厚度为 d_2，第一片透镜两面曲率半径均为 r_1，第二片透镜两面曲率半径均为 r_2。光线过公共焦点 f，根据几何光学原理，放大倍率满足

$$\frac{f_1}{f_2} = \frac{R_1}{R_2} = \Gamma \tag{3-8}$$

式中，f_1、f_2 分别为第一片、第二片透镜有效焦距；R_1、R_2 分别为两片透镜半径；Γ 为放大倍率。对于一个厚透镜（厚度 $d \gg 0$）；其有效焦距 f 见公式（3-9），后焦距 BFL 公式为

$$f = \frac{n\rho_1\rho_2}{(n-1)[n(\rho_2-\rho_1)+(n-1)d]} \tag{3-9}$$

$$\text{BFL} = \frac{n\rho_1\rho_2 - d\rho_2(n-1)}{(n-1)[n(\rho_2-\rho_1)+(n-1)d]} \tag{3-10}$$

式中，ρ_1、ρ_2 为厚透镜正反两面的曲率半径；d 为透镜两个顶点间厚度；n 为透镜折射率。为方便仿真和计算，开普勒准直扩束装置拟定以下初始参数，见表 3-2。

表 3-2　开普勒型准直扩束装置初始参数设定

参数类型	数据
第一透镜厚度	3mm
第二透镜厚度	5mm
第二透镜有效焦距	25mm
材料/材料折射率（532nm）	BK7/1.5195

将表 3-2 中数据代入式（3-8）计算可得第一透镜有效焦距为 5mm。将数据代入式（3-9）中可得方程组：

$$
\begin{cases}
r_1 = -r_2 \\[2mm]
\dfrac{-1.5195 \cdot r_1^2}{0.5195 \cdot [-2 \cdot 1.5195 \cdot r_1 + 2.5975]} = 25 \\[2mm]
\dfrac{-1.5195 \cdot r_1^2}{0.5195 \cdot [-2 \cdot 1.5195 \cdot r_1 + 3 \cdot 0.5195]} = 5
\end{cases} \tag{3-11}
$$

解得第二透镜 $r_2 = 26.0901$mm，第一透镜 $r_1 = 4.6180$mm。将 r_1、r_2 数据代入式（3-10）中，可计算出两个镜片的后焦距，结果为 $\text{BFL}_1 = 23.2969$mm、$\text{BFL}_2 = 3.8903$mm。两个透

镜间距 D=BFL$_1$+BFL$_2$=27.1872mm。将计算结果用 ZEMAX 软件进行仿真，结果见图 3-2、图 3-3 所示。

	表面:类型	标注	曲率半径	厚度	材料	膜层	净口径	延伸区	机械半直径	圆锥系数	TCE x 1E-6
0	物面	标准面 ▼	无限	无限			0.000	0.0...	0.000	0.000	0.000
1		标准面 ▼	无限	10.000			0.500	0.0...	0.500	0.000	0.000
2		标准面 ▼	无限	0.000			0.000 U	0.0...	0.000	0.000	0.000
3		标准面 ▼	4.618	3.000	BK7		0.500	0.0...	0.500	0.000	-
4	(孔径)	标准面 ▼	-4.618	27.187			0.500 U	0.0...	0.500	0.000	0.000
5		标准面 ▼	无限	0.000			0.000 U	0.0...	0.000	0.000	0.000
6		标准面 ▼	25.090	5.000	BK7		2.374	0.0...	2.534	0.000	-
7	光阑	标准面 ▼	-25.090	10.000			2.534	0.0...	2.534	0.000	0.000
8	像面	标准面 ▼	无限	-			2.518	0.0...	2.518	0.000	0.000

图 3-2　开普勒型准直扩束系统的 ZEMAX 计算表格

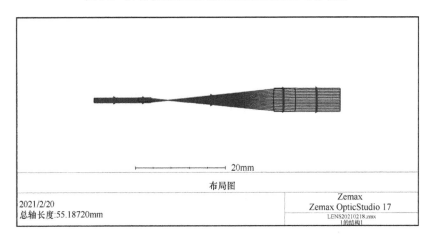

20mm

布局图

2021/2/20
总轴长度:55.18720mm

Zemax
Zemax OpticStudio 17
LENS20210218.zmx
1的结构1

图 3-3　开普勒型准直扩束系统光路仿真

从图 3-2 可以看出，放大后光斑约为 2.518mm，发散角小于 0.5mrad，达到设计目标。从图 3-3 可以看出，光束近似平行，光斑被放大，达到设计目标。

3.2.2　伽利略准直扩束装置

伽利略准直扩束装置基本原理见图 3-4。激光先经过负透镜扩束，再经过一片正透镜变为平行光束。

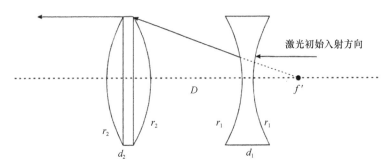

图 3-4　伽利略型准直扩束装置基本原理

如图 3-4 所示，正透镜两面曲率半径均为 r_2，厚度为 d_2；负透镜曲率半径均为 r_1，厚度为 d_1；两者间隔为 D。可知伽利略准直扩束装置放大倍率为

$$-\frac{f_1}{f_2} = -\frac{R_1}{R_2} = \Gamma \tag{3-12}$$

式中，f_1 为伽利略系统中正透镜焦距；f_2 为负透镜焦距；R_1 为正透镜半径；R_2 负透镜半径；Γ 为放大倍率；式中负号表示负透镜的焦点为虚焦点。伽利略准直扩束装置整体有效焦距 f、后焦距 BFL 计算公式与式（3-9）、式（3-10）相同。透镜初始参数与表 3-2 相同。将数据代入式（3-12），可得第一透镜焦距 $f=-5\mathrm{mm}$，得方程组：

$$\begin{cases} r_1 = -r_2 \\[2mm] \dfrac{-1.5195 \cdot r_1{}^2}{0.5195 \cdot [-2 \cdot 1.5195 \cdot r_1 + 2.5975]} = 25 \\[2mm] \dfrac{-1.5195 \cdot r_1{}^2}{0.5195 \cdot [-2 \cdot 1.5195 \cdot r_1 + 3 \cdot 0.5195]} = -5 \end{cases} \tag{3-13}$$

求解方程式（3-13），得负透镜 $r_1=-5.6654\mathrm{mm}$，正透镜 $r_2=25.0909\mathrm{mm}$。

根据图 3-4，可得到伽利略准直扩束装置两个透镜间距 D 为

$$D = \mathrm{BFL}_2 - d_1 + \mathrm{BFL}_1 \tag{3-14}$$

式中，BFL_1 为负透镜后焦距；BFL_2 为正透镜后焦距；d_1 为负透镜厚度。根据式（3-10），求得 $\mathrm{BFL}_1=-3.8903\mathrm{mm}$；$\mathrm{BFL}_2=23.2969\mathrm{mm}$；$D=16.4066\mathrm{mm}$。将计算结果用 ZEMAX 软件进行仿真，结果见图 3-5、图 3-6。

从图 3-5 可以看出，放大后光斑约为 2.498mm，发散角小于 0.5mrad，达到设计目标。从图 3-6 可以看出，近轴光束近似平行，光斑被放大。其与开普勒准直扩束系统相比，伽利略准直扩束装置扩束后光斑直径更接近于目标。且伽利略准直扩束系统两片厚透镜间距为 16.41mm，而开普勒间距为 27.19mm。伽利略型所占用空间更小，即激光器采用了上述的伽利略型准直扩束系统的初始结构。

目前还有很多种准直扩束方式，如"正-正-负""正-负-正"准直扩束系统（钟旭森，2018）。这类准直扩束系统有多个镜片，具有变倍功能。考虑到所设计激光雷达光束大小固定不变，故没有采用此类准直扩束装置，便于缩小体积。

	表面:类型		标注	曲率半径	厚度	材料	膜层	净口径	延伸区	机械半直径	圆锥系数	TCE x 1E-6
0	物面	标准面 ▼		无限	无限			0.000	0.0...	0.000	0.000	0.000
1		标准面 ▼		无限	10.000			0.500	0.0...	0.500	0.000	0.000
2		标准面 ▼		无限	0.000			0.000 U	0.0...	0.000	0.000	0.000
3		标准面 ▼		-5.665	3.000	BK7		0.500	0.0...	0.592	0.000	—
4		标准面 ▼		5.665	16.407			0.592	0.0...	0.592	0.000	0.000
5		标准面 ▼		无限	0.000			0.000 U	0.0...	0.000	0.000	0.000
6		标准面 ▼		25.909	5.000	BK7		2.262	0.0...	2.436	0.000	—
7	光阑	标准面 ▼		-25.909	10.000			2.436	0.0...	2.436	0.000	0.000
8	像面	标准面 ▼		无限	-			2.498	0.0...	2.498	0.000	0.000

图 3-5 伽利略型准直扩束系统的 ZEMAX 计算表格

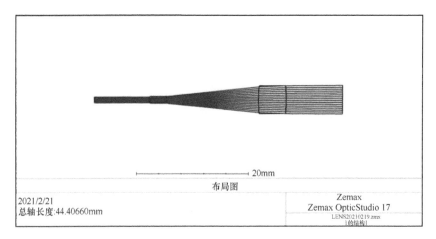

图 3-6　伽利略型准直扩束系统光路仿真

3.2.3　反射式光楔扫描理论

为获取较高的点密度，测深 LiDAR 普遍采用圆周扫描方式，即采用一块光楔绕轴中心旋转（Yuan et al.，2020）。但该扫描方式所采用的中空电机体积大、重量重。为节省体积，减轻重量，本书设计一种基于伺服电机驱动的反射式光楔以实现圆周扫描，仿真结果见图 3-7。

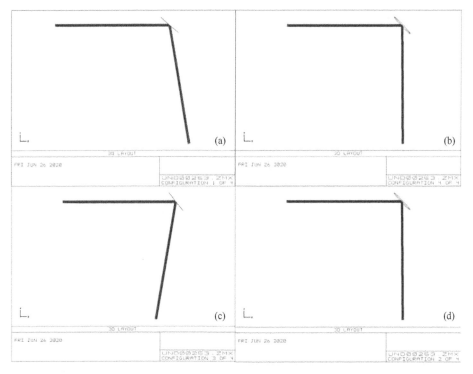

图 3-7　ZEMAX 仿真反射式光楔

（a）代表初始扫描位置，即电机旋转 0° 时的扫描位置；（b）代表电机旋转 90° 时的扫描位置；（c）代表电机旋转 180° 时的扫描位置；（d）代表电机旋转 270° 时的扫描位置，其轨迹为圆

一般圆周扫描使用折射式光楔，即

$$\delta=(n-1)\alpha \qquad (3\text{-}15)$$

式中，δ 为扫描角；n 为折射率；α 为光楔倾角。本章采用反射式光楔（Zhu et al., 2016；胡皓程，2021）。当式（3-15）中 n 取 –1 时，为反射式光楔关系式，即

$$\delta=-2\alpha \qquad (3\text{-}16)$$

当光楔楔角取 $\alpha=-5°$ 时，本章设计的反射式光楔扫描角 $\delta=10°$。在航高 150 m 时，可实现扫描幅宽 52.9 m。

3.3　激光器及其选型

3.3.1　激光器选择

1. 激光器的主要类型

激光器为发射光学系统的最主要元件。合理选择一个激光器，达到高质量光束要求是至关重要的。目前市场的激光器可分为 5 种类型。

（1）固体激光器：其光电转化效率范围为 3%～5%，此类型激光器发射光束特点为发散角较高，聚焦后光斑较大，功率密度低。科研上适合近距离激光打点、近距离激光传输。由于金属对固体激光器的吸收能力高，其也可以应用于金属的切割、焊接、打孔等工作（许双龙，2018）。此类型激光器具有光束能量大、峰值功率高、内部空间结构紧凑、耐用性以及可靠性高等特点（刘洋等，2016）。

（2）CO_2 激光器：其光电转化效率约为 10%，其初始光束发散角较小，聚焦后光斑小，功率密度高。科研上适合远距离激光打点、远距离激光传输。CO_2 激光器其发射光束对金属吸收能力低，也可适用于低熔点金属和非金属的熔融焊接。

（3）半导体激光器：其光电转化效率范围为 70%～80%，此类激光器的初始光束发散角大，聚焦后光斑较大，功率密度低。加装激光准直装置后适用于近距离激光打点、近距离激光传输。此外，半导体激光器受限于激光光束能量分布过于均匀，导致其难以熔融金属，所以不适用于金属切割领域，但其光斑的特点适合进行金属的表面处理。目前，此类激光器已应用于航空航天、医疗等领域。

（4）光纤激光器：其光电转化效率为 35%～40%，其初始光束发散角小，聚焦后光斑小、功率密度高、峰值功率大，适合远距离激光打点、远距离激光传输。由于光纤激光器电光转换效率高、金属对其吸收率高、光束质量高，因此可进行金属切割、焊接、打标、金属表面处理等应用（王建明，2017；陈小梅，2012；张鹰，2012）。

（5）碟片激光器：其光电转化效率约为 30%，其初始发散角小、功率密度高，适合远距离激光打点、远距离激光传输。碟片激光器采用了空间光路耦合结构，因此光束质量很高，转换腔体效率高。工业领域上多用于金属的焊接和切割（彭跃峰，2004；吴杏，2014）。

从功能上来看，CO_2 激光器、光纤激光器、碟片激光器的特点均为初始光束发散角小、聚焦后光斑小、功率密度大，这三类激光器产品用于激光切割居多，对人体危险性

大，并不适合作为海洋激光雷达所使用的激光器。半导体激光器耗电少，无须维护，相比于固体激光器优势明显，但半导体激光器多集中于近红外波段，532nm 产品稀少，即应选取固体激光器作为海洋激光雷达所使用的激光器。

固体激光器有多种分类方式，按照工作物质分类，固体激光器常见的工作物质有铜蒸汽、Nd:YVO$_4$-KTP、Nd:S-FAP-KTP、Nd:YAG 等。Nd:YVO$_4$-KTP 激光器和 Nd:S-FAP-KTP 激光器都可以产生蓝绿激光，但其产生的激光功率过小，难以穿透较深层次的海水，因此不适合用于海洋激光雷达激光器（许双龙，2018）。铜蒸汽激光器可产生蓝绿色激光，也能产生较高输出功率，但铜蒸汽激光器工作温度高达 1700℃，激光器外形采取了特殊结构，体积大，重量大，不利于小型化需求。Nd:YAG 激光器首先产生 1064nm 激光，然后对 1064nm 激光进行倍频，产生 532nm 的蓝绿激光。Nd:YAG 激光器目前有多种调 Q 方式，是世界上发展最成熟的激光器之一，可实现小型化、100kW 高功率输出。故选取 Nd:YAG 激光器作为激光雷达所使用激光器。图 3-8 为一种常用的 Nd:YAG 激光器。

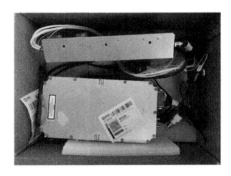

图 3-8　一种 Nd:YAG 激光器

2. 激光器的选取

激光雷达对水下目标的探测能力很大部分取决于激光器发出的光束在水体中传输的深度。激光雷达通常要求激光器具备高重频、窄脉宽和脉冲能量足够大等特性，以满足激光雷达探测的要求。

为了达到这些目的，桂林理工大学定制了一款 532nm 紧凑型激光器，该系统的激光器为窄脉宽、高峰值、高重频、高偏振度的被动调 Q 固体激光器（图 3-9）。

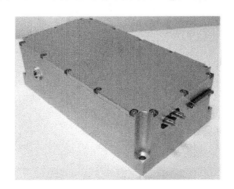

图 3-9　532nm 激光器激光头模块

　　该激光器为 HQP 系列固体激光器，由北京杏林睿光科技有限公司根据需求定制版本，其结构稳定紧凑。HQP 系列固态激光器能输出高功率的激光光束，并且其光束质量高，能满足激光雷达探测要求。它是基于被动调 Q 微片种子的功率放大器，具有窄脉宽、高峰值功率、高重频及内置 PD（photo-diode）零点等特点（图 3-10）（王建明，2017）。激光器为一体化、全密封的设计，其小巧紧凑的激光头非常方便后期的安装和集成。该激光器的系统支持内、外触发。

图 3-10　532nm 激光器驱动电源模块

　　该激光器有配套的控制软件来控制激光器发射激光能量。其控制软件页面如图 3-11所示。

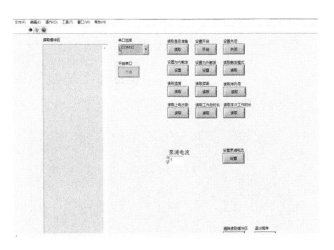

图 3-11　激光器控制软件

　　另外，我们利用能量计在不同泵浦电流下测试，对应的激光相关参数、测试结果如表 3-3 所示。同样，该固态激光器的工作参数如表 3-4 所示。

表 3-3　泵浦电流对应的激光参数和测试结果

泵浦电流/A	脉宽/ns	发射频率/kHz	峰值功率/kW	脉冲能量/μJ
1	1.8	2	22.2	40
2	1.8	2	24.4	44
3	1.8	2	32.7	58.9
4	1.8	2	39.7	71.5
5	1.8	2	50.2	90.5
6	1.8	2	61.0	109.9
7	1.8	2	74	133.2
8	1.8	2	85	153
9	1.8	2	96.1	173
10	1.8	2	106.1	194
11	1.8	2	117.2	211

表 3-4　固态激光器的工作参数

名称	参数	实际测量值
波长	532.3±0.3nm	532.35 nm（线宽 0.11nm）
重复频率	2 kHz	2 kHz
峰值功率	≥200kW	≥200kW
脉宽	1.0～2.0ns	1.8ns
光束质量	$M^2 \leqslant 1.5$	$M^2 \leqslant 1.5$
光束发散全角	≤2mrad	≤2mrad
光斑直径大小	<2mm	<2mm
能量稳定性	≤ 3%	≤ 3%
冷却方式	风冷	风冷
供电要求	22～30V	22～30V
激光器重量	<5kg	3.83kg（激光头加驱动电路）
整机尺寸	≤250mm×120mm×100mm	≤250mm×120mm×100mm

3.3.2　激光能量的测试

在使用激光器作为激光雷达探测时，通常需要对激光能量进行精准测试。本节介绍利用能量计对激光器在不同泵浦电流下发射的激光能量进行测试（图 3-12）。

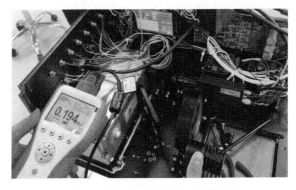

图 3-12　测量 532nm 激光的能量（周国清等，2021）

这种测试方法不受能量计量程限制，即该方法可以同时兼顾大能量激光和小能量激光的测试。该方法通过分析光电探测器 APD（avalanche photon diode）和光电倍增管 PMT（photo multiplier tube）的探测性能、光电转换实验及跨阻放大实验将不便量化分析的光信号转化为示波器可见的电信号。该方法基本过程是（周国清等，2021；谭逸之，2021）：

（1）通过改变激光器的泵浦能量值，观察电压信号变化。

（2）根据跨阻放大电路的放大倍数，计算光电流大小。

（3）利用光电探测器灵敏度与激光波长的关系，找到对应的探测器灵敏度和光电转换增益及激光衰减倍数，计算激光能量值。

1. 基于 PMT 探测器的激光能量测量方法

对于波长为 532nm 的激光能量测试，使用的是日本滨松光子学株式会社的 H11526 系列的 PMT 探测器，它的重复频率为 10kHz，该模块里面的高压电源可以外接一个滑动变阻器来改变模块的控制电压，方便测试时调整控制电压来改变 PMT 增益。如果高强度光进入模块，内部保护监控器将发出错误信号（杨洪杰，2010）。利用 PMT 探测器的测试过程和利用 APD 探测器的测试过程非常类似，其最大的不同之处在于 PMT 需要信号发生器对其进行时序控制，并且 PMT 的增益会随着控制电压实时改变。一般控制电压为 0.4～0.9V，可以控制放大增益在 10^3～10^7。因此，此 PMT 探测器为电压输出型模块，内部集成的跨阻放大电路增益 D 为 0.1V/μA 到 1V/μA。

按照 PMT 探测器的光电转换和跨阻放大过程，可以计算出激光能量，即

$$J = \frac{V}{\text{Gain} \times M} \times D \tag{3-17}$$

式中，M 为波长 532nm 时 PMT 的激光响应度；D 为激光脉宽；V 为示波器测量电压值；Gain 为 PMT 增益。

测试选用了 OPA847 芯片的放大电路，该电路的偏置电流很低，带宽是 4.2GHz。放大电路采用±6.5V 供电，输入输出接口均采用 SMA 接口，可以将电路输入口接上 PMT 探测器的输出端，电路的输出口接在示波器上进行电压探测。

以图 3-14 测试结果为例。示波器探测到的电压 V 为 0.291V，控制电压是 0.9V，PMT 的增益是 5×10^6，对应 532nm 的响应度为 40mA/W，D 为 0.1V/μA，脉宽为 5ns。选用了 60dB 叠加 60dB 的衰减片（图 3-13），将激光功率衰减为 1/1011。

$$J^* = J \times \eta \tag{3-18}$$

（1）类似上述 APD 的计算，PMT 的 J 为

$$J = \frac{V}{\text{Gain} \times M} \times D \approx 7.278 \times 10^{-17} \text{J}$$

（2）真实激光能量 J^* 为（图 3-14）

$$J^* = J \times \eta = 6.5475 \times 10^{-5} \text{J} = 0.0655 \text{mJ}$$

图 3-13　532nm 60dB 的衰减片

图 3-14　能量计测试结果

能量计测出激光能量值为 0.065mJ，和本方法测试结果一致。再一次证实本方法可用于波长 532nm 的激光能量测试。

2. 532nm 激光能量测试

532nm 的激光器需要先对倍频器升温到 147℃才能正常工作。因为 PMT 主要是测量水下微弱信号的，所以它的灵敏度比 APD 还要高。PMT 的阈值是 nW 级，需要选用衰减能力更强的衰减片来保证模块正常工作。

（1）按照 PMT 的工作时序图设置好信号发生器，因为 PMT 需要门控功能来区分接收的光是由水面反射的还是水底反射的，这就需要在信号发生器中设置好激光射到水面时所需的时间，这个过程 PMT 处于关闭状态；接着激光到达水面后开启门控开关，开始接收水底回波信号。需要在激光器上位机软件中将激光器触发方式改为由信号发生器来控制的外部触发。

（2）将外界信号发生器的信号调至脉冲信号，选择占空比 0.1%，高电平在 3.5～5V，低电平选 0，周期为 100μs，脉宽是 100ns，时延设置 80ns，上升时间为 8ns，下降时间为 70ns。

（3）本次测试主要采用的是日本滨松光子学株式会社设计的 PMT 进行实验，如果选用其他公司产品的时候，需要参考出厂报告，查看是否有门控功能，以及门控功能是选用常开还是常闭等，按照对应的时序图设置信号发生器参数。由于离水面距离太近，水面信号的门控时间无法精准控制，一般这种外部信号触发功能的激光实验只可用于机载实验测量，而不适合船载测量（杨洪杰，2010；谭逸之，2021）。

（4）另外，要根据需要接收的激光波长波段选择合适的光电探测器。一般选择峰值灵敏度在最接近的波段作为探测光比较好。此实验所用 PMT 所需的时序如图 3-15 所示，PMT 探测器接收到的电压信号如图 3-16 所示。

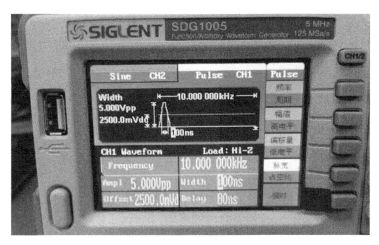

图 3-15　PMT 探测器的时序控制

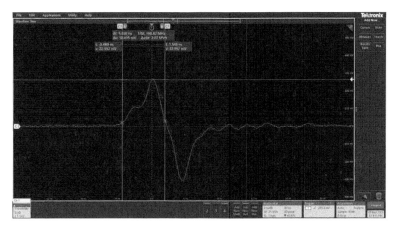

图 3-16　PMT 探测器接收到的电压信号

如表 3-5 所示，逐渐增加激光器的泵浦能量值，得到的激光能量最大，且实验检校后得到的数值均大于检校前数据。

表 3-5　532nm 激光能量实验数据对比

实验组序号	检校前测试结果/mJ	检校后测试结果/mJ
1	0.052	0.0521
2	0.077	0.0794
3	0.112	0.1131
4	0.134	0.1354
5	0.231	0.2346
6	0.294	0.3011

3.4 扫 描 系 统

3.4.1 激光扫描原理

激光雷达扫描系统的主要任务是将脉冲激光扫描焦点有规律的排列,在水面形成扫描图形。根据形成的扫描图形来分类,扫描系统可分为摆线扫描和圆锥扫描两类。摆线扫描方式,即激光照射一个可以旋转一定角度的摆镜在地面形成 Z 形摆线。圆锥扫描方式,可通过单光楔或双光楔方式实现,其在地面形成的图案为圆形。在机载激光雷达行进的情况下,这两类扫描方式均可覆盖扫描区域。本节所设计的扫描系统为圆锥扫描系统。

建立无人机在水面飞行的坐标系,需要先考虑无人机飞行速度、航高、电机转速、扫描角,得扫描方程（胡皓程,2021）:

$$\begin{cases} y = vt + h\tan\theta\sin(2\pi nt) \\ x = h\tan - h\tan\theta(2\pi nt) \end{cases} \tag{3-19}$$

式中,y 为激光点落在 y 轴上的位置;v 为无人机飞行速度;t 为无人机飞行时间;h 为无人机飞行的航高;θ 为扫描角;n 为电机转速;x 为激光点落在 x 轴上的位置。将理想飞行高度设置为 50m。但实际情况中,多种原因导致无人机无法稳定保持 50m 的飞行高度,即扫描需要设计为可变幅宽扫描。本节选取了 50m 以上不同航高、飞行速度条件下的 9 个方案进行仿真,方案见表 3-6。

表 3-6 扫描方案

方案	飞行速度/(m/s)	飞行高度/m	扫描点密度/m⁻²	电机转速/(r/min)	扫描角/(°)	幅宽/m	扫描面积/m²
1	6	100	2.42	600	10	35.26	1269.36
2	8	100	2.07	600	10	35.26	1692.48
3	10	100	1.81	600	10	35.26	2137.20
4	6	150	1.29	600	10	52.89	1904.04
5	8	150	1.14	600	10	52.89	2538.72
6	10	150	1.02	600	10	52.89	3173.40
7	6	200	0.81	600	10	70.53	2539.08
8	8	200	0.73	600	10	70.53	3385.44
9	10	200	0.66	600	10	70.53	4231.80

利用上述数据编写 MATLAB 程序,对扫描图形进行仿真。运行程序后所得结果见图 3-17。

根据观察,在 600r/min 条件下,相同的扫描时间内,航高越高,其所覆盖的扫描面积越大;飞行速度越快,覆盖的扫描面积越大。且在电机转速为 600r/min 的条件下,地面扫描图形为栅形,中间有较大空隙。李萨如扫描模式可有效减少扫描点和扫描点之间空隙（李哲等,2008）,其方程式为

$$\begin{cases} x = A\sin(\omega t) \\ y = A\sin(\omega t + \psi) \end{cases} \tag{3-20}$$

式中，A 为扫描幅值，用于控制扫描图像的范围；ω 为扫描频率（扫描电机转速），用于控制扫描的速度；t 为时间；ψ 为两个方向扫描函数的相位差，用于改变扫描曲线的疏密。

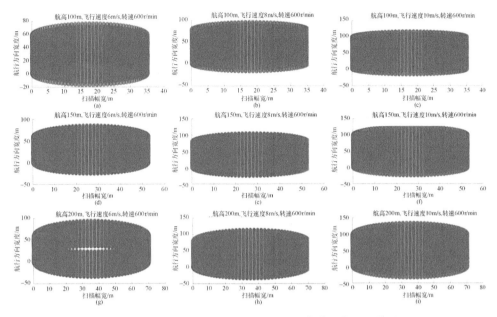

图 3-17　电机转速 600r/min 情况下不同条件扫描图形结果

当电机转速 ω 为奇数，扫描图形近似于李萨如图形。选取电机转速 540r/min（ω=9r/s），在航高 100m、150m、200m，飞行速度 6m/s、8m/s、10m/s 的条件下，利用 MATLAB 进行仿真，其结果见图 3-18。

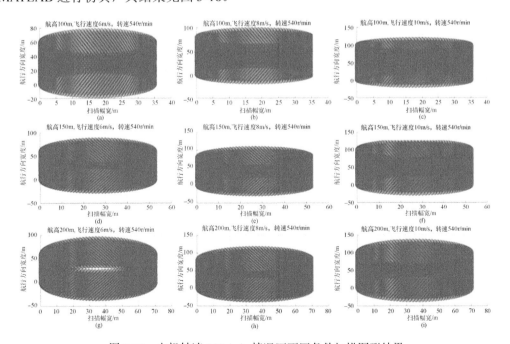

图 3-18　电机转速 540r/min 情况下不同条件扫描图形结果

对比图 3-18 和图 3-17 发现，李萨如扫描模式有效降低了扫描点之间的间距。为实现栅形扫描方式和李萨如扫描模式之间的切换，需要设计调速电路。控制直流伺服电机转速的表达式为

$$n = \frac{(U - 2\Delta U_s - I_a R_a)}{C_e \Phi} \tag{3-21}$$

式中，n 为电机转速；U 为电枢电压；ΔU_s 为电刷压降；I_a 为电枢电流；R_a 为电枢电阻；C_e 为常系数；Φ 为气隙磁通量。

从式（3-21）可以看出，调节电枢电压较为可行。本节直流电机调速电路输入直流脉冲电源，通过调节 74LS00D 模块延迟下一个直流脉冲信号，从而增大电源占空比，使得电枢电压下降。如图 3-19 所示，其为设计的直流伺服电机调速电路。当开关 S1 接 2 时，直流脉冲信号延迟少，电机处于 600r/min，为栅形扫描；当开关 S1 接 1 时，直流脉冲延迟大，电机处于 540r/min，为李萨如扫描模式。

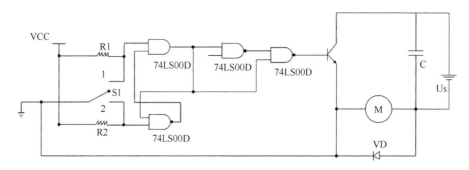

图 3-19　直流电机调速电路设计

VCC 表示电压源，R1、R2 表示电阻，S1 表示开关，74LS00D 表示与非门，M 表示电机，VD 表示二极管，C 表示电容，Us 表示信号源

3.4.2　光学扫描器件和电机选型

为获取较高的点密度，机载单波段水深测量 LiDAR 系统采用伺服电机驱动的反射式光楔实现激光圆周发射，电机采用上海同毅自动化技术有限公司提供的产品（图3-20），具体参数见表 3-7；反射式光楔见图 3-21，参数见表 3-8。

图 3-20　电机

表 3-7　电机参数

名称	参数
直流电压	24V
额定转速	0～3000rpm
温度	−10～50℃
环境湿度	<90% 无结露

图 3-21　光楔

表 3-8　光楔参数

名称	参数
光楔倾角	5°
光楔直径	120mm
光楔厚度	15mm
通光孔径	90%
镀膜	一面镀金属反射膜，反面细磨或者检测抛光
损伤阈值	>1J/cm², 20ns, 20Hz, @532nm

3.4.3　扫描电机控制系统

扫描电机控制系统包括光楔和直流扫描电机。光楔又分为单光楔、双光楔、反射式光楔。直流扫描电机分为直流伺服电机和中空电机。单光楔和双光楔需要用到中空电机装载，保证光线从镜片中央通过（胡皓程，2021）。中空电机分为两部分：中空转头部分和伺服电机部分（图 3-22），这使得中空电机比普通直流伺服电机体积大，占用更多空间。而反射式光楔可使用伺服电机，相比单光楔和双光楔所使用的中空电机节省空间。从控制角度看，中空电机转头较重，当转速改变时，中空电机响应时间长。因此，本节选择反射式光楔和直流伺服电机组成的扫描电机控制系统。

图 3-22　一种中空电机结构

目前，由于小型单片机具有灵活、简单，易于实现，持续稳定工作的优点，且小型单片机可用于微型伺服电机控制系统中，实现电机扫描控制，故本节采用单片机控制扫描系统。电机控制系统主要有两个方面的任务：一是在电机控制系统中，需要通过脉冲信号延时来有效控制脉冲信号频率；二是需要在单片机中进行子程序的设置，用定时器实现时间的延时。该程序主要是在中断电机服务的时间内，通过对输出的信号进行适当的调整，就可以设定时间，控制电机转速。

STM32F103 为一种 ARM 内核中端芯片，由意法半导体公司生产，使用 Cortex-M3 作为内核（张欢等，2016），可搭载多种外设。STM32F103 芯片还具备多种优点，如接口丰富，板卡上有多个 I/O 口，可以同时为多个外设进行插拔，除了晶振所占用的 I/O 口，其他都可用于扩展，满足不同条件下的开发需求；主芯片采用 512kB FLASH，并外扩 1MB 的静态随机存取存储器 SRAM 和 16MB 的 FLASH，存储量高。

图 3-23 为电机控制系统结构示意图，其中电机编码器通常采用 PWM 法来控制伺服电机。PWM 是一串周期性的高低电平信号，不过高低电平持续时间可调。当以定时器为驱动时，定时器的计数频率就是 PWM 波的频率，然后根据 TIMx_CCRx 设置的值和定

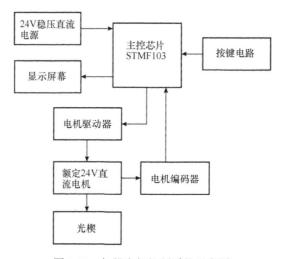

图 3-23　扫描电机控制系统示意图

时器计数器当前的数值 TIMx_CNT 比较大小，根据比较结果输出高低电平。比较结果和高低电平之间的关系就是我们设置的 PWM 对齐方式。只要根据设置的 TIMx_ARR 寄存器的值和所需要的占空比设置 TIMx_CCRx 寄存器的值即可调节占空比，从而调节转速。

将某频率的 PWM 装置近似看作一阶惯性环节，PWM 波控制晶体管给直流电机供电，建立 PWM 的传递函数，模型表示为（刘碧飞等，2021）

$$G = \frac{K}{T_s + 1} \quad (3\text{-}22)$$

式中，K 为 PWM 装置放大倍数；T_s 为 PWM 延迟时间，通常假设 T_s 设置为 PWM 装置频率的倒数。根据基尔霍夫定律，可建立电压平衡方程：

$$\begin{cases} U = I \cdot R + L \dfrac{\mathrm{d}I}{\mathrm{d}t} + E \\ E = C\varPhi n \end{cases} \quad (3\text{-}23)$$

式中，C 为电动势常系数；I 为电枢电流；U 为电枢电压；E 为反电动势；$\varPhi$ 为每极磁通量；R 为电枢电阻；L 为电枢电感；n 为转速（转每分钟）。电动势常量表达为

$$C = \frac{PN}{60a} \quad (3\text{-}24)$$

式中，P 为电磁对数；N 为导体数；a 为电枢的并联支路数。根据牛顿第二定律，可以建立电机轴上力矩方程：

$$\begin{cases} T_c - T_l = J \dfrac{\mathrm{d}\xi}{\mathrm{d}t} \\ \xi = \dfrac{2\pi n}{60} \end{cases} \quad (3\text{-}25)$$

式中，T_c 为电磁转矩；T_l 为负载转矩；J 为转动惯量；ξ 为转速（弧度每秒）；n 为转速（转每分钟）。根据式（3-23）、式（3-25）即可推出电机转速和电枢电压的表达式：

$$n = \frac{U}{C\varPhi} - \frac{RT_c}{9.55C^2\varPhi^2} \quad (3\text{-}26)$$

最终，建立电机转速与电枢电压传递函数：

$$G(s) = \frac{1}{C(T_s + 1)(T_m + 1)} \quad (3\text{-}27)$$

式中，C、T_s、T_m 均为常量。通常来说，电动势常数 C 参数较难获知，一般厂商不标注。厂商通常标注反电动势常数 K_e。K_e 与 C 的关系为

$$K_e = C\varPhi \quad (3\text{-}28)$$

联合式（3-27）、式（3-28），电枢电压控制电机的传递函数可改写为（银颖和黄志祥，2019）

$$G(s) = \frac{1}{K_e(T_s + 1)(T_m + 1)} \quad (3\text{-}29)$$

式中，T_s 为电枢时间常数；T_m 为机电时间常数。式（3-30）、式（3-31）分别给出了电枢时间常数、机电时间常数，可以表达为

$$T_s = \frac{L}{R} \tag{3-30}$$

$$T_m = \frac{R \cdot J}{K_e \cdot K_T} \tag{3-31}$$

式中，L 为电枢线电感；R 为电枢电阻；J 为电机转动惯量；K_T 为转矩常数。

　　根据式（3-29）建立电机传递函数后，还需要确定系统控制策略。选取合理的控制策略可很好地提升控制系统性能。经典控制理论认为，控制系统应当满足三个要素：一是最大超调量小，调节时间短；二是响应速度快；三是稳态误差小（王蕾等，2015；陈睿等，2020；龚晟和孙明，2004）。比例积分微分控制 PID 是最早发展起来的控制策略之一，由于其算法简单、鲁棒性高，已被广泛应用于工业控制中（龚晟和孙明，2004；董惠娟等，2019）。利用一般 PID 算法来稳定控制扫描电机。增大比例系数 P 将加快系统响应，减少稳态误差，过大的比例系数会使系统产生较大的超调量，使稳定性变差。因此，需要确定合理的比例系数 P。积分时间常数 I 越小积分作用越大，积分可以消除稳态误差，增加系统稳定性。积分时间太小会降低系统的稳定性，使系统振荡次数变多。微分时间常数 D 越大，微分作用越大，微分具有超前作用，减小系统超调量，增加稳定性。图 3-24 为普通 PID 控制原理图。

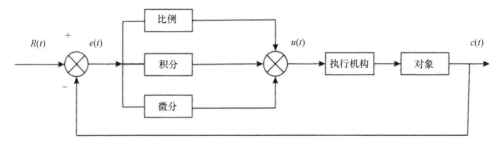

图 3-24　PID 控制原理图

t 为时间，$R(t)$ 表示设定值，$e(t)$ 表示误差，$u(t)$ 表示控制信号，$c(t)$ 表示实际输出

　　为确定 PID 控制系统中比例 P、积分 I、微分 D 参数，需要先确定电机传递函数中的所有参数。本节采用的电机反电动势常数 K_e=0.0382V/（rad/s），线感为 0.00156H，线阻为 0.67Ω，转矩常数为 K_T 为 0.067N·M/A。转子转动惯量为 $2.5×10^{-6}$kg·m²。计算得电枢时间常数为 0.00233s，机电时间常数为 0.000654s，电机的传递函数如下：

$$G(s) = \frac{14.925}{(0.00233s+1)(0.000654s+1)} \tag{3-32}$$

　　图 3-25 为电机控制系统的 Simulink 仿真图。

　　常用整定 PID 参数的方法有：临界比例度法、衰减曲线法、反映曲线法（刘钊，2018；李宪文，2012）。衰减曲线法可在闭环系统条件下进行试验，还可以较好地控制比例系数 P。所以，本节使用衰减曲线法进行 PID 参数整定。整定步骤如下：一是在闭合控制系统中，将控制器的积分时间 I 置于无穷，微分时间 D 置零，比例系数 P 置于较大的值；二是给系统加入单位阶跃信号，从大到小改变比例系数 P，直到出现 4∶1 衰减比为止，记录此时的比例系数 P_1，并从曲线上找出衰减时间 T_1（李纪文，2008；Ma et al.，2020）。对于部分衰减较快系统，振荡一次时间也可作为 T_1；三是根据 P_1 和

T_1 值估算参数 P、I、D 的值，本节值为：$P=0.8P_1$，$I=0.3P_1$，$D=0.1T_1$。

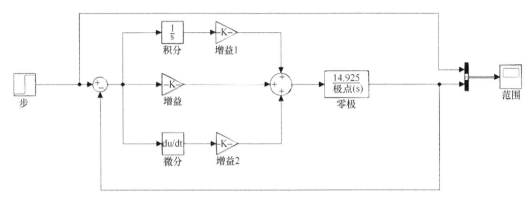

图 3-25 扫描电机控制系统 Simulink 仿真

最终整定结果为 $P=1.037$，$I=296.8$，$D=-3\times10^{-6}$，图 3-26、图 3-27 为 PID 整定结果。其中，图 3-27 为峰值信号处的整定曲线。

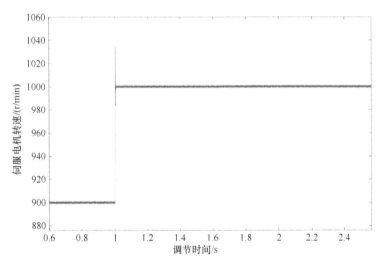

图 3-26 扫描电机 PID 参数整定

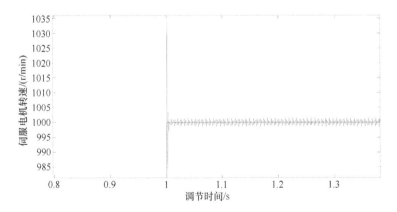

图 3-27 扫描电机 PID 参数整定（峰值信号处的整定曲线）

从图 3-26、图 3-27 中可知，PID 参数选取较好，最大峰值为 1040r/min，最大超调量为 4%，响应时间极快。由此可以看出，直流伺服电机的转速调节可以做到瞬间响应。在 Simulink 中将 P 调节为 1，I 调节为 0，D 调节为 0，使用 MATLAB 中附带程序 PID Tuner 进行 PID 整定，以便检验结果（图 3-28）。从图 3-28 发现，PID 参数与计算结果接近，因为两条曲线大致接近。MATLAB 计算出在该 PID 参数下，系统响应时间为 0.0006s。

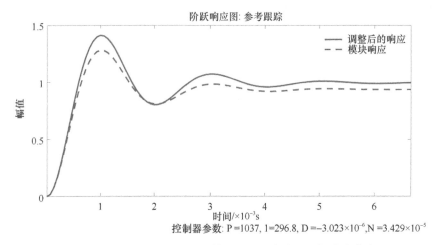

图 3-28　PID Tuner 检验 PID 参数合理性（虚线是理想响应曲线）

3.5　本　章　小　结

本章阐述激光器选型的理由，讨论了单片透镜对光束的扩散作用，以及一种开普勒型准直扩束系统的初始结构设计和一种伽利略型准直扩束系统的初始结构设计。在激光器波长、初始半径已知的情况下，本章选取第一透镜和第二透镜的厚度、镜片材料、第二透镜的有效焦距来计算第一透镜有效焦距、两片厚透镜间距、两片透镜表面曲率半径；并利用 ZEMAX 软件进行仿真，估计真实放大后的光斑与理论计算放大后的光斑大小差距。

本章设计了圆锥激光扫描系统，综合考虑无人机飞行速度，飞行高度、电机转速、飞行时间建立了扫描点的运动学方程；设计了一种基于 PWM 控制的直流电机调速电路，可根据电压占空比来改变电机转速。600r/min 转速对应了栅形扫描方式，540r/min 转速对应李萨如扫描方式。同时实现了不同扫描方式相互切换。在扫描光学器件方面，本章对比了单光楔和双光楔的差异和优劣，设计了反射式光楔，减轻激光雷达重量，节省内部空间。本章还设计了扫描电机的基本控制结构，分析了扫描电机的动力学方程，建立扫描电机的传递函数以便分析直流伺服电机在扫描系统中的稳定性。本章介绍了 PID 控制原理、PID 参数整定基本方法。最终，本章较好地整定了扫描电机的 PID 控制参数。目前除经典 PID 外，已经发展出了模糊 PID、专家 PID 控制。模糊 PID 具有较强的抗干扰能力，专家 PID 控制系统可利用先验知识，可通过系统故障进行自我改善，系统具备长期可靠性，其在交流电机控制、复杂系统、多输入多输出系统都有应用的前景。

参 考 文 献

陈睿, 周海波, 于恒彬, 等. 2020. 基于正交优化的电动舵机机械手模糊 PID 伺服驱动系统仿真与实验分析. 哈尔滨理工大学学报, 25(2): 16-24.

陈小梅. 2012. 方形孔径平面微透镜阵列的球差分析及改进. 重庆: 西南大学.

崔胜利. 2008. 红外成像光学系统设计. 重庆: 重庆大学.

董惠娟, 隋明扬, 王奕, 等. 2019. 机电系统控制基础课程实验中传递函数辨识方法及关键技术. 实验技术与管理, 36(11): 36-39, 44.

龚晟, 孙明. 2004. 开关磁阻电机 PID 控制参数的整定方法. 机床电器, (1): 9-11.

胡皓程. 2021. 机载单频水深测量激光雷达光机系统设计实现. 桂林: 桂林理工大学.

李纪文. 2008. 基于陀螺仪的竞赛机器人嵌入式控制系统的研究. 成都: 电子科技大学.

李建新. 2009. 激光准直扩束设计和仿真. 装备制造技术, (3): 28-31.

李宪文. 2012. 自控系统中控制点的 PID 参数的整定方法论述. 科技致富向导, (26): 244, 249.

李哲, 邓甲昊, 周卫平. 2008. 水下激光探测技术及其进展. 舰船电子工程, 28(12): 8-11, 48.

林港超. 2022. 船载测深 LiDAR 水面强后向散射抑制光学系统的设计与实现. 桂林: 桂林理工大学.

刘碧飞, 刘泓滨, 李华文. 2021. 基于模糊 PID 算法的智能车电机转速控制研究. 农业装备与车辆工程, 59(1): 93-98.

刘洋, 唐晓军, 王喆, 等. 2016. 激光二极管端面抽运 Nd: YAG 表层增益板条激光器. 中国激光, 43(10): 31-36.

刘钊. 2018. 基于嵌入式系统的溶剂回收塔控制系统研究. 唐山: 华北理工大学.

彭跃峰. 2004. 高平均功率光纤激光器技术. 中国工程物理研究院.

谭逸之. 2021. 双频脉冲激光雷达的接收电路设计与系统优化. 桂林: 桂林理工大学.

王春晖, 陈德应. 2014. 激光雷达系统设计. 哈尔滨: 哈尔滨工业大学出版社.

王建明. 2017. 高功率单模光纤激光器关键技术及输出稳定性研究. 武汉: 华中科技大学.

王蕾, 郑逢良, 申超群, 等. 2015. 一种基于 AVR 单片机的无刷直流电机控制器的设计与实现. 电子技术与软件工程, (13): 258.

吴杏. 2014. 基于 ZEMAX 的多模光纤到单模光纤耦合系统研究. 武汉: 华中科技大学.

许双龙. 2018. 复杂曲面激光切割设备及研究. 沈阳: 沈阳工业大学.

杨洪杰. 2010. YHFT-DX 浮点乘法器的设计与实现. 长沙: 国防科技大学.

银颖, 黄志祥. 2019. 热水器模糊 PID 水温控制系统的设计. 贵州师范学院学报, 35(3): 27-31.

郁道银. 2017. 工程光学基础教程. 北京: 机械工业出版社.

张欢, 靳宝安, 宁铎, 等. 2016. 基于 STM32 的半导体温差发电装置的研制. 电源技术, 40(2): 326-328.

张鹰. 2012. 基于液体透镜的变焦距光学系统研究. 长春: 中国科学院研究生院(长春光学精密机械与物理研究所).

钟旭森. 2018. 像散激光扩束准直光学系统设计研究. 北京: 中国电子科技集团公司电子科学研究院.

周国清, 谭逸之, 周祥, 等. 2021. 波长 1064 nm 和 532 nm 脉冲激光大动态范围能量的测试方法及实验. 红外与激光工程, 50(S2): 139-146.

Ma J, Lu T, He Y, et al. 2020. Compact dual-wavelength blue-green laser for airborne ocean detection LiDAR. Applied Optics, 59(10): 87-91.

Yuan G, Ma X, Liu S, et al. 2020. Research on Lidar scanning mode. High Power Laser and Particle Beam, 32(4): 65-70.

Zhu J, Li F, Huang Q, et al. 2016. Design and implementation of dual wedge scanning system for airborne lidar. Infrared and Laser Engineering, 45(5): 9-14.

第4章 单波段激光雷达光学接收系统

4.1 引　　言

激光雷达光学接收系统主要将海底回波信号会聚在光电探测器的光敏面上。从无人机搭载的激光雷达上发射的激光束到达海面和海底时会产生漫反射，产生的漫反射信号经过海水和大气传输后再被激光雷达上的光学接收系统所接收（李哲等，2008；莫晓帆，2018）。回波信号经过海水吸收、散射、大气衰减后通常功率低于 1×10^{-6}W。因此，需要将激光雷达光学接收系统设计为一种望远镜组，以增大光电探测器光敏面处光通量。为了保证测量精度，光学接收系统需要做到光能传输损耗小、光电耦合效率优秀，主光学口径应尽可能大，以保证接收到更多的回波信号能量，物镜组成像质量高，以便分清各个视场光线。所以，其中接收望远镜光学结构的选择和设计就尤为重要。按镜组功能，激光雷达接收系统可分为物镜组和目镜组。物镜组和目镜组均有不同类型的结构。

物镜组按镜片特性又可分为折射式、折反射式、全反射式。折射式系统全部由透射镜片组成。典型的折射式物镜组有：柯克三片式物镜、双高斯物镜（胡皓程，2021；郁道银和谈恒英，2015）。折反射式物镜组是由透射式镜片和反射式镜片组成，典型的折反射式物镜有施密特–卡塞格林系统、马克苏托夫–卡塞格林系统。全反射式系统全部由反射式镜片组成，减少了光能损失率。典型的全反射式物镜有格里高里系统、经典卡塞格林系统、离轴四反射式系统。

目镜组通常按照接收视场需求来选型。对于较小视场，目镜组可选择冉斯登目镜组和惠更斯目镜组；对于较大视场，目镜组可选择 RKE 凯尔纳目镜和西德莫尔目镜。在单波段水深测量激光雷达接收光学系统设计中，需要详细对比各类型镜组的优缺点，然后进行选型。

激光雷达的工作原理依靠自身发射一束激光，通过光学系统获取目标返回信息，这一过程容易受悬浮颗粒物、气溶胶、水体表面反射的太阳光及激光入水阶段水体的后向散射影响，出现强噪声干扰，这些干扰光学系统的光线称为杂散光（刘哲贤，2023）。杂散光对微弱光信号探测光学系统有着巨大危害，需要设计一种作用于接收光学系统的杂散光抑制装置，用来抑制杂散光干扰。

另外，不同深度的回波信号功率也不同，而光电探测器接收范围有限。因此，需要先将回波信号分类为水表面回波信号、浅水回波信号和深水回波信号，再用不同敏感接收范围的光电探测器接收。合理分配探测器接收功率范围也是较难解决的技术问题之一。

4.2　单波段激光雷达多通道分视场理论

4.2.1　浅海测量最优视场（FOV）理论

除了激光在水中能量衰减外，还应当考虑大气对激光的衰减作用。大气对激光的衰减计算公式为（贾建周等，2010）

$$A=\mathrm{e}^{-\frac{7.828}{V}\left(\frac{\lambda}{550}\right)^{-q}2H_0}$$ （4-1）

式中，A 为大气衰减系数；V 为大气能见度；H_0 为实际航高；λ 为激光波长；q 为常系数。

由于通常大气能见度集中于 10～50km，故此处 q 取值 1.3。

根据图 4-1，选取 0.0008cm^{-1}、0.0012cm^{-1}、0.002cm^{-1} 三个水体衰减系数，分别代表近海岸的良好水质、中等水质、浑浊水质来计算回波功率（胡皓程，2021）。计算视场损失因子 $F(h)$ 所需参数见表 4-1。

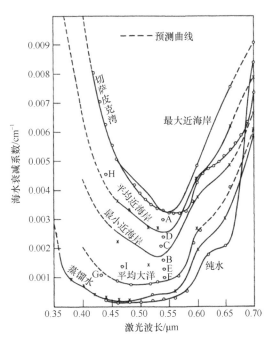

图 4-1　不同水体的衰减系数

表 4-1　视场损失因子相关参数计算

参数	参数名称	参数值	计算方法
θ_r	等效 FOV	—	$\theta_r=\theta_{r0}\cos\theta_a/（n\cos\theta_w）$
H	等效航高	68.0196 m	$H_0=50\mathrm{m}$；$H=H_0n（\cos\theta_w/\cos\theta_a）3$
h	计划测水深度	0.3～25 m	—
m	水体后向散射系数相关余弦函数	8	—

续表

参数	参数名称	参数值	计算方法
b_f	前向散射系数	0.4	—
θ_w	等效激光扫描角	7.4851°	$\theta_a=10°$；$\sin\theta_a=n\sin\theta_w$
r_r	等效接收器半径	11.2361mm	$r_{r0}=11mm$；$r_r=r_{r0}\cos\theta_w/\cos\theta_a$
r_l	等效激光光束半径	2.5169 mm	$r_{l0}=2.5\ mm$；$r_l=r_{l0}\cos\theta_w/\cos\theta_a$
θ_l	等效激光发散角	0.149mrad	$\theta_{l0}=0.2\ mrad$；$\theta_l=\theta_{l0}\cos\theta_a/(n\cos\theta_w)$
n	水体折射率	1.333	—
$a+b_b$	水体后向散射系数与吸收系数之和	0.08 m⁻¹、0.12 m⁻¹、0.2m⁻¹	—
η	假设光学镜头透过率	55%	—

$F(h)$视场损失因子计算结果见图4-2。

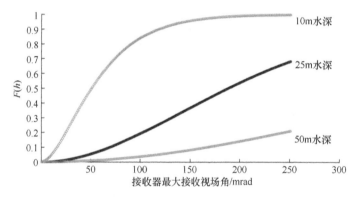

图4-2 不同水深视场损失因子变化曲线（胡皓程，2021）

从图4-2可以看出，$F(h)$极值为1，随着接收器接收视场角增大而增大。增大到一定程度后，达到饱和，不继续增大。浅水（10m水深）的$F(h)$饱和速度较快，而深水的（25m水深、50m水深）$F(h)$饱和速度慢。另外，选取较大的接收视场虽然$F(h)$大，但会有较多外界噪声进入。因此，我们引入辨识力因子D，来判断光学接收系统是否可辨识。辨识力因子D计算公式为

$$D = \frac{P_{bot}A}{\sqrt{P_s \dfrac{e(1+g^q)}{S_\lambda \tau_{pulse}}}} \tag{4-2}$$

式中，D为辨识力因子；P_{bot}为水体底部回波信号功率；A为大气衰减系数；P_s为太阳背景辐射功率；e为电子电荷量；g为噪声倍增因子；q为附加噪声指数；S_λ为辐照灵敏度；τ_{pulse}为单次脉冲时间；g和q与APD或PMT性能有关。P_s的计算公式为

$$P_s = \frac{\pi I_s [r_{r0} + H\tan(\dfrac{\theta_{r0}}{2})]^2 \lambda \Sigma \eta}{H^2} \tag{4-3}$$

式中，λ表示波长。用于计算辨识力因子D的相关参数取值见表4-2。

表 4-2　辨识力因子 D 相关参数取值（杨志峰，2008）

参数	参数名称	参考值
I_s	太阳背景辐射度	0.007 W/（m²·sr·nm）
V	大气能见度	25km
e	电子电荷量	1.602×10^{-19}C
g	噪声倍增因子	20
q	噪声附加指数	0.5
S_λ	探测器辐照灵敏度	65000A/W
A	大气衰减系数	0.968

将各项数据代入式（4-2），使用 MATLAB 进行仿真。辨识力因子 D 结果见图 4-3~图 4-5。

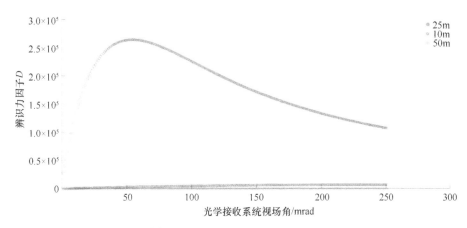

图 4-3　在 0.08m⁻¹ 水体衰减系数下，不同水深接收视场角辨识力因子曲线（胡皓程，2021）

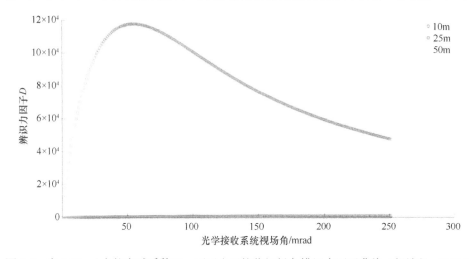

图 4-4　在 0.12m⁻¹ 水体衰减系数下，不同水深接收视场角辨识力因子曲线（胡皓程，2021）

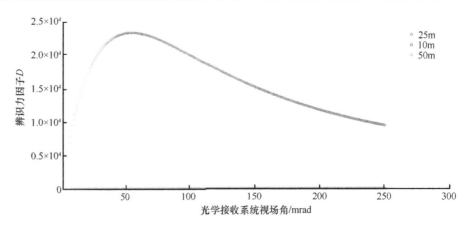

图 4-5　在 0.2m^{-1} 水体衰减系数下，不同水深接收视场角辨识力因子曲线（胡皓程，2021）

从图 4-3～图 4-5 可以看出，当水体衰减系数在 0.08m^{-1} 时，辨识力因子导函数为 0 时，接收视场角在 50mrad。此时，系统对 10m 水深底部回波信号辨识力 D=2.6×10^6；25m 水深底部回波信号辨识力 D=8.1×10^4；50m 水深底部回波信号辨识力 D=230。当水体衰减系数为 0.12m^{-1} 时，辨识力因子导函数为 0 时，接收视场角仍在 50mrad，此时，系统对 10m 水深底部回波信号辨识力 D=1.2×10^5；25m 水深底部回波信号辨识力 D=1.07×10^4；50m 水深底部回波信号辨识力 D=4。当水体衰减系数为 0.2m^{-1} 时，辨识力因子导函数为 0 时，接收视场角仍在 50mrad，系统对 10m 水深底部回波信号辨识力 D=2.5×10^4；25m 水深底部回波信号辨识力 D=173；50m 水深底部回波信号辨识力 D=0.001。设 P_{ac} 为信号捕获概率，P_f 为虚警概率，它们之间的关系为

$$P_{ac} = \frac{1}{2} f[f^{-1}(2P_f) - D] \qquad (4\text{-}4)$$

式中，$f(x)$ 与 $f^{-1}(x)$ 为一种概率积分函数和其反函数：

$$f(x) = \frac{2}{\sqrt{\pi}} \int_x^\infty e^{-y^2} dy \qquad (4\text{-}5)$$

参考相关文献，若使回波信号捕获概率达到 90% 以上，则虚警概率 P_f=10^{-6}，D=6。因此，可把 D=6 作为系统是否可辨识依据。根据 D 值最小为 6，光学接收系统应当选取接收视场为 50mrad，基本保证在 0.2m^{-1} 水体衰减系数下有 25m 的水深探测能力；保证 0.08m^{-1} 水体衰减系数下，有 50m 水深探测能力。

4.2.2　各通道探测器光学参数分析

根据 Kopilevich 模型，采用表 4-3 中的水体参数数据能较客观体现激光雷达性能。

根据表 4-3 参数，利用 MATLAB 仿真，得到不同水深和回波功率的对应关系（图 4-6）。由图 4-6 可知，水深在 30m 时，回波功率量级为 10^{-9}W，即探测 0～30m 的水深，接收到的回波功率范围为 9 个数量级。

表 4-3　水体参数

水质参数	取值
水体前向散射系数	0.4
平均散射角余弦值	0.91
散射角平均余弦的相关函数	6.76
水体衰减系数	$0.12m^{-1}$
水体底部反射率	12%
水体折射率	1.333
光学系统接收效率	55%

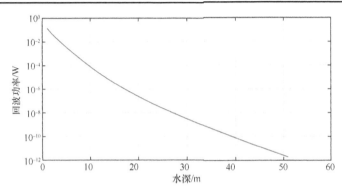

图 4-6　不同水深与底部回波功率的关系（胡皓程，2021）

一般光电探测器的接收量程只有 2～3 个数量级。因此，要想测量 25m 以上水深，需要分三个光学接收通道接收信号。因此，我们选取量程为 $5 \times 10^{-4} \sim 2 \times 10^{-1}$ W 的探测器作为水表面信号通道探测器；选取量程为 $5 \times 10^{-7} \sim 5 \times 10^{-4}$ W 的探测器作为浅水信号通道探测器；选取量程为 $1 \times 10^{-9} \sim 5 \times 10^{-7}$ W 的探测器作为深水信号通道探测器。各个接收通道探测范围见表 4-4。

表 4-4　各个通道探测范围

通道类型	通道探测能力范围/m	接收回波功率范围/W
水表面信号通道	0～7	$5 \times 10^{-4} \sim 2 \times 10^{-1}$
浅水信号通道	7～17	$5 \times 10^{-7} \sim 5 \times 10^{-4}$
深水信号通道	17～32	$1 \times 10^{-9} \sim 5 \times 10^{-7}$

不同光学接收通道的光电探测器敏感度不同，所需的放大电流信号放大倍率也不同。为此，我们需要对各个通道的光电探测器前置放大模块中每个电阻进行计算，以确保输出合理电流信号。图 4-7 为一种常见光电探测模块的前置放大电路。

此类前置放大电路输出电压 V_{out} 公式为（Zhou et al.，2015；张渊智等，2011）

$$V_{out} = P_{bot} S_\lambda \frac{R_f R_L}{R_l + R_L} \tag{4-6}$$

式中，P_{bot} 为底部回波功率；S_λ 为光电探测器在 532nm 的敏感度；R_L 为负载电阻，R_l、R_f 为运算放大器负载电阻。

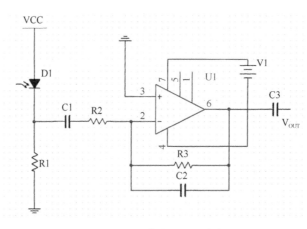

图 4-7　光电探测模块的前置放大电路

VCC、V1 表示电压源，D1 表示光电二极管，C 表示电容，R 表示电阻，U1 表示放大器，V_{OUT} 表示输出电压

　　根据电路设计理论，每个通道的输出电压应当保持在 40mV 以上，采用的水表面信号通道探测器 S_λ 为 20A/W，R_L 为 8kΩ，R_1 为 8kΩ；浅水信号深通道探测器 S_λ 为 2000A/W，R_L 为 20kΩ，R_1 为 5kΩ；深水信号通道探测器 S_λ 为 800000A/W，R_L 为 40kΩ，R_1 为 10kΩ。根据式（4-6），可计算负载电阻 R_f，结果见表 4-5。

表 4-5　各个接收通道前置放大电路设计参数

通道类型	探测器光谱敏感度（λ=532nm）/（A/W）	R_1/kΩ	R_L/kΩ	R_f/kΩ
水表面信号通道	20	8	8	8
浅水信号通道	2000	5	20	50
深水信号通道	800000	10	40	62.5

　　光电探测器已经开发了很多种类，如 APD（雪崩光电二极管）是一种灵敏度较高的光电探测器，响应速度快。APD 的光谱敏感度范围在 20～65000A/W，选其作为水表面信号通道和浅水信号通道的探测器。

　　APD 探测器利用电子雪崩效应对微弱光电流进行放大，可用于对水表面和浅水回波信号的放大（莫晓帆，2018）。APD 中含有高掺杂量的 PN 结，当 APD 中 PN 结外加偏置电压时会形成强电场区。此时耗尽层中的载流子在电场作用下加速，高速运动过程中

图 4-8　一种 APD 结构示意图

撞击其他粒子产生新的空穴电子对，新的二次空穴电子对在强电场作用下向反向运动，反复上述过程，最终引起载流子的雪崩倍增，形成大的光电流。图 4-8 为一种 APD 探测器结构。

　　PMT，全称为光电倍增管，是一种灵敏度高于 APD 的光电探测器，其灵敏度通常可以达到 1×10^5 A/W 以上。PMT 核心为真空管装置，由光阴极、聚焦极、电子倍增极等装置组成。PMT 的光学接收方式主要有两种：端窗式和站窗式。PMT 的主要工作过程为：当光子射入光阴极时，光阴极激发的光电子进入真空管。光电子通过聚焦极的电场进入倍增系统，再次发射得到放大，阳极收集这些放大后光电子并输出信号。因为采用了二次发射倍增系统，所以光电倍增管在探测紫外、可见和近红外区的辐射能量的光电探测器中，具有极高的灵敏度和极低的噪声（俞兵，2012）。另外，PMT 还具有响应快速、成本低、阴极面积大等优点，所以选取 PMT 作为深水信号通道的探测器。图 4-9 为一种 PMT 机械结构。

图 4-9　一种 PMT 结构示意图

　　因此，对于无人机载单波段激光雷达水深探测系统，所采用的光电探测器参数可参考表 4-6。

表 4-6　光电探测器参数

通道类型	光电探测器类型	光敏面直径/mm	探测器最小灵敏度/W
水表面信号通道	APD	1	10^{-3}
浅水信号通道	APD	1	10^{-6}
深水信号通道	PMT	2.2	10^{-9}

　　对于一台无人机载单波段激光雷达水深探测系统，通常计划将视场分为三段：0～6mrad，6～22mrad，22～50mrad（黄田程等，2018）。最终，确定参数见表 4-7。

表 4-7　各接收通道接收视场范围

FOV 区间	计划测水深度/m	水质条件/m^{-1}	回波功率区间
0～6mrad	0～5	0.12	约为水表面反射功率
6～22mrad	5～15	0.12	3mW～1μW
22～50mrad	15～25	0.12	5.5μW～0.39nW

4.3　接收光学物镜结构设计

4.3.1　柯克三片式物镜

柯克三片式物镜是一种三分离物镜，由三个厚透镜组成（陈宝莹等，2011；肖宇刚，2014；杨旸，2012），常见组合形式为"正–负–正"。它的设计规则灵活，可根据实际需求进行调整；它属于中等视场、中等相对孔径的照相物镜。无人机载的单波段激光雷达水深探测系统所需的光学系统接收视场小，故也可用作单波段水深测量激光雷达的望远物镜。它是能够校正七种像差的最简单结构，即使在不保持对称的情况下，调节各面曲率半径、透镜间距也刚好能够校正 7 种像差。图 4-10 为一种柯克三片式物镜结构图。

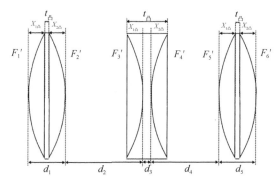

图 4-10　柯克三片式物镜组结构（Zhou et al.，2023）

如图 4-10 所示，柯克三片式物镜可看作由 6 片焦距 F_1'、F_2'、F_3'、F_4'、F_5'、F_6'，距离分别为 d_1、d_2、d_3、d_4、d_5 的薄透镜组成。设计物镜组前，我们需要清楚物镜组和目镜组之间的关系。根据表 2-1 中参数，可得：

$$\begin{cases} L = f_1' + f_2' < 220 \\ \varGamma = -\dfrac{f_1'}{f_2'} \end{cases} \tag{4-7}$$

式中，L 为筒长；f_1' 为物镜组焦距；f_2' 为目镜组焦距；$\varGamma$ 为视场放大倍率。

对于望远系统，一般 $f_1' > f_2'$。考虑到系统总长为 410mm，除主接收光路外，还需安置直流伺服电机、电机驱动器、光电探测模块等体积较大零件。因此，选取的系统总长不超过 220mm。根据已知出瞳直径，视场放大倍率可以用式（4-8）计算：

$$\varGamma = -\frac{D_1}{D_1'} \tag{4-8}$$

式中，D_1' 为出光瞳直径；D_1 为入光瞳直径；$\varGamma$ 为视场放大倍率。

例如，入瞳直径 D_1=22mm，PMT 和 APD 光敏面直径相当于目镜组出瞳直径 D_1'，分别是 2.2 mm 和 1.0 mm；根据入瞳直径和出瞳直径，则视场放大倍率为：$\varGamma$=10x 和 22x，即物镜组焦距为 f_1' =200mm、f_2' =20 mm 和 9.09mm。

柯克三片式物镜可看作由六面单薄透镜组成，且六面单薄透镜之间相对折射率不同。一片单薄透镜焦距和曲率半径的关系为

$$F_k' = \frac{r_k}{n' - n} \tag{4-9}$$

式中，F_k' 为像方焦距；n 为物方折射率；n' 为像方折射率；r_k 为曲率半径（k=1，2，3，4，5，6，表示第 k 面薄透镜）。根据正切计算法，六片薄透镜焦距 F_1'、F_2'、F_3'、F_4'、F_5'、F_6' 有如下关系：

$$
\begin{cases}
\tan U_1' = \tan U_2 = \dfrac{h_1}{F_1'} = 1 \\[2mm]
h_2 = h_1 - d_1 \tan U_1' \\[2mm]
\tan U_2' = \tan U_3 = \tan U_2 + \dfrac{h_2}{F_2'} \\[2mm]
h_k = h_{k-1} - d_{k-1} \tan U_{k-1}' \\[2mm]
\tan U_k' = \tan U_k + \dfrac{h_k}{F_k'} \\[2mm]
\cdots\cdots \\[2mm]
\tan U_6' = \tan U_6 + \dfrac{h_6}{F_6'}
\end{cases}
\tag{4-10}
$$

式中，U_k' 为第 k 面出射光线与光轴夹角；U_k 为第 k 面入射光线与光轴夹角；h_k 为第 k 面像高；F_k' 为像方焦距（k=1，2，3，4，5，6，表示第 k 面薄透镜）。

物镜组有效焦距计算见式（4-11）：

$$f_1' = \frac{h_1}{\tan U_6'} = 200 \tag{4-11}$$

式中，f_1' 为物镜组焦距；h_1 为第 1 面像高；U_6' 为第 6 面出射光线与光轴夹角。

接收光学系统的后焦距与各个单薄透镜间距总和应为系统总长，且后焦距与像高和光线出射角存在一定关系，即

$$
\begin{cases}
\mathrm{BFL} = \dfrac{h_6}{\tan U_6'} \\[2mm]
\mathrm{BFL} + d_1 + d_2 + d_3 + d_4 + d_5 \leqslant 220
\end{cases}
\tag{4-12}
$$

另外，单波段水深测量激光雷达接收光学系统的物镜组需要校正像差，否则难以将不同视场的光学信号分开。由于同轴透射式系统焦点处引起的球差和慧差较为常见（陈宝莹等，2011），因此，人们需要对于柯克三片式物镜校正，主要校正包括球差和慧差。对于柯克三片式物镜整体系统的球差和慧差，表达式为（Zhou et al.，2023；郁道银和谈恒英，2015）

$$
\begin{cases}
\displaystyle\sum_{k=1}^{6} S_{\mathrm{I}} = h_k^4 \Phi_k^3 P_k^{\infty} = 0 \\[4mm]
\displaystyle\sum_{k=1}^{6} S_{\mathrm{II}} = J_k h_k^2 \Phi_k^2 W_k^{\infty} = 0
\end{cases}
\tag{4-13}
$$

式中，S_I 为球差系数；h_k 第 k 面像高；Φ_k 为第 k 面光焦度；P_k^∞ 为第 k 面的像差参量；S_{II} 为慧差系数；J_k 为第 k 面拉赫不变量；W_k^∞ 为第 k 面的像差参量。P_k^∞ 和 W_k^∞ 的计算公式为（郁道银和谈恒英，2015）

$$\begin{cases} P_k^\infty = aQ^2 + bQ + c \\ W_k^\infty = kQ + l \end{cases} \tag{4-14}$$

式中，P_k^∞ 为像差参量；Q 为形变系数；a 为 P 参量的二次项系数；b 为 P 参量的一次项系数；c 为 P 参量的常系数；W_k^∞ 为像差参量；k 为 W 参量的一次项系数；l 为 W 参量的常系数。

形变系数 Q 分两种情况：光线入射面的形变系数 Q 记作 Q_1；光线出射面的形变系数 Q 记作 Q_2。两种形变系数计算方法见郁道银和谈恒英（2015）：

$$\begin{cases} \dfrac{F_k'}{r_k} = \dfrac{n'}{n'-1} + Q_1 \\ \dfrac{F_k'}{r_k} = 1 + Q_2 \end{cases} \tag{4-15}$$

与 P_k^∞ 和 W_k^∞ 相关的形变参量 a、b、c、k、l 计算公式为

$$\begin{cases} a = 1 + \dfrac{2}{n'} \\ b = \dfrac{3}{n'-1} \\ c = \dfrac{n}{(n'-1)^2} \\ k = 1 + \dfrac{1}{n'} \\ l = \dfrac{1}{n'-1} \end{cases} \tag{4-16}$$

式中，a 为 P 参量的二次项系数；b 为 P 参量的一次项系数；c 为 P 参量的常系数；k 为 W 参量的一次项系数；l 为 W 参量的常系数；n' 为像方折射率；n 为物方折射率。

至此，物镜组参数可借助 ZEMAX 进行求解。选定初始镜片厚度 d_1=8mm、d_3=10 mm、d_5=8 mm，以便各个镜片有较高的强度，保证大于最小厚度。图 4-11 为 ZEMAX 求得的柯克三片式物镜初始结构参数。

	表面:类型	标注	曲率半径	厚度	材料	膜层	净口径	延伸区	机械半直径	圆锥系数	TCE x 1E-6
0	物面	标准面 ▼		无限	无限			无限	0.0...	无限	0.000	0.000
1	光阑 (孔径)	标准面 ▼		259.081	8.000	BAK7		15.000 U	0.0...	15.000	0.000	—
2	(孔径)	标准面 ▼		−8058.424	0.000			15.000 U	0.0...	15.000	0.000	0.000
3		标准面 ▼		无限	5.000			0.000 U	0.0...	0.000	0.000	0.000
4	(孔径)	标准面 ▼		145.807	10.000	F2		15.000 U	0.0...	15.000	0.000	—
5	(孔径)	标准面 ▼		269.383	0.000			15.000 U	0.0...	15.000	0.000	0.000
6		标准面 ▼		无限	15.000			0.000 U	0.0...	0.000	0.000	0.000
7	(孔径)	标准面 ▼		107.641	8.000	BAK7		15.000 U	0.0...	15.000	0.000	—
8	(孔径)	标准面 ▼		120.292	0.000			15.000 U	0.0...	15.000	0.000	0.000
9		标准面 ▼		无限	165.280			0.000 U	0.0...	0.000	0.000	0.000
10	像面	标准面 ▼		无限	-			5.235	0.0...	5.235	0.000	0.000

图 4-11　ZEMAX 求得的柯克三片式物镜初始结构参数（胡皓程，2021）

柯克三片式物镜光路图见图 4-12，仿真了其在 0mrad、±3mrad、±25mrad 视场条件下，在焦平面的聚焦情况。

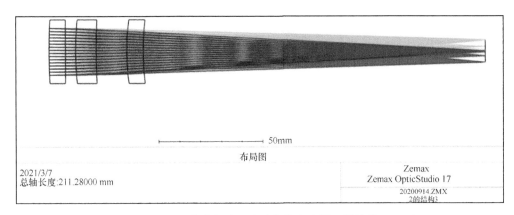

图 4-12　ZEMAX 仿真柯克三片式物镜光路图（胡皓程，2021）

接收光学系统设计完毕后，透射式系统需要对透镜厚度进行检验，以保证透镜强度合格。理论上，一个正透镜的最小边缘厚度应该大于一个合理值；一个负透镜的最小中心厚度应该大于一个合理值。它们的计算公式为（许梦圆，2013）

$$\begin{cases} 3d_{凸} + 7t_{凸} \geqslant D_{凸} \\ 8d_{凹} + 2t_{凹} \geqslant D_{凹} \end{cases} \quad (4\text{-}17)$$

式中，$d_{凸}$ 为凸透镜最小中心厚度；$t_{凸}$ 为凸透镜最小边缘厚度；$D_{凸}$ 为凸透镜底面直径；$d_{凹}$ 为凹透镜最小中心厚度；$t_{凹}$ 为凹透镜最小边缘厚度；$D_{凹}$ 为凹透镜底面直径。

本节设计的柯克三片式物镜均为正透镜，采用式（4-17）第一个计算公式即可。凸透镜中心厚度和凹透镜边缘厚度分别与凸透镜最小边缘厚度和凹透镜最小中心厚度，以及凸透镜和凹透镜两面的矢高有关，即（林晓阳，2014）

$$\begin{cases} t_{凸} - x_{2凸} + x_{1凸} = d_{凸} \\ t_{凹} - x_{2凹} + x_{1凹} = d_{凹} \end{cases} \quad (4\text{-}18)$$

式中，$d_{凸}$ 为凸透镜最小中心厚度；$t_{凸}$ 为凸透镜最小边缘厚度；$x_{1凸}$ 为凸透镜入瞳面的矢高；$x_{2凸}$ 为凸透镜出瞳面的矢高；$d_{凹}$ 为凹透镜最小中心厚度；$t_{凹}$ 为凹透镜最小边缘厚度；$x_{1凹}$ 为凹透镜入瞳面的矢高；$x_{2凹}$ 为凹透镜出瞳面的矢高。

为了得到凸透镜最小边缘厚度和凹透镜最小中心厚度，需要分别计算各自每个面的矢高，其计算公式为

$$x = r \pm \sqrt{r^2 - (\frac{D}{2})^2} \quad (4\text{-}19)$$

式中，x 为该面矢高；r 为该面曲率半径；D 取 30，镜片机械直径为 30mm。第一面透镜矢高 $x_1=0.435$mm，$x_2=-0.014$mm。第二面透镜矢高 $x_1=0.774$mm，$x_2=0.418$mm。第三面透镜矢高 $x_1=1.050$mm，$x_2=0.939$mm。根据矢高，即可求出透镜的最小中心厚度，其计算公式为（胡皓程，2021）

$$\begin{cases} t_{凸} \geqslant \dfrac{D_{凸} - 3(x_{1凸} - x_{2凸})}{10} \\ t_{凹} \geqslant \dfrac{D_{凹} - 8(x_{1凹} - x_{2凹})}{10} \end{cases} \tag{4-20}$$

式中，$t_{凸}$ 为凸透镜最小边缘厚度；$D_{凸}$ 为凸透镜底面直径；$x_{1凸}$ 为凸透镜入瞳面的矢高，$x_{2凸}$ 为凸透镜出瞳面的矢高；$t_{凹}$ 为凹透镜最小中心厚度；$D_{凹}$ 为凹透镜底面直径；$x_{1凹}$ 为凹透镜入瞳面的矢高；$x_{2凹}$ 为凹透镜出瞳面的矢高。

使用式（4-17）中第一公式，即可求得第一面正透镜最小中心厚度 $t_{凸} > 2.865$mm，第二面正透镜最小中心厚度 $t_{凸} > 2.893$mm，第三面透镜最小中心厚度 $t_{凸} > 2.967$mm。因此，柯克三片式物镜选定的初始厚度均远大于最小中心厚度要求，故可对其厚度继续进行优化，以提升光学系统透射率。另外，为了增大系统透射率，尝试将柯克三片式物镜的三片透镜厚度改为：4mm、5mm、4mm，并将 6 个曲率设置为变量，进行优化。优化过程见图 4-13，优化后的结果见图 4-14。

	表面:类型		标注	曲率半径	厚度	材料	膜层	净口径	延伸区	机械半直径	圆锥系数	TCE x 1E-6
0	物面	标准面 ▼		无限	无限			无限 U	0.0...	无限	0.000	0.000
1	光阑 (孔径)	标准面 ▼		259.081 V	4.000	BAK7		15.000 U	0.0...	15.000	0.000	—
2	(孔径)	标准面 ▼		-8058.424 V	0.000			15.000 U	0.0...	15.000	0.000	0.000
3		标准面 ▼		无限	5.000			0.000 U	0.0...	0.000	0.000	0.000
4	(孔径)	标准面 ▼		145.807 V	5.000	F2		15.000 U	0.0...	15.000	0.000	—
5	(孔径)	标准面 ▼		269.383 V	0.000			15.000 U	0.0...	15.000	0.000	0.000
6		标准面 ▼		无限	15.000			0.000 U	0.0...	0.000	0.000	0.000
7	(孔径)	标准面 ▼		107.641 V	4.000	BAK7		15.000 U	0.0...	15.000	0.000	—
8	(孔径)	标准面 ▼		120.292 V	0.000			15.000 U	0.0...	15.000	0.000	0.000
9		标准面 ▼		无限	165.280			0.000 U	0.0...	0.000	0.000	0.000
10	像面	标准面 ▼		无限	-			5.761	0.0...	5.761	0.000	0.000

图 4-13　ZEMAX 透镜厚度优化

	表面:类型		标注	曲率半径	厚度	材料	膜层	净口径	延伸区	机械半直径	圆锥系数	TCE x 1E-6
0	物面	标准面 ▼		无限	无限			无限 U	0.0...	无限	0.000	0.000
1	光阑 (孔径)	标准面 ▼		84.264 V	4.000	BAK7		15.000 U	0.0...	15.000	0.000	—
2	(孔径)	标准面 ▼		145.877 V	0.000			15.000 U	0.0...	15.000	0.000	0.000
3		标准面 ▼		无限	5.000			0.000 U	0.0...	0.000	0.000	0.000
4	(孔径)	标准面 ▼		55.261 V	5.000	F2		15.000 U	0.0...	15.000	0.000	—
5	(孔径)	标准面 ▼		74.678 V	0.000			15.000 U	0.0...	15.000	0.000	0.000
6		标准面 ▼		无限	15.000			0.000 U	0.0...	0.000	0.000	0.000
7	(孔径)	标准面 ▼		29.225 V	4.000	BAK7		15.000 U	0.0...	15.000	0.000	—
8	(孔径)	标准面 ▼		25.437 V	0.000			15.000 U	0.0...	15.000	0.000	0.000
9		标准面 ▼		无限	155.145 V			0.000 U	0.0...	0.000	0.000	0.000
10	像面	标准面 ▼		无限	—			5.240	0.0...	5.240	0.000	0.000

图 4-14　ZEMAX 柯克三片式物镜优化后结果

将优化后的透镜厚度再次用式（4-17）～式（4-19）检验，发现均满足最小中心厚度。这个验证结果证明，该透镜厚度优化合理。对应的优化后光路见图 4-15。

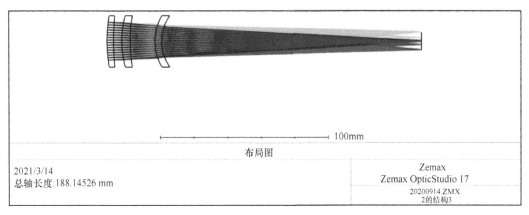

图 4-15　柯克三片式物镜优化后光路图（胡皓程，2021）

根据上面设计的柯克三片式物镜，对应的 MTF 曲线如图 4-16 所示。从图 4-16 可以发现，在空间频率 11 lp/mm 处，各个视场 MTF 值均大于 0.9，且各个视场 MTF 曲线分布紧密。这个现象证明，该镜头品质良好。

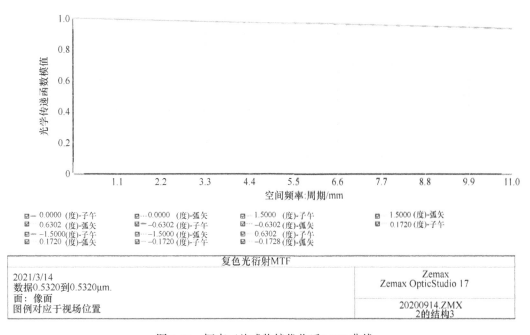

图 4-16　柯克三片式物镜优化后 MTF 曲线

4.3.2　施密特–卡塞格林物镜

施密特–卡塞格林系统是一种折反射式物镜，由经典卡塞格林系统改进而成。它由两球面反射镜和一面非球面弯月透镜组成（Lee et al.，2020）。施密特–卡塞格林系统中矫正透镜产生的像差和主镜副镜产生的像差相接近，符号相反，这种结构将像差抵消（图 4-17）。

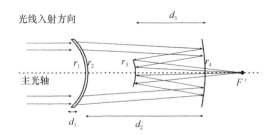

图 4-17 施密特–卡塞格林系统结构（赵巍，2010）

F'为焦点

施密特–卡塞格林系统有 7 个初始结构参数，它们是：两个弯月透镜曲率半径参数 r_1、r_2，副球面反射镜参数 r_3，主球面反射镜 r_4，弯月透镜厚度 d_1，弯月透镜顶点到主球面镜顶点距离 d_2，主球面镜顶点到副球面镜顶点距离 d_3。对于施密特–卡塞格林系统，我们仍可利用正切计算法得到初始结构的关系，即（胡皓程，2021）

$$\begin{cases} \tan U_1' = \tan U_2 = \dfrac{h_1}{F_1'} = 1 \\ h_2 = h_1 - d_1 \tan U_1' \\ \tan U_2' = \tan U_3 = \tan U_2 + \dfrac{h_2}{F_2'} \\ h_3 = h_2 - d_2 \tan U_2' \\ \tan U_3' = \tan U_3 + \dfrac{h_3}{F_3'} \\ h_4 = h_3 - d_3 \tan U_3' \\ \tan U_4' = \tan U_4 + \dfrac{h_4}{F_4'} \end{cases} \tag{4-21}$$

式中，F_1'、F_2'、F_3'、F_4'分别为曲率为 r_1、r_2、r_3、r_4 的曲面的有效焦距；h_1、h_2、h_3、h_4 为透镜或反光镜的物方高度；U_1'、U_2'、U_3'、U_4'为光线出射角；U_1、U_2、U_3、U_4 为光线出射角，根据 r_1、r_2、r_3、r_4 为曲面组成的后焦距 f_1'计算公式（4-22）和约束条件（4-23），确定施密特–卡塞格林系统有效焦距 BFL，其计算公式为

$$f_1' = \frac{h_1}{\tan U_4'} = 200 \tag{4-22}$$

$$\begin{cases} \text{BFL} = \dfrac{h_6}{\tan U_4'} \\ \text{BFL} + d_1 + d_2 + d_3 \leqslant 220 \end{cases} \tag{4-23}$$

施密特–卡塞格林系统是一种折反射式系统，像差系数 $S_I \sim S_{IV}$ 表达为

$$S_I = \left[\frac{\alpha(\beta-1)^2(\beta+1)}{4} - \frac{\alpha(\beta-1)^3}{4} e_2^2 \right] - \frac{\beta^3}{4}\left(1 - e_1^2\right) \tag{4-24}$$

$$S_{II} = \frac{1-\alpha}{\alpha}\left[\frac{\alpha(\beta+1)^3}{4} - \frac{\alpha(\beta-1)^2(\beta+1)}{4\beta} \right] - \frac{1}{2} \tag{4-25}$$

$$S_{\mathrm{III}} = \left(\frac{1-\alpha}{\alpha}\right)^2 \left[\frac{\alpha(\beta-1)^2(\beta+1)}{4\beta^2} - \frac{\alpha(\beta-1)^3}{4\beta^2}e_2^2\right] - \frac{(1-\alpha)(\beta+1)(\beta-1)}{\alpha\beta} - \frac{\alpha\beta-\beta-1}{\alpha} \quad (4\text{-}26)$$

$$S_{\mathrm{IV}} = \beta - \frac{1+\beta}{\alpha} \quad (4\text{-}27)$$

式中，S_{I}、S_{II}、S_{III}、S_{IV} 分别为球差、慧差、像散、场曲的赛德尔系数；α 表示次镜和主镜之间的遮拦比；β 为次镜的放大倍率。当 S_{I}、S_{II}、S_{III}、S_{IV} 接近 0 时，即满足消除像差要求。α 和 β 可根据镜片离心率设定。e_1^2 为主镜离心率，e_2^2 为副镜离心率。主副镜离心率计算公式为

$$e_1^2 = 1 + \frac{2\alpha}{(1-\alpha)\beta^2} \quad (4\text{-}28)$$

$$e_2^2 = \frac{\dfrac{2\beta}{1-\alpha} + (1+\beta)(1-\beta)^2}{(1+\beta)^3} \quad (4\text{-}29)$$

主副镜遮挡比越大对光能损失率越高，同时为保证像差系数 S_{I}、S_{II}、S_{III}、S_{IV} 尽可能小，一般选取 $\alpha = -0.4$，$\beta = -0.337^X$。

然而，仅靠式（4-24）～式（4-27）仍难以确定施密特–卡塞格林系统的全部初始结构参数。为此，再假定校正透镜为负弯月透镜，且整体系统中间无焦点，故主反射镜和副反射镜构成的子系统有效焦距为 $0 < F_0' < 200\text{mm}$。为了确保接收光学系统镜筒长度小，便于实现小型化，我们选取较小的子系统有效焦距，它的大小为 24.1mm（后经仿真实验测试，子系统焦距小于此值会导致焦平面像差过大）。另外，子系统有效焦距和主镜有效焦距关系式为

$$F_0' = \beta F_3' \quad (4\text{-}30)$$

根据式（4-30），得到 $F_3' = -71.534\text{mm}$。根据式 $f = r/(n-1)$，对于反射镜，设 $n = -1$，得到 $f = -r/2$。故反射镜曲率半径可认为是焦距的 2 倍，即 $r_3 = -143.068\text{mm}$。为此，主镜和副镜间距 d_3 的计算公式如下：

$$d_3 = F_3'(1-\alpha) \quad (4\text{-}31)$$

选取 F_3' 值为 -143.068mm，代入式（4-31），计算得 $d_3 = -100\text{mm}$（与光线传播方向反向）。这样，子系统有效焦距 F_0'、主镜焦距 F_3'、主副镜顶点间距 d_3 之间关系能表示为

$$\begin{cases} y = x - d_3 \\ F_0' = \dfrac{xF_3'}{F_3' + y - x} \end{cases}. \quad (4\text{-}32)$$

选取 d_3 值为 -100mm，f_3 为 -143.068mm，代入式（4-32），计算得 $x = -9.597$，$y = 90.4$，其中 x 与副镜曲率半径的关系为

$$r_4 = \frac{2d_3 x}{F - x + d_3} \quad (4\text{-}33)$$

根据式（4-33），我们计算得到 $r_4 = -29\text{mm}$。至此，剩余其他参数可使用软件 ZEMAX 求解并优化，其结果见图 4-18。

从图 4-18，我们可以看出：校正透镜第一面曲率半径 r_1= −33.277mm，校正透镜第一面圆锥常数 c_1= −0.031；校正透镜第二面曲率半径 r_2=1959.182mm，校正透镜与主镜间距 d_1=5.043mm，主镜与副镜间距 d_2=160.167mm，主镜曲率半径 r_3= −143.040mm，副镜镜曲率半径 r_4= −29.019mm，主镜和副镜间距 d_3= −99.994mm，后焦距 BFL=202.669mm。赛德尔系数为 S_I=0.05748、S_{II}=0.005108、S_{III}= −0.001969、S_{IV}=0.003272。根据赛德尔系数均接近于 0 的原则，被设计的施密特–卡塞格林系统初始结构参数均在合理范围内，故可认为已达到优化目的，其最后优化的光路见图 4-19，MTF 曲线族图见图 4-20。

	表面:类型	标注	曲率半径	厚度	材料	膜层	净口径	延伸区	机械半直径	圆锥系数	TCE x 1E-6
0	物面 标准面 ▾		无限	无限			无限	0.0...	无限	0.000	0.000
1	光阑 标准面 ▾		−33.277 V	5.043 V	LASF35 S		11.049	0.0...	12.246	−0.031 V	—
2	标准面 ▾		1959.182 V	0.000			12.246	0.0...	12.246	0.000	0.000
3	标准面 ▾		无限	160.167 V			0.000 U	0.0...	0.000	0.000	0.000
4	标准面 ▾		−143.040 V	−99.994 V	MIRROR		70.286	0.0...	70.286	0.000	0.000
5	标准面 ▾		−29.019 V	140.004 V	MIRROR		8.764	0.0...	8.764	0.000	0.000
6	像面 标准面 ▾		无限	—			5.236	0.0...	5.236	0.000	0.000

图 4-18　ZEMAX 求解并优化后的施密特–卡塞格林系统初始结构参数（胡皓程，2021）

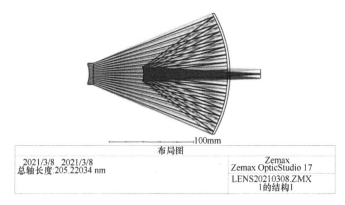

图 4-19　优化后的施密特–卡塞格林系统光路图（胡皓程，2021）

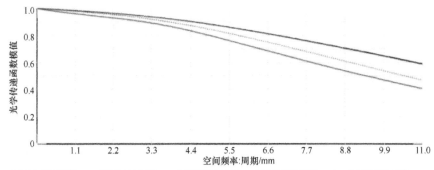

图 4-20　施密特–卡塞格林系统各视场 MTF 曲线族（胡皓程，2021）

从图 4-19 中可知，虽然主光学口径为 22mm，但主反射镜口径达到了 70.3mm，不利于激光雷达整机小型化。

从图 4-20 可以看出，在空间频率 11 lp/mm 处，根据各个视场 MTF 值均大于 0.4，各视场 MTF 曲线分布较为紧密，可认为该物镜镜头设计合格，能够区分各个视场信号。

4.3.3　离轴四反射式物镜

离轴式系统具有小型化、轻量化的优点，所以近年来离轴式物镜应用越来越多（史立芳，2014；王红云，2012；Liu et al.，2020）。本节所设计的离轴四反射式物镜也是一种全反射式物镜，由于没有透射式镜片在内，其光能损失率大幅减少。另外，由于包括离轴角、离轴量等因素在内，所以离轴四反射式系统设计难度较大、局部最优解较多，且无固定初始结构。

对于离轴四反射式物镜初始结构，有如下关系（刘军等，2013）：

$$R_1 = \frac{2f'}{\beta_1\beta_2\beta_3}; R_2 = \frac{2\alpha_1 f'}{\beta_2\beta}; R_3 = \frac{2\alpha_1\alpha_2 f'}{\beta_3(1-\beta_2)}; R_4 = \frac{2\alpha_1\alpha_2\alpha_3 f'}{\beta_3-1}$$

$$d_1 = \frac{f'(1-\alpha_1)}{\beta_1\beta_2\beta_3}; \quad d_2 = \frac{\alpha_1(\alpha_2-1)f'}{\beta_2\beta_3}; d_3 = \frac{(1-\alpha_3)\alpha_2\alpha_1}{\beta_3} \tag{4-34}$$

式中，f' 为整体焦距；R_1 为主镜的曲率半径；R_2 为副镜曲率半径；R_3 为第三镜曲率半径；R_4 为第四镜曲率半径；α_1 为主镜和副镜的遮挡比；α_2 为副镜和第三镜的遮挡比；α_3 为第三镜和第四镜遮挡比；β_1 为副镜放大率；β_2 为第三镜放大率；β_3 为第四镜放大率。

离轴四反射式物镜像差系数为（胡皓程，2021）

$$S_{\mathrm{I}} = \frac{1}{4}(e_1^2-1)\beta_1^3\beta_2^3 - e_2^2\alpha_1\beta_2^3(1+\beta_1)^3 + e_3^2\alpha_1\alpha_2(1+\beta_2)^3$$
$$+ \alpha_1\beta_2^3(1+\beta_1)(1-\beta_1) - \alpha_1\alpha_2(1+\beta_2)(1-\beta_2)^2 \tag{4-35}$$

$$S_{\mathrm{II}} = -\frac{e_2^2(\alpha_1-1)\beta_2^3(1+\beta_1)^3}{4\beta_1\beta_2} - \frac{[\alpha_2(\alpha_1-1)+\beta_1(1-\alpha_2)(1+\beta_2)(1-\beta_2)^2]}{4\beta_1\beta_2}$$
$$+ \frac{e_3^2[\alpha_2(\alpha_1-1)+\beta_2(1-\alpha_2)(1+\beta_2)^3]}{4\beta_1\beta_2} + \frac{(\alpha_1-1)\beta_2^3(1+\beta_1)(1-\beta_2)^2}{4\beta_1\beta_2} - \frac{1}{2} \tag{4-36}$$

$$S_{\mathrm{III}} = -\frac{e_2^2\beta_2(\alpha_1-1)^2(1-\beta_1^3)}{4\alpha_1\beta_2^2} - \frac{[\alpha_2(\alpha_1-1)+(1-\alpha_2)\beta_1^2(1+\beta_2)(1-\beta_2)^2]}{4\alpha_1\alpha_2\beta_1^2\beta_2^2}$$
$$- \frac{[\alpha_2(\alpha_1-1)+\beta_1(1-\alpha_2)(1+\beta_2)(1-\beta_2)]}{\alpha_1\alpha_2\beta_1\beta_2} + \frac{\beta_2(1+\beta_1)}{\alpha_1} - \frac{(1+\beta_2)}{\alpha_1\alpha_2}$$
$$+ \frac{e_3^2[\alpha_2(\alpha_1-1)+\beta_1(1-\alpha_2)^2(1+\beta_2)^3]}{4\alpha_1\alpha_2\beta_1^2\beta_2^2} + \frac{\beta_2(\alpha_1-1)^2(1+\beta_1)(1-\beta_1)^2}{4\alpha_1\beta_1^2} \tag{4-37}$$
$$- \frac{\beta_2(\alpha_1-1)(1-\beta_1)(1+\beta_1)}{\alpha_1\beta_1} - \beta_1\beta_2$$

$$S_{\mathrm{IV}} = \beta_1\beta_2 - \frac{\beta_2(1+\beta_1)}{\alpha_1} + \frac{(1+\beta_2)}{\alpha_1\alpha_2} \tag{4-38}$$

　　虽然离轴四反射式物镜像差特性计算极为复杂，但对于非成像式系统可不严格控制像差，只要 S_I、S_{II}、S_{III}、S_{IV} 近似于 0 即可。为确定参数 a_1、a_2、a_3、β_1、β_2、β_3，经多次仿真，最后我们确定一组效果较好的参数（表 4-8）。

表 4-8　离轴四反射式物镜初始结构参数（胡皓程，2021）

a_1	a_2	a_3	β_1	β_2	β_3
0.3863	0.2785	1.8501	−2.4105	−1	−1.4228

　　计算得的离轴四反射式各面曲率半径、圆锥常数、镜片之间间距见表 4-9。

表 4-9　离轴四反射式各面曲率半径、镜片之间间距、圆锥常数、离轴量和离轴角（胡皓程，2021）

	曲率半径/mm	镜片之间间距/mm	圆锥常数	离轴量/mm	离轴角/（°）
第一面	−116.63	−39.083	−0.988	35	0
第二面	−77.00	38.481	−7.918	12.5	0
第三面	∞	−45	0	0	73.866
第四面	56.94	95	1.719	0	0

　　将表 4-8 和表 4-9 提供的参数，我们把这些参数输入软件 ZMMAX 进行仿真，计算结果见图 4-21，相应的光路图见图 4-22。

	表面：类型	标注	曲率半径	厚度	材料	膜层	半直径	延伸区	机械半直径	圆锥系数	TCE x 1E-6	X偏心	Y偏心	倾斜X
0	物面 标准面 ▼		无限	无限			无限 U 0.0...		无限	0.000	0.000			
1	光阑 标准面 ▼		无限	60.000			11.000 0.0...		11.000	0.000	0.000			
2	坐标间断 ▼		0.000	—			0.000		—			0.000	35.000	0.000
3	(孔径) 标准面 ▼		−116.630	−39.083	MIRROR		47.261	—	—	−1.011 V	0.000			
4	(孔径) 标准面 ▼		−77.000	38.481	MIRROR		18.257	—	—	−8.526 V	0.000			
5	坐标间断 ▼		0.000	—			0.000		—			0.000	0.000	20.000
6	(倾斜/偏心) 标准面 ▼		无限	0.000	MIRROR		5.085		5.085	0.000	0.000			
7	标准面 ▼		无限	0.000			5.085		5.085	0.000	0.000			
8	坐标间断 ▼		−45.000	—			0.000		—			0.000	0.000	20.000 P
9	坐标间断 ▼		0.000	—			0.000		—			0.000	0.000	32.100
10	(倾斜/偏心) 标准面 ▼		56.940	0.000	MIRROR		9.408	0.0...	9.408	1.719	0.000			
11	标准面 ▼		无限	0.000			0.000 U 0.0...		0.000	0.000	0.000			
12	坐标间断 ▼		95.000	—			0.000		—			0.000	0.000	32.100 P
13	(倾斜/偏心) 标准面 ▼		无限	0.000			8.699		8.699	0.000	0.000			
14	像面 标准面 ▼		无限	—			2.500 U 2.500		2.500	0.000	0.000			

图 4-21　离轴四反射式初始结构参数（胡皓程，2021）

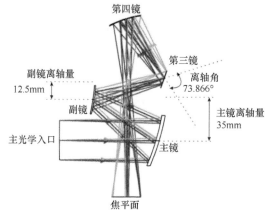

图 4-22　离轴四反射式物镜光路图（胡皓程，2021）

从图 4-12 可知，各个视场焦点基本会聚于焦平面上。根据 ZEMAX 模拟计算结果，设计的离轴四反射式物镜各赛德尔系数为：$S_I=0.005763$，$S_{II}=-0.007457$，$S_{III}=0.009236$，$S_{IV}=-0.001989$。也就是说，各项赛德尔系数略微接近于 0。该离轴四反射式系统各视场 MTF 曲线族见图 4-23。

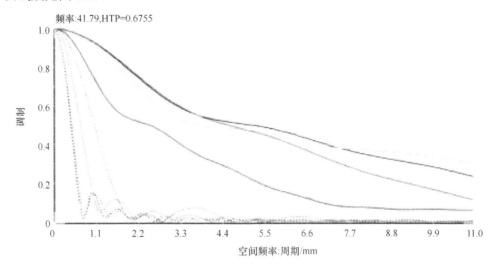

频率:41.79,HTP=0.6755

- ⊠—0.0000 (度)-子午　· · · 0.0000(度)-弧矢　⊠　1.4020 (度)-子午　⊠　1.4320 (度)-弧矢　⊠ — —1.4320 (度)-子午
- ⊠　−1.4328(度)-弧矢　⊠　0.1719(度)-子午　⊠　0.1719 (度)-弧矢　⊠ — −0.1719 (度)-子午　　−0.1719(度)-弧矢

复色光几何MTF	
2021/3/8 MTF 0.5320 to 0.5320 μm	Zemax Zemax OpticStudio 17
图例对应于视场位置	LENS20201114.zmx 1的结构1

图 4-23　离轴四反射式物镜各视场 MTF 曲线族（胡皓程，2021）

从图 4-23 中看出，所有视场在 11 lp/mm 处 MTF 值小于 0.4，这意味着离轴四反射式物镜区分视场能力相对弱于施密特–卡塞格林系统和柯克三片式物镜。

4.3.4　物镜镜头的对比与选择

光能损失一般分为表面反射和吸收导致的光能损失。激光雷达水深探测采用的波长为 532nm。不同材料表面对 532nm 激光的反射、折射率不同，导致光能损失也不同（赵羲，2010）。理论上，表面反射光学透过率计算方法为（彭跃峰，2004）

$$\tau_1=1-\rho=1-\left(\frac{n'-n}{n'+n}\right)^2 \qquad (4-39)$$

式中，τ_1 为表面反射光学透光率；n' 为折射率；n 为反射率；ρ 为表面反射系数。

另外，材料光学透过率计算公式为

$$\tau_2=(1-a)^d \qquad (4-40)$$

式中，τ_2 为材料光学透过率；d 为透镜总体厚度；a 为光能吸收率。

根据多数无色光学知识，1 cm 厚玻璃对白光的平均光能吸收率 a 约为 1.5%，透过率为 98.5%。经计算，因材料吸收导致的光能损失率：柯克三片式物镜为 3.85%，施密特–卡塞格林系统为 0.75%，离轴四反射式系统无损失（胡皓程，2021）。另外，根据国内著名玻璃厂商爱特蒙特提供数据表明，优质光学反射镜反射率可达 99.8%。按照 99.8% 计算，各类型物镜整体光学透过率为：柯克三片式物镜为 71.91%、施密特–卡塞格林系统为 85.98%、离轴四反射式为 99.2%。三种物镜镜头更全面的对比见表 4-10。

表 4-10　三种物镜镜头性能对比

镜头类型	面型	光学透过率/%	全长/mm	加工难度	MTF 值	镜片是否共轴
柯克三片式物镜	球面	71.91	188.14	容易加工	高	共轴系统
施密特–卡塞格林物镜	非球面、球面	87.37	200	难加工	较高	共轴系统
离轴四反射式物镜	非球面	99.2	165	难加工	低	离轴系统

从表 4-10 中可得出，虽然离轴四反射式物镜难以加工、设计过程中难以控制 MTF 值，但拥有高整体光学透过率、更小的系统全长；而且，使用离轴四反射式物镜可以节省激光雷达内部空间，且能接收更微弱的回波信号。另外，水深测量激光雷达接收光学系统属于非成像式光学系统，可在边缘处的光学传递函数（optical transfer function，OTF）值作宽松要求。为使激光雷达在微弱信号探测方面拥有更好的性能，故选取离轴四反射式物镜作为物镜组。

4.4　接收光学目镜选择及设计

4.4.1　单透镜目镜

目镜组的主要作用是将进入物镜的光会聚到光电探测器光敏面上。由于各通道对应的探测器光敏面大小不同，所以采取的目镜类型有很大差异。深水通道和浅水通道均采用 PMT，深水通道和浅水通道整体放大倍率均为 10^X，目镜组焦距为 $f_2'=20\text{mm}$。光学接收系统对目镜视场无特殊需求，而且简单光学结构有利于增加整体光学系统透射率。所以对深水信号通道目镜采用单片透镜，浅水信号通道和水表面信号通道采用惠更斯目镜组（胡皓程，2021）。目镜组镜片材料均选取 BK7（n=1.5195），该光学玻璃简单易得。利用单片透镜曲率半径和焦距关系，可求出深水通道单片目镜的曲率半径，曲率半径 r =10.39mm。深水信号通道目镜组仿真光路如图 4-24 所示。

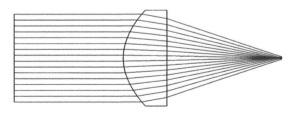

图 4-24　深水通道目镜光路图（胡皓程，2021）

4.4.2　双透镜目镜

浅水信号通道目镜组采取惠更斯目镜。此类目镜结构简单，由两个平凸透镜组成。利用两个透镜的焦距组合公式可推导惠更斯目镜整体有效焦距和两个凸面曲率半径的关系，其计算公式如下：

$$\frac{1}{f'} = (n-1)\left(\frac{1}{r_1} - \frac{1}{r_2}\right) + \frac{(n-1)^2 d}{nr_1 r_2} \qquad (4\text{-}41)$$

式中，f' 为整体有效焦距；n 为透镜折射率；r_1、r_2 为透镜的曲率半径；d 为透镜总体厚度。

将有效焦距 f'=20mm，n=1.5195mm 代入式（4-41）计算，可得两片透镜曲率半径的一组解：20mm，9.5mm；间距为 23.69mm。图 4-25 为浅水通道的光路仿真。

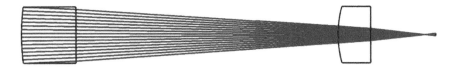

图 4-25　浅水通道目镜光路图（胡皓程，2021）

水表面信号通道若采用望远式系统，则目镜放大倍数为：22/1=22^x。这样，目镜组最后面离 APD 的距离过小，没有足够空间安装紧固装置，故采用聚焦式系统，镜组结构为惠更斯结构。第一片透镜曲率半径为 20mm 的平凸透镜，它和浅水信号通道第一片透镜共用。浅水通道第二片目镜曲率半径可由正切计算法得出，其公式为

$$\begin{cases} \tan U_1' = \dfrac{h_1}{f_1'} = 1 \\[2mm] h_2 = h_1 - d_1 \tan U_1' \quad h_4 = h_3 - d_3 \tan U_3' \\[2mm] \tan U_2' = \tan U_1' + \dfrac{h_2}{f_2'} \quad \tan U_4' = \tan U_3' + \dfrac{h_4}{f_4'} \\[2mm] h_3 = h_2 - d_2 \tan U_2' \quad h_5 = h_4 - d_4 \tan U_4' \\[2mm] \tan U_3' = \tan U_2' + \dfrac{h_3}{f_3'} \quad \tan U_5' = \tan U_4' + \dfrac{h_5}{f_5'} \\[2mm] l_z = \dfrac{h_5}{\tan U_5'} \end{cases} \qquad (4\text{-}42)$$

式中，$U_{k'}$ 为第 k 面的出射光线与主光轴夹角（k=1，2，3，4，5）；h_1 为物镜第一面物方高度；f_1' 为物镜第一面焦距；d_1 为物镜第一面与第二面顶点间距；h_2 为物镜第二面物方高度；f_2' 为物镜第二面焦距；d_2 为物镜第二面与第四面顶点间距；h_3 为物镜第四面物方高度；f_3' 为物镜第四面焦距；d_3 为物镜第四面与目镜第一面顶点间距；h_4 为目镜第一面物方高度；f_4' 为目镜第一面焦距；d_4 为目镜第一面与目镜第二面顶点距离；h_5 为目镜第二面物方高度；f_5' 为第二面目镜焦距；l_z 为工作间距。

考虑到 APD 机械结构外形，目镜组最后面到 APD 光敏面必须大于 11 mm，否则器件位置发生重合，即工作间距 l_z=11mm。按照式（4-42）依次计算，可得方程：

$$\frac{9.7249}{-0.1723+\dfrac{9.7249}{f_5'}}=11 \tag{4-43}$$

求得 f_5'=9.2059mm。根据式（4-41），计算可得曲率半径为 r_5=4.78mm，即浅水通道第二透镜曲面的曲率半径为 4.78mm。水表面信号通道光路见图 4-26。

图 4-26　水表面通道光路图

4.5　光学接收系统杂散光抑制结构设计

单波段水深探测 LiDAR 光学系统在实际工作中存在杂散光干扰，使得回波信号探测时，无法分辨回波信号是来自水面还是来自水底信号，无法准确获取水深数据信息，严重影响探测精度。因此，有必要对光学系统结构进行杂散光抑制处理。

4.5.1　杂散光来源分析

1. 杂散光来源类别

杂散光为通过不正常的路径抵达探测器接收面的非目标光，杂散光有不同类型的来源，通常按光的来源可分为以下几种（杜康，2020）。

（1）外部来源：指的是位于光学系统接收视场角外部的光源，如太阳光等。这些光线可以直接照射到探测器接收像面上，或者经过光学系统后到达探测器接收像面上，从而产生信号干扰。

（2）内部来源：指的是光机系统内部部件（如温控热源、光学元件和控制电机等）发出的热辐射，主要产生红外波段光源，也称为热背景或热自发辐射。

杂散光产生的原因有以下几点（魏晨，2022）。

（1）玻璃材料的缺陷：光学元件中的玻璃材料可能存在气泡、裂纹、晶界等缺陷，会导致光线发生散射，从而产生杂散光。同时，光学元件材料的密度和折射率等参数可能会存在细微的不均匀性，这些不均匀性也会导致接收的光线发生散射，从而产生杂散光。

（2）光学表面粗糙度：光学元件表面可能存在细微的凸起、凹陷、裂纹、污点等缺陷，这些缺陷会导致光线发生散射，进而产生杂散光。

（3）光学系统的装调：光学系统的装配效果不佳，如准直精度不高、紧固不均等导致光学系统松动等问题，光学系统的光路设计可能不够合理，如存在过多的折射或反射等，这些问题均会导致光线发生散射，从而产生杂散光。

实际，几乎所有的探测光学系统中，都会存在来自外部的杂散光干扰的问题，而来自内部的杂散光的波长通常为微米级，通常只影响红外探测光学系统。对于所研究的水深探测 LiDAR 光机系统，其主要是采用 532nm 可见光波段进行探测接收，因此，主要考虑抑制外部的杂散光，以及传递至内部并通过低阶散射路径到达探测器所引起的杂散光，以便在探测器像面只获得目标光。

2. 光学系统表面散射模型

当光机系统接收目标光时，光机系统中零件表面粗糙，会产生散射光，进一步影响探测质量。因此，为了尽量获取单纯目标光，减少杂散光的干扰，需要通过研究光机系统中杂散光的散射形式及散射路径，进而优化消除杂散光方法，或改进抑制杂散光的光机系统。图 4-27 中的散射光是以光线撞击粗糙介质表面，以反射光线方向为分界线产生前向散射和后向散射（杜述松等，2009）。

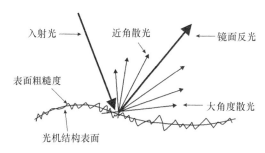

图 4-27 粗糙表面散射示意图（杜述松等，2009）

对光机系统中杂散光的散射形式及散射路径分析的过程中我们发现，实际结构表面并不是理想的光滑表面，无法完全遵循入射角等于反射角。为了得到更加精准的模型，进而获取准确的杂散光传播路径，需要对光学元器件表面的散射特性进行分析。光机系统表面的光学散射特性一般选用双向散射分布函数（bidirectional scattering distribution function，BSDF）进行描述，双向散射分布函数的物理意义为用来表示入射光线射到粗糙表面产生的散射现象（赵青等，2016）。本节介绍了以下两种光学散射模型。

（1）Harvey-Shack 散射模型是由美国亚利桑那大学的 J.E.Harvey 和 Shack 所提出，被称为 Harvey-Shack 模型，即（Harvey et al.，2007）

$$\text{BSDF} \, |\sin\theta_s - \sin\theta_i| = b_0 \left[1 + \left(\frac{|\sin\theta_s - \sin\theta_i|}{l} \right)^2 \right]^{s/2} \tag{4-44}$$

式中，b_0 为常数；l 为下降角；s 为斜率；θ_s、θ_i 分别为散射角和镜面反射角。在光机系统结构表面的粗糙程度远小于接收光线的波长情况下，通常采用 Harvey-Shack 模型。

（2）在杂散光分析当中，另外一种常见的模型为 ABg 散射模型，即（王鹏等，2020）

$$\text{BSDF} = \frac{A}{B + |\sin\theta_s - \sin\theta_i|^g} \tag{4-45}$$

式中，参数 A、B 和 g 可以使用 Harvey-Shack 模型来计算，即（徐亮，2019）

$$\begin{cases} B = l^{-s} \\ g = -s \\ A = b_0 B \end{cases} \tag{4-46}$$

当 g 为 0 时，表面为朗伯散射面，这意味着 ABg 模型仅能模拟后向散射特性，特别是在角度大的入射光线照射时，无法通过模型模拟前向散射特性。

4.5.2　杂散光抑制方法

1. 光学系统设计抑制杂散光方法

在光学系统设计中，选择无遮拦的光学系统，有利于整体系统的杂散光抑制，因为接收光学系统中存在遮挡物会使得杂散光增多；同时在光学元器件设计时，选取合适镀膜，从而获取高透过率或者高反射率，可以提高光机系统的杂散光抑制能力。还可以采用光阑进行杂散光抑制，光阑包括有孔径光阑、视场光阑和里奥光阑（图 4-28）。

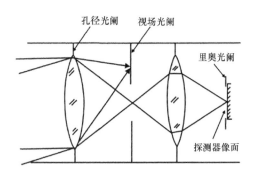

图 4-28　光阑示意图（闫佩佩等，2015）

（1）孔径光阑控制光轴上，目标成像的光束立体角决定了通过系统的光线数量，影响像面照度，应尽可能减少孔径光阑和焦面之间的光学元件的数量，这样可以提高接收光机系统的杂散光抑制能力。

（2）视场光阑是位于光学系统中心像面上的孔径，它限制光线成像范围，起到限制视场的作用，也可以阻止来自接收视场外部的光线。通常视场光阑应尽量放在接收光学系统的前端光路，这样可以更好地抑制杂散光；同时，视场光阑遮挡了后续光路的机械透镜筒，使得入射光线无法照射到这些结构表面，即限制了系统被照明面的数量。因此，使用视场光阑是抑制接收光学系统外部杂散光的有效方法。

（3）里奥光阑放置于孔径光阑的共轭位置，其尺寸相对于光瞳尺寸略微小一些，有着和孔径光阑类似的效果，可以限制系统视场外部光线，能够在一定程度上消除前面光学组件产生的杂散光。在接收光学系统具有较小视场角的情况下，里奥光阑有着良好的杂散光抑制能力。

2. 机械结构设计抑制杂散光方法

避免视场角外部的光线进入接收光学系统内部最直接的办法就是在入瞳处加装外

部如图 4-29 所示的遮光罩，屏蔽外部光线，阻挡零阶的杂散光传递路径。遮光罩尺寸越长，光机系统抑制杂散光的能力越强，但会增加系统的空间和重量，无法适用于实际情况，因此，需选择一个合适尺寸的遮光罩（陆强，2016）。遮光罩可分为圆柱形遮光罩和圆锥形遮光罩（图 4-30）。

图 4-29　相机外部遮光罩

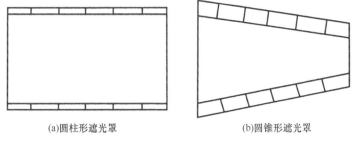

(a)圆柱形遮光罩　　　　　　　　　(b)圆锥形遮光罩

图 4-30　遮光罩示意图（刘哲贤，2023）

另外，叶片也通常被用于屏蔽低阶杂散光传递光路。叶片为有一定厚度的环形结构，位于遮光罩内壁，通过光线在叶片之间多次反射、散射，从而削弱杂散光。叶片分为倾斜叶片和垂直叶片。倾斜叶片的结构有利于增加光线的反射与散射次数，但其加工难度较大，通常采用垂直叶片。垂直叶片外端常被设计为带有倾角的结构，因为平面的结构可能会将杂散光通过一次反射进入探测像面，并对探测器造成干扰。

在接收光机系统结构狭小的情况下，通常采用消光螺纹和沟槽型叶片，通过其锯齿结构使得杂散光在狭小镜筒内多次散射和反射，以达到抑制杂散光的目的。

3. 杂散光抑制能力评价

在杂散光抑制系统设计时，需要对光学系统的杂散光抑制能力进行评价，以便衡量杂散光抑制光学系统的有效性。本节介绍两种针对杂散光抑制评价标准，分别为杂散光系数（veiling glare index）和点源透过率（point source transmittance，PST）。

杂散光系数采用黑斑法测量，其测量方法为：放置在均匀亮度扩展光源上的黑斑，经过待测量的光机系统后，在接收像面上形成黑斑像，杂散光系数是其中心的照度和没有黑斑的均匀亮屏在像面的照度之间的比值。采用积分球或均匀的亮屏模拟面扩展光源，在扩展源的尾部安装吸收型腔体，模拟黑斑目标，杂散光系数 V 计算公式如下（孙林和崔庆丰，2018）：

$$V = \frac{E_B}{E} \tag{4-47}$$

式中，E_B 为黑斑在接收系统像面的中心照度；E 为接收系统中没有黑斑在像面的照度。杂散光系数反映了接收光机系统自身面对杂散光的抑制能力，杂散光系数的值越小代表了接收光机系统自身对杂散光的抑制效果越强。

点源透过率方法是采用高精度点源透过率测试系统进行不同接收光机系统的杂散光抑制水平测试方法。其测量方法为：通过平行光管模拟一束平行光源，这束平行光进入待测量的接收光机系统，使用探测仪器测量光机系统接收像面的辐射照度 $E_i(\theta, \lambda)$ 和系统入口的辐照度 $E_0(\theta, \lambda)$，二者之间的比值即为得到的点源透过率。通过二维转台使接收光机系统在俯仰方向和水平方向转动，完成对接收光机系统所有视场角的点源透过率测试。点源透过率的计算公式如下（陈钦芳等，2017）：

$$\text{PST}_i(\theta, \lambda) = \frac{E_i(\theta, \lambda)}{E_0(\theta, \lambda)} \tag{4-48}$$

式中，$E_i(\theta, \lambda)$ 为探测器图像平面的辐照度；$E_0(\theta, \lambda)$ 为接收光学系统的入射光瞳处的辐照度；θ 为接收视场角外的离轴角；λ 为光线的波长。

点源透过率表达了光学系统抑制杂散光的能力，点源透过率值越小代表了光学系统抑制杂散光的能力越强。点源透过率测试系统对待测量的光机系统的接收口径限制不大，但是高精度的点源透过率测试系统对于测试场地的环境洁净度、空间要求高，系统研制成本高。目前，国内中国科学院西安光学精密机械研究所、中国科学院光电技术研究所和哈尔滨工业大学已研制了点源透过率测试系统（王治乐等，2011）。

4.5.3 杂散光抑制光机结构设计

为了抑制杂散光传播路径，早期的方法是内罩和分光镜罩组合的方法。这种组合方法可抑制杂散光的结构（stray light suppression structure，SLSS），如图 4-31 所示，其中内罩（包括第一物镜罩和第二物镜罩）固定在物镜和分光镜之间，叶片固定在内罩内。内罩的整体工作长度为 120mm，直径为 116mm，厚度为 4.5mm，第一导流叶片位于距物镜 26mm 处。

为了不阻挡正常接收光线的传递路径，一般采用阶梯型的叶片排列方式，而非长度一致的叶片。叶片厚度为 3mm，每个叶片之间的间隔为 10mm，每个叶片的长度增量为 4mm，叶片末端的截面倾角为 45°，倾斜方向向外，从而增加杂散光的反射次数。

挡板叶片方法抑制内部杂散光的原理是基于这样一个事实，即当光线照射挡板叶片的内表面时，其能量被衰减，然后该光线在挡板叶片内多次重复反射和散射 [图 4-31（b）]，其能量不断衰减，直到接近 0。这种抑制杂散光的方法是通过不断减弱杂散光的能量实现的。

由于分光反射镜罩内部空间有限，传统的叶片结构无法适用。本节介绍一种内置沟槽式叶片的分光反射镜罩 [图 4-31（a）]。沟槽叶片是由三角形围绕光轴旋转拉伸形成的环状螺纹结构，三角形底边的两个点分别与物镜和分光反射镜镜端点相连，连线所形成的点为三角形的顶点，三角形底边两个端点之间的距离为 2.3mm，如图 4-31（d）所示。沟槽型叶片抑制杂散光的方式是：当杂散光照射沟槽型叶片表面时，会沿入射方向反射至光路前段的挡板叶片中，杂散光在挡板叶片内多次反射和散射［图 4-31（d）］，其能量不断衰减，直到接近 0。

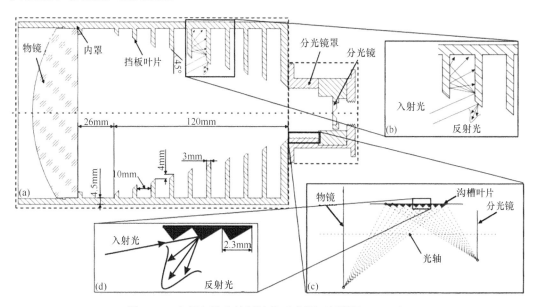

图 4-31　内部杂散光抑制结构示意图（刘哲贤，2023）
（a）内罩和分光反射镜镜罩的结构示意图；（b）挡板叶片抑制杂散光的示意图；（c）沟槽式叶片的结构示意；（d）沟槽式叶片抑制杂散光的原理图

　　为了验证所设计的杂散光抑制结构的效果，本节通过 LightTools 软件对其进行了实验分析，同时，采用点源透过率作为杂散光抑制水平的定量评价指标。

　　将 PMT 探测像面设置为接收表面，在距离入瞳一定位置建立一个虚拟表面，设置为发光表面，模拟一束平行光入射，结合蒙特卡罗模型光线追踪对于视场外多个角度入射的杂散光（图 4-32）（宋腾彪，2021）。分别对有无杂散光抑制结构的光机系统进行仿真分析，根据仿真计算结果，得到子午与弧矢方向视场角外光线入射至接收光机系统的 PST 值，将其绘制为曲线图（图 4-33）。将入射平行光以 1.5° 的增量在弧矢方向的入射角从 –15° 调整至 15°。记录浅水通道、深水通道和接收光学系统入射光瞳处的辐照度，然后计算弧矢方向上接收光机系统的 PST 值，并将记录结果绘制为曲线图 ［图 4-33（a）、图 4-33（c）］。调整入射平行光在子午方向的入射角，继续以 1.5° 的增量将子午方向的入射角从 –15° 调整至 15°，获得子午线方向接收光机系统的 PST 值，并将记录结果绘制为曲线图 ［图 4-33（b）、图 4-33（d）］。

　　从图 4-33 可以看出，单波段水深探测 LiDAR 光学系统在没有杂散光抑制结构时浅水视场通道点源透过率在 $10^{-5} \sim 10^{-2}$ 量级，安装本节设计的杂散光抑制结构后，接收光机系统的点源透过率在 $10^{-14} \sim 10^{-6}$ 量级；深水视场通道优化前点源透过率在 $10^{-4} \sim 10^{-2}$ 量级，安装本节设计的杂散光抑制结构后，接收光机系统的点源透过率在 $10^{-10} \sim 10^{-5}$ 量级。

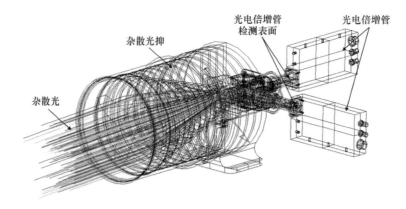

图 4-32　接收光机系统杂散光追迹图（刘哲贤，2023）

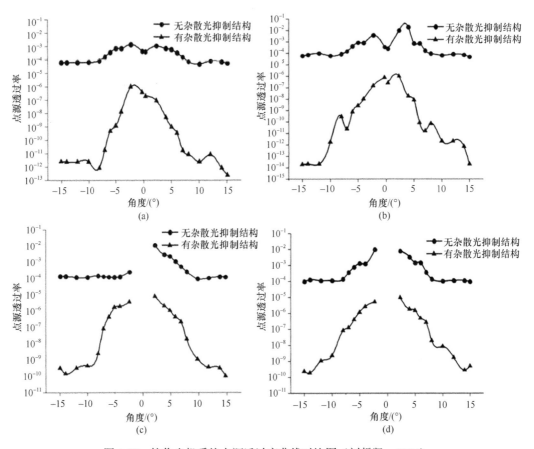

图 4-33　接收光机系统点源透过率曲线对比图（刘哲贤，2023）
（a）浅水通道弧矢方向；（b）浅水通道子午方向；（c）深水通道弧矢方向；（d）深水通道子午方向

　　在视场外角 15°处光学系统浅水通道，点源透过率平均为 10^{-13}，相较于之前降低了 9 个数量级；在视场外角 15°处光学系统深水通道，点源透过率平均为 10^{-9}，相较于之前降低了 5 个数量级，整体平均降低 4 个数量级。这个结果说明了：安装本节设计的杂散光抑制结构后，光机系统的点源透过率降低明显。证明所设计的杂散光抑制结构提高了接收光机系统对杂散光的抑制能力。

4.6　接收光机系统杂散光抑制模拟验证

图 4-34 是某单波段激光雷达水深探测光机接收系统。在这个系统中，物镜组与目镜组组合得到整体激光雷达光学接收系统。根据望远镜系统理论，物镜组焦平面到目镜组第一面距离为 f_2'，即目镜组有效焦距。

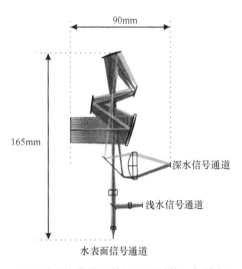

图 4-34　激光雷达接收单元整体光路结构（胡皓程，2021）

首先，我们需要对组合的整体光路的点列图进行验证，以确保回波信号照射在光电探测器光敏面上。图 4-35～图 4-37 分别是深水信号通道光敏面点列图、浅水信号通道光敏面点列图、水表面信号通道光敏面点列图。

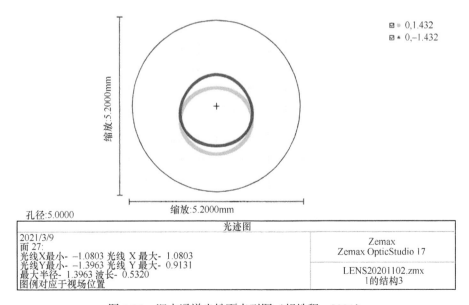

图 4-35　深水通道光敏面点列图（胡皓程，2021）

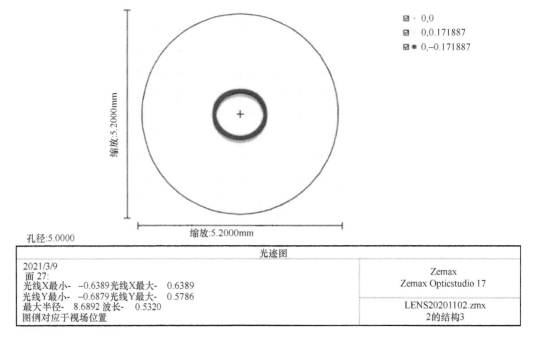

图 4-36　浅水通道光敏面点列图（胡皓程，2021）

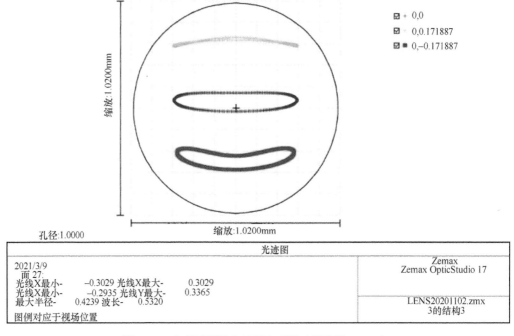

图 4-37　水表面通道光敏面点列图（胡皓程，2021）

从图 4-35～图 4-37 可以看出，深水信号通道光敏面处光斑直径约为 2.2mm，浅水信号通道和水表面信号通道光敏面处光斑直径约为 1mm，满足设计需要。

单波段水深探测 LiDAR 的接收光学系统设计通常要求将目标光线汇聚到 PMT 的光敏面上，所设计的接收光学系统采用主镜直径为 116mm 的开普勒透射式接收光学系统。

这个系统主要由开普勒望远镜组、分视场镜、聚焦镜、滤光片等器件组成（图 4-38）。

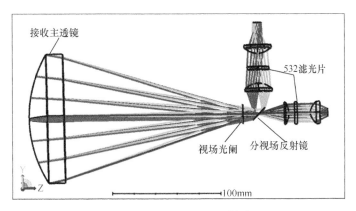

图 4-38　接收光学系统示意图（刘哲贤，2023）

为了减小杂散光的影响，LiDAR 接收光学系统采用了双通道设计，包括了浅水探测通道和深水探测通道。浅水探测通道和深水探测通道通过分光反射镜实现光路分离，其中浅水探测通道为通道一，探测器的接收像面直径为 8mm（图 4-39）。为了确定光路的设计效果，我们进行了点列图分析，结果如图 4-40 所示。从点列图中可以看出，接收的光线经过通道一后能够全部汇集在 PMT 探测器的接收像面上。

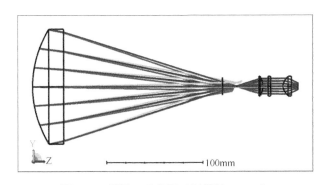

图 4-39　通道一示意图（刘哲贤，2023）

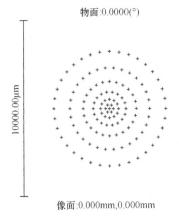

图 4-40　通道一点列图（刘哲贤，2023）

另外，深水探测通道为通道二，探测器的接收像面直径为 8mm（图 4-41）。为了确定光路的设计效果，我们利用点列图进行分析，结果如图 4-42 所示。从点列图 4-42 可以看出：接收的光线经过通道二后，能够全部汇集在 PMT 探测器的接收像面上。

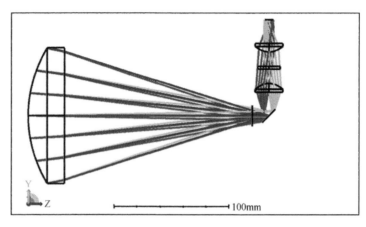

图 4-41　通道二示意图（刘哲贤，2023）

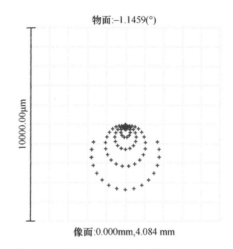

图 4-42　通道二点列图（刘哲贤，2023）

总之，利用 ZEMAX 仿真来判断接收光学系统质量的依据是在所规定的视场角内，无穷远处的光线穿过光学系统能否落入探测器的接收像面上。根据上面的点列图仿真结果，我们可以得出，在视场角内的光线都能准确汇聚到 PMT 接收像面上，满足设计要求。

4.7　接收光学系统杂散光抑制实现

1. 激光雷达整机合成

一种常见的激光雷达接收光学系统机械结构见图 4-43。通常，激光雷达光学接收系统部分可分为有镜筒和无镜筒，但离轴反射式系统并不适用于有镜筒；无镜筒可以减少光照射在筒壁上的光能损失。

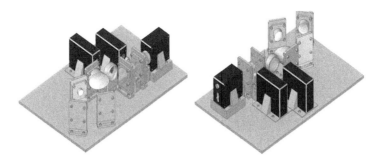

图 4-43　接收光学系统机械结构（胡皓程，2021）

　　一个完整的单波段水深测量激光雷达光机系统应当包括：激光器、激光准直扩束装置、激光扫描系统、POS 惯导系统、光电探测器模块及其电路系统、直流电源、直流伺服电机及其驱动器。

　　整个光学系统的工作过程为：在光学系统主反射镜前有 532nm 滤光镜，以确保最大程度滤去自然界其他波段杂散光（图 4-44）。副镜、第三镜、第四镜多次调整光路方向，使光线汇聚到分视场镜处，分视场镜是一面倾斜 45°的反射镜。中心有一定的开孔区域。根据光学原理，深水信号照射到大视场聚焦区域，反射到深水信号通道；浅水和水表面信号照射到小视场聚焦区域，从开孔处通过。浅水信号和水表面信号通过透镜准直后，再次通过分光镜将浅水信号和水表面信号分离。激光雷达的整机合成见图 4-44。

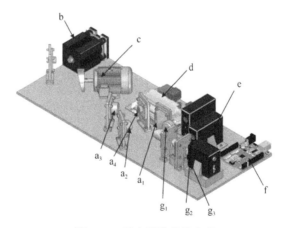

图 4-44　激光雷达整机合成

a_1 为物镜主镜；a_2 为副镜；a_3 为第三镜；a_4 为第四镜；b 为 532nm 激光器模块；c 为伺服电机模块；d 为电源模块；e 为 APD 和 PMT 光电探测器模块；f 为 ADC 采样模块；g_1 为深水信号通道目镜组；g_2 为浅水信号通道目镜组；g_3 为水表面信号通道目镜组

　　在整机合成方面，考虑到 APD、PMT 光电探测器模块右侧仍有空间剩余，故将 ADC 采样电路布置在光电探测器模块的右侧；同时，当整机封装后，ADC 采样电路靠近封装外壳边缘，便于输出接口插拔。供电电源位于接收光路的后侧，从整机正视方向看，供电电源处于中央位置，便于给直流伺服电机、ADC 采样电路、光电探测模块、激光器等器件同时供电。并且，供电电源自身靠近整机封装外壳边缘，便于自身充电线拔插。直流伺服电机、电机驱动器布置在电源模块左侧，转轴处挂载反射式光楔镜片。激光器布置在直流伺服电机左侧，通过一面 45°倾斜的反射镜将激光光束照射在反射式光楔上。

开普勒望远镜组由非球面主透镜、球面次镜组成。主镜的有效通光口径 100mm，焦距 200mm，基底采用 H-K9L 材料，镜面上镀可见光增透膜，镀膜后的主镜对 532nm 波段光线的反射率＜0.3%。

分视场镜为中心开孔的反射镜（图 4-45），位于主镜的焦点处，接收光学系统的多通道主要依靠分光镜，分视场分光镜基底材料采用硬质铝合金，一面经过抛光打磨成为镜面，并将抛光面镀反射银膜和 SiO$_2$ 保护膜。中间设计开孔使得一束光束穿过，其余光线反射，从而实现通道分离。

图 4-45　分视场反射镜（刘哲贤，2023）

考虑到所采用的是 532nm 激光器进行探测，并且 PMT 光敏面对 532nm 波段光线响应敏感，由于杂散光对于 PMT 光敏面会造成干扰和损伤，在此选择 532nm 波段滤光片对光线进行过滤。同时，为了保留更多的 532nm 光线及保证激光器所发射的激光束的线宽为（532.24±0.11）nm，选择高透过率及超窄带通的滤光片，超窄带通滤光片中心波长为 532nm、半峰全宽为 1.2nm，532nm 激光的透射率＞95%（图 4-46）。

图 4-46　532nm 滤光片

根据单波段水深探测 LiDAR 的需求，使用 SolidWorks 软件设计并绘制不同部分的机械结构，包括机箱、紧固件、安装座等，具体包括激光器散热器、扫描系统支撑、接收光学系统（光学镜片、光路保护筒、分视场镜、光阑及 PMT）。LiDAR 的整体机械结构设计的影响因素主要为保证激光光束正常出射。

在设计内部结构时提前预留部分空间，防止零件干涉，并且在最终设计完成后在软件中进行干涉检查。通过设计绑线条放置在 Lidar 外壳内壁，将线缆通过轧带与绑线条相连，防止影响电机转动的同时兼顾美观整洁；采用比热容低的材料作为外壳，通过导热硅脂与散热器紧密相连保证散热。

将所设计的各个零部件进行装配得到整体单波段水深探测 LiDAR 设备，如图 4-47 所示。

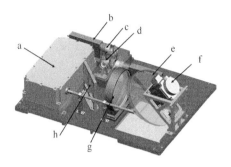

图 4-47　无人船载单波段水深探测 LiDAR（刘哲贤，2023）

a 表示 532nm 激光器模块；b 表示 PMT 光电探测器模块；c 表示目镜组；d 表示分视场反射镜；e 表示扫描光楔；f 表示电机模块；g 表示物镜主镜；h 表示 45°反射镜

2. 激光雷达镜头对准

激光雷达的接收光学系统主口径需要与底板保持较高的平行度，这样才可保证近轴光线平行入射，能够检测及校正激光雷达光学系统的平行度，能够定量给出被检测激光雷达光学系统光轴平行度偏差值。常见的多光轴平行校正方法有：投影靶板法、五棱镜法、小口径平行光管法、大口径平行光管法。所使用的多光轴平行校正仪原理为大口径平行光管法（图 4-48）。

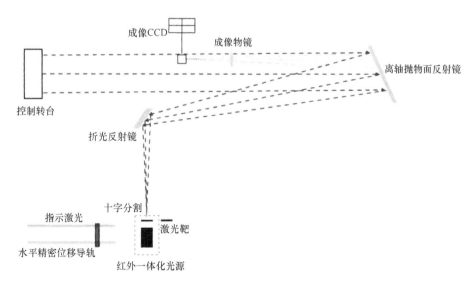

图 4-48　大口径平行光管法多光轴平行校准仪原理

大口径平行光管法多光轴平行校准仪主要是利用大口径平行光管产生平行光束（激光），使被矫正系统整体处于平行光束中。平行光束经过主光学接收镜头后照射到离轴抛物镜上，离轴抛物镜经反射照射到折光反射镜上，折光反射镜将激光会聚到激光靶上，成像 CCD 对激光靶进行摄影，将激光靶的情况反馈给上位机。若激光会聚的激光点处于激光靶正中心，说明主光学接收通道平行度已经校准好（图4-49）。

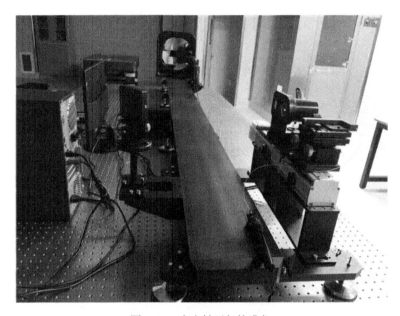

图 4-49　多光轴平行校准仪

接收光学系统经校准后的结果见图 4-50。

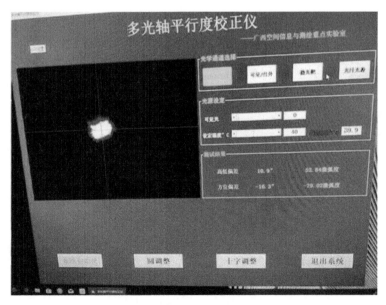

图 4-50　接收光学系统平行度校正

3. 激光雷达野外测试

为验证系统工作的可靠性，决定对整机系统进行野外实验，将电路模块和示波器相连接，采集水深数据。图 4-51 为水深数据采集现场。图 4-52 为回波信号数据处理现场。图 4-53 为实验中捕捉到较好一组回波数据。

图 4-51　激光雷达水深数据采集现场图

图 4-52　激光雷达回波信号数据处理现场

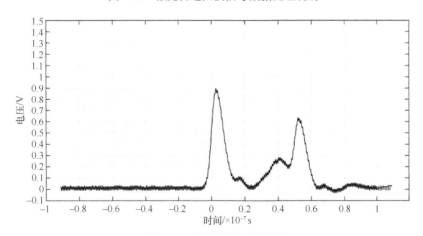

图 4-53　激光雷达回波数据

从图 4-53 可以看出：水面信号与水底信号时间差为 55ns，测试时入射角约为 50°，计算得到水深为 3.98 m，实测水深为 3.7m，计算可得精度为 1−（3.98−3.7）/3.7=92.43%。

4. 杂散光抑制结构实现

通过仿真测试验证了该杂散光结构的有效性后，将上述设计的杂散光抑制结构通过 3D 打印技术制造。3D 打印技术的原理是对三维结构模型通过信息化技术进行层次划分和切割，随后进行逐层加工。与其他加工制造技术相比，3D 打印技术具有制造速度快、可加工高度复杂零件、智能制造、成本低、精度高和材料广泛的特点。3D 打印技术包括光固化成型、熔融堆积成型、选择性激光烧结成型和三维印刷成型（张学军等，2016；马忠波，2021）。

光固化 3D 打印技术的特点是成型精度较高、快速表面成型、生产周期短、可加工复杂结构，生产过程是通过光照射光敏材料使之固化层层堆叠形成零件（王世崇等，2022）。其加工原材料为光敏树脂，具有固化快、黏度低、对光的敏感性高、收缩小等特点。杂散光抑制结构的加工过程如下：

（1）通过三维绘制软件 SolidWorks，绘制所需要光固化打印的结构 ［图 4-54（a）］。

（2）将绘制的零件三维图纸导入切片软件 ［图 4-54（b）］，逐层切片设置每层层厚为 0.05mm、曝光时间为 3s。为了减少不必要的重量，进行了挖孔。为了防止在打印过程中零件脱落、变形，在较为脆弱的零件结构上添加支架，同时底部选择了滑板型。底部层数设置为 6，底部的曝光时间设置为 60s。整体打印支座设置为 Z 轴，抬升距离设置为 8mm，抬升的速度设置为 2mm/s，回退的速度设置为 3mm/s。

（3）将光敏树脂添加到材料托盘中，将其导入光固化打印机 ［图 4-54（c）］，通过紫外光或可见光选择性照射逐层打印叠加形成三维实体。

（4）使用浓度为 95% 的酒精冲洗打印形成的实体结构，去除附着在结构表面未固化的光敏树脂 ［图 4-54（d）］。

（5）将实体结构置于固化机中 ［图 4-54（e）］，使用紫外线固化灯旋转照射 6～8min，进行二次固化，避免因实体结构固化程度不同导致性能不一的情况。

（6）拆除支座及支撑结构并打磨 ［图 4-54（f）］，得到最终产品。

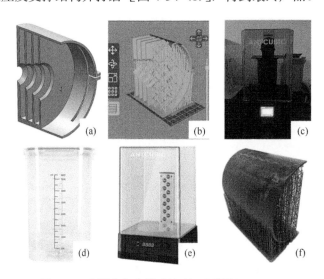

图 4-54　光固化打印技术流程（刘哲贤，2023）

（a）三维模型建模；（b）三维模型切片软件；（c）光固化 3D 打印机；（d）清洗设备；（e）固化设备；（f）所打印成的零件

在完成杂散光抑制部件的结构制造之后，通过多光轴平行度的校正设备将抑制结构部件装配到的接收光机系统中，其中第一物镜罩通过第二物镜罩连接到分光反射镜罩，分光反射镜罩固定在第二物镜罩后端的内侧［图 4-55（a）］，组装过程如下：

（1）将物镜罩放在高精度二维转台上，打开指示灯和调节转台，使光源位于镜筒前面水平面的中心，并与镜筒光轴平行。

（2）打开激光指示器光源，调整结构，使光线聚焦在分光镜的中心。

（3）保持激光指示器开启，微调后续光路，以确保光线会聚成均匀亮度的圆形光斑，锁定固定，装配完成。

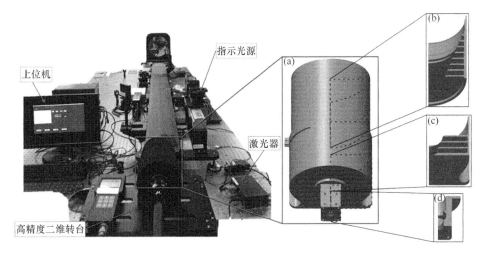

图 4-55　杂散光抑制结构的安装和调整（刘哲贤，2023）

（a）杂散光抑制结构；（b）物镜罩的剖面图；（c）连接罩的剖面图；（d）分光镜罩的剖面图

5. 杂散光抑制结构野外测试

为了验证具有杂散光抑制结构的 LiDAR 在水深探测中抗杂散光干扰的能力，我们在北海进行了一次近海岸水域测试实验（图 4-56）。

图 4-56　北海近海岸实验图

实验过程如下：

（1）将 LiDAR 设备、电源和 POS 安装于无人船平台上，连接完成后放置于北海海湾。

（2）供电后开启 LiDAR 并等待系统初始化完成，点击主控界面运行按钮。

（3）整体系统开始探测工作，并准备采集数据。

（4）遥控无人船按预设轨迹行驶，开始收集数据，然后返回岸边。

（5）主控控制关闭 LiDAR 的出光和采集工作，上位机 PC 端通过网线连接 AD 采集装置下载采集数据［图 4-57（a1）］。

（6）改变无人船的位置，重复步骤（2）～（5）以获得回波数据［图 4-57（b1）］。再次改变无人船的位置，重复步骤（2）～（5）以获得回波数据［图 4-57（c1）］。

（7）从 LiDAR 设备上移除杂散光抑制结构部件，重复步骤（1）～（6）以获得相同位置的实验数据，如图 4-57（a2）～图 4-57（c2）所示。

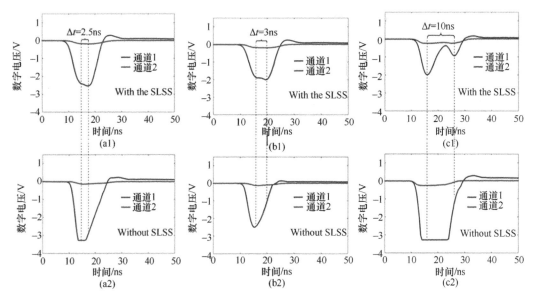

图 4-57　北海近海岸对比实验回波信号数据（刘哲贤，2023）

蓝色线条表示通道 1 的回波信号，红色线条表示通道 2 的回波信号

对比图 4-57（a1）和图 4-57（a2），我们发现，当经过杂散光抑制结构的 LiDAR 在 0.28m 水深处工作时，探测的水面和底部两个回波信号的波形峰值的时间差 Δt 为 2.5ns，如图 4-57（a1）所示。而在没有杂散光抑制结构的情况下，只探测到一个来自水面的回波，如图 4-57（a2）所示。这是因为杂散光使来自水面的回波信号波形变宽，导致水面回波信号覆盖了来自水底的回波信号。这一结果表明：具有杂散光抑制结构的 LiDAR 能够有效抑制杂散光的干扰，一定程度上减小了探测回波信号的展宽，可以有效识别水面、水底回波信号。此外，在 0.34m 的水深处，图 4-57（b1）和图 4-57（b2）上发生了类似的现象；在 1.12m 的水深处，图 4-57（c1）和图 4-57（c2）上也发生了类似现象。因此，可以得出以下结论：

（1）具有杂散光抑制结构的单波段水深探测 LiDAR 能够在水深探测中抵抗杂散光的干扰，有效地抑制内部杂散光。

（2）在北海近海岸水域复杂的环境中，当水深分别为 0.28m、0.34m 和 1.12m 时，具有杂散光抑制结构的 LiDAR 能够有效甄别水面和底部回波信号。

4.8　本　章　小　结

本章通过计算不同深度层次回波信号功率和对比不同光电探测器最小探测灵敏度，确定接收光学系统应分为深水、浅水、水表面三个通道；以 50mrad 接收视场、有效焦距 $f=200$mm 为条件将物镜镜头分别设计成：柯克三片式物镜、施密特–卡塞格林物镜、离轴四反射式物镜三种不同类型物镜镜头；对比了折射式、折反射式、全反射式之间的优劣，发现离轴全反射式物镜有利于缩小激光雷达总体长度、提高光学透过率。虽然目前离轴全反射式系统难以控制像差，但仍有一定研究前景。本章设计了 3 个通道的目镜组，并结合物镜组连接成一个完整的光学接收系统，验证了整体光学接收系统光敏面处的点列图，所采集的光线基本照射于光敏面内，达到设计要求；还设计了杂散光抑制结构，消除了激光雷达接收光机系统中的低阶杂散光传递路径，提高了接收光机系统对杂散光的抑制能力。

此外，在 Soild Edge 上装配了激光雷达各个系统，初步形成试验样机三维图，可直观反映激光雷达各个系统位置，便于形成加工图纸；使用大口径平行光管校准仪，使进入激光雷达主接收口镜头光线平行于机器底板。

在野外水池开展激光雷达测深试验。最终，激光雷达接收到有效回波信号；在北海近海岸进行了杂散光抑制结构测试，试验结果证明，研制的杂散光抑制结构部件能够抵抗杂散光的干扰，有效区分水面和底部的回波信号。

参 考 文 献

陈宝莹, 唐勇, 柴利飞, 等. 2011. 大相对孔径数字化 X 射线成像系统的光学设计. 应用光学, 32(5): 827-830.

陈钦芳, 马臻, 王虎, 等. 2017. 高精度点源透过率杂光测试系统//2017年空间机电与空间光学学术研讨会论文集. 成都: 中国空间科学学会空间机电与空间光学专业委员会, 42-47.

杜康. 2020. 微纳卫星遥感相机光学系统紧凑化设计与杂散光分析. 长春: 中国科学院长春光学精密机械与物理研究所.

杜述松, 王咏梅, 杜国军, 等. 2009. 干涉成像光谱仪的杂散光分析. 应用光学, 30(2): 246-251.

胡皓程. 2021. 机载单频水深测量激光雷达光机系统设计实现. 桂林: 桂林理工大学.

黄田程, 陶邦一, 贺岩, 等. 2018. 国产机载激光雷达测深系统的波形处理方法. 激光与光电子学进展, 55(8): 65-74.

贾建周, 宋德安, 贾仁耀, 等. 2010. 激光大气传输衰减的估算方法. 电子信息对抗技术, 25(4): 73-76, 81.

李哲, 邓甲昊, 周卫平. 2008. 水下激光探测技术及其进展. 舰船电子工程, 28(12): 8-11, 48.

林晓阳. 2014. ZEMAX 光学设计超级学习手册. 北京: 人民邮电出版社.

刘军, 刘伟奇, 康玉思, 等. 2013. 大视场离轴四反射镜光学系统设计. 光学学报, 33(10): 235-240.

刘哲贤. 2023. 无人船载单波段水深探测激光雷达杂散光抑制研究. 桂林: 桂林理工大学.

陆强. 2016. 地球同步轨道空间相机杂散光分析与应用技术的研究. 上海: 中国科学院上海技术物理研究所.

马忠波. 2021. 3D 打印技术研究现状和关键技术研究. 南方农机, 52(14): 138-140.

莫晓帆. 2018. 紫外单光子探测以及成像集成技术研究. 南京: 南京大学.

彭跃峰. 2004. 高平均功率光纤激光器技术. 绵阳: 中国工程物理研究院.

史立芳. 2014. 大视场人工复眼成像结构研究与实验. 成都: 电子科技大学.

宋腾彪. 2021. 腹腔镜光学系统杂散光分析与抑制研究. 杭州: 中国计量大学.

孙林, 崔庆丰. 2018. 成像光学系统杂光系数分析与计算. 激光与光电子学进展, 55(12): 508-512.

王红云. 2012. 激光光学元件小份额取样率测试系统设计. 西安: 中国科学院西安光学精密机械研究所.

王鹏, 袁鹏, 谭伟强, 等. 2020. 汤姆孙散射系统中发黑材料的表面散射特性测量. 光学学报, 40(21): 205-211.

王世崇, 朱雨薇, 吴瑶, 等. 2022. 光固化 3D 打印技术及光敏树脂的开发与应用. 功能高分子学报, 35(1): 19-35.

王治乐, 龚仲强, 张伟, 等. 2011. 基于点源透过率的空间光学系统杂光测量. 光学技术, 37(4): 401-405.

魏晨. 2022. 基于区域散射的光学元件表面质量检测技术. 西安: 西安工业大学.

肖宇刚. 2014. 激光测距瞄准镜光学系统设计研究. 南京: 南京理工大学.

徐亮. 2019. 大口径光学系统杂散光测试关键技术研究. 西安: 中国科学院西安光学精密机械研究所.

许梦圆. 2013. 基于 ZEMAX 的水汽激光雷达接收系统光学性能分析. 青岛: 中国海洋大学.

闫佩佩, 李刚, 刘凯, 等. 2015. 不同结构地基光电探测系统的杂散光抑制. 红外与激光工程, 44(3): 917-922.

杨旸. 2012. 多光轴光学系统光轴平行性校准技术研究. 西安: 西安工业大学.

杨志峰. 2008. 中国特征区域大气气溶胶光学特性研究. 北京: 中国气象科学研究院.

俞兵. 2012. PMT 距离选通变益探测系统控制技术研究. 西安: 西安工业大学.

郁道银, 谈恒英. 2015. 工程光学基础教程. 北京: 机械工业出版社.

张学军, 唐思熠, 肇恒跃, 等. 2016. 3D 打印技术研究现状和关键技术. 材料工程, 44(2): 122-128.

张渊智, 陈楚群, 段洪涛. 2011. 水质遥感理论、方法及应用. 北京: 高等教育出版社.

赵青, 赵建科, 徐亮, 等. 2016. 航天消光黑漆双向反射分布函数的测量与应用. 光学精密工程, 24(11): 2627-2635.

赵羲. 2010. 小天体撞击探测光学成像仿真技术研究. 郑州: 解放军信息工程大学.

Harvey J E, Krywonos A, Vernold C L. 2007. Modified Beckmann-Kirchhoff scattering model for rough surfaces with large incident and scattering angles. Optical Engineering, 46(7): 2004-2020.

Lee X, Wang C, Luo Z, et al. 2020. Optical design of a new folding scanning system in MEMS-based lidar. Optics and Laser Technology, 125: 106013.

Liu Q, Liu D, Zhu X, et al. 2020. Optimum wavelength of spaceborne oceanic lidar in penetration depth. Journal of Quantitative Spectroscopy and Radiative Transfer, 256: 107310.

Zhou G, Xu J, Hu H, et al. 2023. Off-axis four-reflection optical structure for lightweight single-band bathymetric LiDAR. IEEE Transactions on Geoscience and Remote Sensing, 61: 1000917.

Zhou, G, Zhou X, Yang J, et al. 2015. Flash Lidar Sensor using Fiber Coupled APDs. IEEE Sensor Journal, 15(9): 4758-4768.

第5章 单波段激光雷达回波信号探测

5.1 引　言

水深探测激光雷达在进行测深时，由于水质影响，探测系统接收的回波信号通常会呈现水面回波信号易饱和且动态范围大、水体后向散射严重、水底回波信号微弱的情况。过强的水面回波信号及水体后向散射会对微弱的水底回波信号造成严重的影响，导致水面水底回波信号难分离、水底回波信号难观测和采集。所以，为了有效地区分两个回波信号，减小信号采集过程中两者之间的相互干扰，借鉴双波段水深测量激光雷达的工作原理，单波段水深测量激光雷达也采取双通道探测采集模式：浅水通道探测水面回波信号和深水通道探测水底回波信号，从而实现水面水底回波信号分离，其具体控制设计实现见第6章。

光电探测器作为回波信号探测工作中最重要的器件，目前常采用的有APD或PMT。APD的探测范围宽，但其噪声相比PMT更大，对532nm波长的感应灵敏度比PMT更低；PMT灵敏度高，但探测范围相对较窄，用于探测532nm波长时，信噪比优良。传统双波段水深测量激光雷达系统浅水通道使用APD探测器，深水通道使用PMT探测器模式。由于单波段水深测量激光雷达主要是发射、接收532nm的蓝绿波段，且回波信号微弱，所以需要采用灵敏度更高的PMT探测器。

由于光电探测器输出的电信号比较微弱，一般需要放大电路进行信号放大，以便于后续采集。但PMT探测模块内部电路的带宽太高，传统的跨阻放大电路由于速度原因，信号失真和延时，所以需要采用更加迅速的射频放大电路。虽然有了一级射频放大电路，但由于水面与水底回波信号动态范围大，水底回波信号微弱，有时通过一级放大并不能达到后续信号采集需要的电压大小，此时还需要经过二级放大电路来满足采集要求。其整体设计框图如图5-1所示。

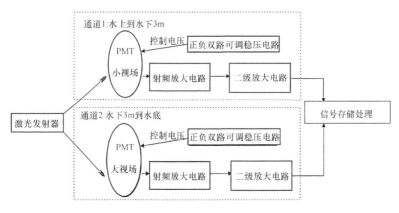

图5-1　接收电路整体设计框图

PMT 探测模块拥有门信号控制开通、关闭、增益可调等多种功能，这为后续的水深回波信号探测研究提供了更多改进提升的空间。针对水面水底回波信号动态范围大、水面回波信号易饱和、水底回波信号微弱等问题，本章提出了基于现场可编程门阵列 FPGA 的 PMT 增益远程控制方法和基于 FPGA 的 PMT 增益自适应反馈控制两种方法进行改善，以提高系统回波信号探测的适用性与精准性。

5.2 探 测 器

光电探测器是光电探测电路的核心部分，它直接决定了整个探测处理系统的灵敏度、精度和动态范围等（吕涛，2005；谭逸之，2021）。光电探测元件主要包括光敏器、电阻器、半导体管、光电二极管、光电池、真空管、雪崩二极管、倍增二极管、电荷和光耦合等元器件等，它们把接收到的光信号转化为电平信号，作为后续信号处理的前提条件。此部分设计需要特别考虑几个指标，如对光敏感性及光电转换效率。

光电探测技术是把光信号直接转化成可观察的电信号，然后再对其信号进行放大。光电转换的工作基本原理主要是充分利用光电效应，其过程是：入射光子至光敏面与探测器内部束缚电子发生相互作用，使得束缚电子流从固定位置脱落，形成了光学效应（郑居林，2020）。

5.2.1 雪崩二极管（APD）

APD 是一种通过光电子倍增放大的光电二极管，它借助强电场的相互作用而产生了负载雪崩流子倍增放大效应。该类二极管的灵敏性很高，且噪声响应速度快，能够快速达到 0.5ns，二极管的噪声最大响应频率可达到 100GHz（赵金平，2013；谭逸之，2021）。本节将对 APD 的基础结构、等效电路与噪声特征等诸多方面进行详细分析（钟林瑛，2011）。

1. APD 的雪崩倍增工作原理

APD 的结构如图 5-2 所示，其由 P+、π、P 和 N+ 层组成。APD 正常高压工作时，两

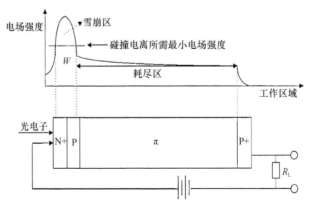

图 5-2 APD 内部工作原理图（陈伟帅，2023）

W 为耗尽区的宽度，R_L 为负载电阻

端需要分别添加高压供电模块（通常为 50～450V），在这个 P 层上面则需要具备很高的高压供电场。例如，当被入射光子所给予的电子能量充裕时，载流子常常会因此迅速发生电子碰撞而迅速游离，产生新的电子空穴对。新电子空穴对再次撞击游离，产生了更多的电子空穴对。随着这种过程连锁发生，形成了雪崩的连续过程（让-马克·丰博纳等，2015）。APD 正常工作下可以通过改变外围电压值来改变雪崩二极管的雪崩效应，一般外围电压值范围为 100～400V。当外围电压值大于 400V 时，APD 管会被击穿，这时 APD 处于非正常工作状态，会进一步影响实验结果。

2. 暗电流和反向偏压的关系

APD 的暗电流是在没有单光子进入探测器的条件下产生的电流，即 PN 结的内部电流。它们可分为表面产生的电流 I_{ds} 和内部产生的电流 I_{dg}。表面所产生的电流 I_{ds} 是指通过 PN 结和 SiO_2 涂层之间的电流；内部产生的电流 I_{dg} 主要是由于选用 Si 作为基底而产生的电流（潭永红等，2020）。

表面所产生的电流并没有经过雪崩地带，因此不会参加倍增的过程。内部的电流会因为流经雪崩地带而形成倍增（齐红霞，2007）。APD 产生的总暗电流公式可用式（5-1）表示（李昌厚，1982）：

$$I_P = I_{ds} + M \times I_{dg} \tag{5-1}$$

式中，M 为 APD 增益。伴随反向偏压的升高，暗电流也会增大。

3. 频率响应（响应度）

如果不给 APD 探测器添加反向偏压，它的频谱响应特点与普通光电管基本相同（李永亮等，2019）。当信号反向发生偏压时，该信号频谱的电压响应幅度曲线较之前发生了变化，这取决于雪崩区域内的载流子倍增的效率和进入探测器的激光波长。面对不同的激光波长，APD 的频率响应会发生变化，通常采用 APD 探测器探测波长为红外波段的激光，一般波长为 905nm 时达到 APD 探测器峰值响应。因此，选择 APD 探测器的响应度和所选激光波长精确匹配非常重要，两者之间的关系如图 5-3 所示。

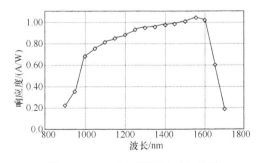

图 5-3 APD 响应度和波长的关系

5.2.2 光电倍增管（PMT）

光电倍增管（photomultiplier tube，PMT），是一种灵敏度非常高且响应时间短的光电探测器，已经广泛应用于微光子能量计数、蓝绿光探测、生物化学发光等领域（周国清等，2014；谭逸之，2021）。光电倍增管的主要元件包括光电粒子发射的阴极（阳极）、聚焦的光电极、电子辐射倍增极和太阳电子辐射收集极，典型的光电倍增管根据入射光的接收形式可划分为两类：端窗模式和侧窗模式（杨美娜，2012）。其工作流程为：当两条光线从真空射入光子至 PMT 探测器阴极，探测器就会激发出一个光电子射入外界，这些由二次聚焦极光子电场放大引起的光电子会依次进入光子倍增放大系统，穿过倍增放大系统的光子能量得到二级放大，最终这些放大后的光电子都会随着电场聚集在探测器的阳极。光电倍增管的基本性能介绍如下。

1. 灵敏度和工作光谱区

光电倍增管的工作光谱与它工作时的灵敏度，以及光电倍增管内部的构成材料有密切关系，只有当光子入射到整个阴极表面时，所有光子辐射能量被阴极充分吸收，导致表面没有光电子时，电子才会发射（牟永鹏，2010）。

光阴极一般主要选用碱性金属材料，而紫外光谱区则主要选用多碱性光电阴极。显然，光电倍增管的灵敏度会随着辐射光的波长的波动变化而产生相应的变化。光谱灵敏度是指光敏电阻在不同波长的单色光照射下的灵敏度，灵敏度随辐射激光波长变化的曲线被称为光谱响应曲线，由此可以确定光电倍增管在各个工作时间的光谱分区和最高灵敏度的波长（牟永鹏，2010）。PMT 的结构如图 5-4 所示。

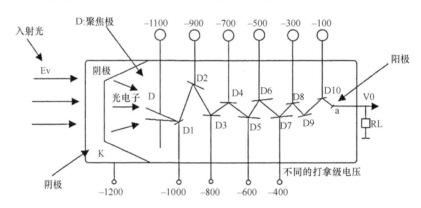

图 5-4　典型 PMT 探测器结构图（王庆有，2014）

Ev 为光电阴极的电压，K 为光电阴极，RL 为负载电阻

2. 暗电流与线性响应范围

光电倍增管在没有光子入射的情况下工作时，光电探测器产生的电流称为暗电流，也称为 PMT 的暗脉冲。光电倍增管输出的光电流公式为

$$i = kI_i + i_o \tag{5-2}$$

式中，I_i 为产生光电流 i 的入射光能量；k 为其比例系数；i_o 为暗电流。由此可以看出，在某一工作范围内，探测器工作产生的光电流和射入探测器的入射光的能量是一种线性的变化关系。当入射光的激光能量变强时，输出光电流强度会随着光强的速度加快而逐渐减弱，最终趋向饱和（邢怀民，2009），两者关系如图 5-5 所示。

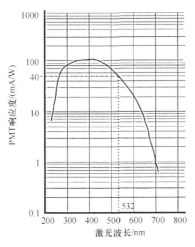

图 5-5　PMT 响应度与激光波长关系图

5.3　射频放大电路设计与实现

5.3.1　低噪声射频放大电路设计与实现

1. 射频放大电路的设计

单波段激光雷达主要接收 532nm 蓝绿波段的微弱光信号，需要灵敏度更高的 PMT 探测器。一般的跨阻放大电路可以针对时间响应较慢的光电转换，如采用 hmc700 芯片，电路带宽可以达到 800MHz，接收的回波信号曲线也相对平滑。为了探测水下几十米的回波信号，根据要求，需要保证上升时间在 10ns 以内，才能保证电路带宽达到 350MHz。通常激光功率只有 nW 级别，对探测器的要求很高。本章介绍日本滨松光子学株式会社提供的增益可调式的 PMT 探测器，该探测器增益最高可达 4×10^6。PMT 探测器电路的带宽要求 1GHz 以上，假如还采用传统的跨阻放大电路，会损失一大部分的回波信号。而通过射频电路放大的模式会解决该问题。高阻态的射频电路会使得信号与噪声等比例放大（郭万荣，2017；谭逸之，2021），所以还需通过电路的匹配法调节合适的电路带宽，既要保证信号完整，又不能损失太多的时间响应。根据 PMT 探测器，设计的射频放大电路需要满足如表 5-1 所示的条件。

表 5-1　射频放大电路设计要求表（黄岸婕等，2008）

参数名称	数值	说明
电源要求	10~15V	低噪声直流电源
电流范围	30~45mA	低功耗
3dB 带宽范围	10kHz~1.5GHz	AC 带宽
增益大小	>2000 倍	固定增益
噪声范围	优于 2dB	低噪声
上升/下降沿时间	优于 500ps	与输入信号一致
输入电流范围	1μA~1mA	高速电流
输入电压范围	2.2Vpp	饱和输出

射频放大电路一般采用低噪声放大器（LNA）作为电路的前置放大器，这种放大器的理想要求是输入信噪比和输出信噪比是一样的。为了保证射频放大电路的低噪声和高增益，发射级共基极的 MOS 场效应管低噪声微波放大器是最佳选择，因为它的噪声系数可以降至 2dB。

射频放大电路总体原理图如图 5-6 所示。这里选用 3SK318MOS 管作为放大芯片，它的噪声系数为 1.4dB，工作电压为 5V，对回波信号的放大增益可达 10 倍，在放大信号的同时，可以保证水下回波信号不失真。

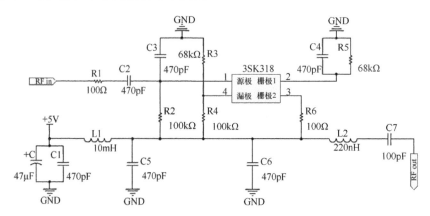

图 5-6　射频放大电路原理图

2. 射频放大电路的验证与讨论

在 PMT 探测器的使用过程中，会发现 PMT 因为探测灵敏度太高，在没有给激光信号时，就可以通过示波器看到脉冲信号，这种现象被称为"PMT 暗脉冲"。所有 PMT 都会存在暗脉冲，这涉及宇宙射线波谱。PMT 的暗脉冲主要来源于单光子，密封性能越好，PMT 的暗脉冲越少。目前还没有一种技术能做到绝对的密封，只要有一个光子入射到 PMT 探测器，都会导致暗脉冲。所以暗脉冲也是用来衡量 PMT 性能好坏的一个指标。图 5-7 是观察到的本书采用的 PMT 探测器暗脉冲。

图 5-7　PMT 探测器暗脉冲

由于该 PMT 探测器为反向输出，当 PMT 后接了反向射频电路之后，可得到图 5-8 结果。观察图 5-8，我们可以发现，PMT 的过冲信号非常强，除了第一个回波信号为主波以外，后续还有很多的杂波。这种现象主要由 PMT 的本体噪声造成。即射频放大电路对回波信号放大的同时，对杂波也进行了放大。后续数据处理过程中，这些杂波信号也默认为回波信号，除非通过低通滤波的办法将这些低频信号去除。

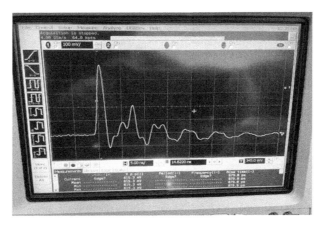

图 5-8 消除过冲信号之前观察到的杂波

而在硬件处理方面，过冲信号和信号幅值有关，幅值越大，过冲越大。而对于 PMT 来讲，决定幅值的因素有很多，最主要的影响因素就是 PMT 的光电转换增益，而转换增益是由控制电压来决定的。以下给出不同控制电压情况下的经过射频电路放大之后的 PMT 暗脉冲图。

因为该 PMT 的控制电压范围在 0.4～0.9V，0.4～0.5V 属于起伏电压（图 5-9），因为放大增益低，暗脉冲基本和噪声混在一起无法区分。

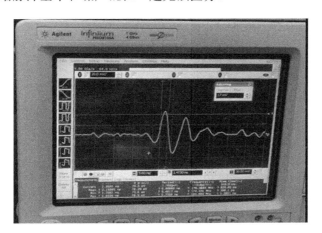

图 5-9 控制电压为 0.4～0.5V 时的暗脉冲图

相对于控制电压为 0.4V，控制电压为 0.6～0.8V 的暗脉冲信号就很容易区分出来（图 5-10）。而过冲信号相对小、下降沿的信号大的原因是上升沿饱和。增大控制电压后，暗脉冲的幅值更大。由于示波器是实时采集信号，而每时每刻的信号都是不同的，还是要按照需要来选择回波信号。

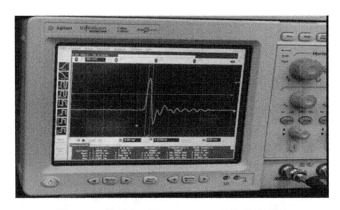

图 5-10　控制电压为 0.6～0.8V 时的暗脉冲图

观察图 5-11，我们可以发现，PMT 暗脉冲的过冲现象很严重，过冲信号的幅值甚至达到了暗脉冲的 1/3。因为射频电路是 1∶1 线性放大的，经过放大电路之后的回波信号和过冲信号还是很难以区分的，因此不建议使用 0.9V 的控制电压。根据以上实验，可以总结出过冲信号的消除方法如下：

（1）选择良好的直流线性电源去调节控制电压，来减小过冲信号。

（2）调节 PMT 探测器中的分压电路，通过减小分压电路的阻值来减小过冲信号。

（3）改变射频放大电路的带宽，主要按照经验法改变电阻、电感、电容。

（4）通过减小阻值，以及增大电容来提高电容的充电，使得光电流减小，进一步减小脉冲信号。

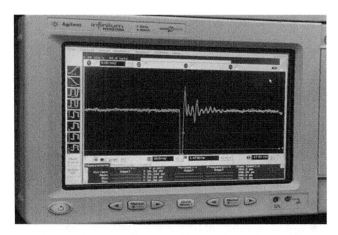

图 5-11　控制电压为 0.9V 时的暗脉冲图

但是在使用第（3）种办法时，不能过度地展宽上升延迟，虽然这样可以使得回波信号曲线更加光滑，有利于后处理，但是后续振荡的时间会增大。例如，有 5ns 的振荡，就会有光速 c 乘 5ns 飞行时间的距离误差。因此，一般来说，在选择各种射频和高功率信号放大器时，非常有必要考虑各个输出端子的功率、励磁和电流水平、功耗、失真、效率、尺寸等因素。如果信噪比不改变，使用射频放大电路都会将其等比放大，所以还需要经过数据后处理才能得到真实数据（安娜，2015）。

5.3.2 二级射频放大电路设计与实现

1. 二级射频放大电路的设计

目前，激光雷达探测系统中存在 PMT 输出电信号微弱，以及放大电路增益–带宽等问题。为此，本节设计了一种二级激光射频放大电路，这种电路具有增益和带宽两方面的良好性能，可大幅提高系统动态范围。这种电路在一定程度上也可以抑制由于漫反射、后向散射造成的噪声影响。所设计的射频放大电路结构如图 5-12 所示，由主电路 [图 5-12（c）]、线性稳压器 [图 5-12（a）] 和 SMA 接口 [图 5-12（b）、图 5-12（d）] 三部分组成（Zhou and Zhao，2022）。

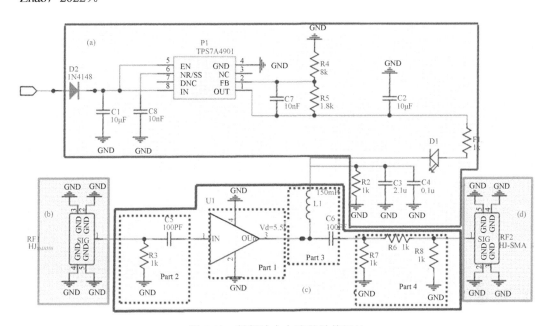

图 5-12　射频放大电路的结构设计

1）主电路

主电路由射频放大器芯片、输入匹配电路、直流偏置网络和输出匹配网络组成。主要电路各部分的详细设计如下。

（1）频放大器芯片，如图 5-12（c）第 1 部分所示。当系统上升沿时间为 2ns 时，所需带宽如下：

$$F = \frac{E}{t_{\mathrm{r}}} \tag{5-3}$$

式中，t_{r} 为上升沿时间；E 为 0.35～0.44；F 为带宽，500～800MHz。在带宽为 0.5 GHz 时，通过规格为 INA-02184 的低噪声放大器，可以提供至少 34 dB 的增益。因此，它可以有效地放大检测系统输出的信号。

经过查询文档资料可得，射频放大器 U_1 晶体管的稳定性参数（ $Z_C=50\Omega$ ）为 $S_{11}=0.7\angle-154^\circ,S_{21}=5\angle-180^\circ,S_{12}=0,S_{22}=0.50\angle-21^\circ$

$$|\Delta|=|S_{11}S_{22}-S_{12}S_{21}|\approx0.36 \tag{5-4}$$

$$k=\frac{1-|S_{11}|^2-|S_{22}|^2+|\Delta|^2}{2|S_{12}||S_{21}|}=\infty \tag{5-5}$$

由式（5-4）、式（5-5）可知，系统满足稳定因子 k>1，且 $|\Delta|<1$ ，晶体管是稳定的。

（2）输入匹配电路［图 5-12（c）第 2 部分］由 C5 和 R3 组成。为了隔离输入信号的直流分量，选用了一个大容量电容（C5= 100pF），与运放的同相输入串联。检测系统的偏置电流对电容 C5 充电，可能导致输出偏置。因此，在 C5 和输入信号之间放置放电电阻 R3，形成接地回路，防止输出移位。使用较大的电阻（R3 = 10kΩ），以确保更好的放电效果。

（3）直流偏置网络［图 5-12（c）第 3 部分］由 L1 和 C6 组成。它的设计目的是为放大器提供一个适当的静态工作点，以确保放大器的恒定工作特性。L1（实际中取 L1 = 150nH）为阻断直流信号的射频扼流圈。由于趋肤效应，电路中较大的电容（C6=100 pF）有利于提高带宽。

（4）输出匹配网络如图 5-12（c）第 4 部分所示，为 50Ω 阻抗匹配。它采用 π 型电阻网络，可以起到阻抗变换和阻抗补偿的作用。所需电阻：

$$R_6=Z_C\frac{N^2-1}{2N} \tag{5-6}$$

$$R_7=R_8=Z_C\frac{N+1}{N-1} \tag{5-7}$$

式中，Z_C 为阻抗匹配值；N 为输入输出比，其中 Z_C=50Ω，N=1.413。计算得到标准电阻 $R_7=R_8$=292Ω，R_6=17.6Ω。

2）线性稳压器

线性调节器从前端输入电压减去多余电压以产生被调节的输出电压。采用 TPS7A4901 作为线性稳压器芯片。线性调节器各部分的详细设计如下：R_4 和 R_5 是采样电阻，在电路中起参考电阻的作用。为保证空载状态下的稳定性，电阻网络中的电流必须大于 5μA，所需的阻值为

$$\frac{V_{REF(MAX)}}{R_5}>5\mu A\rightarrow R_5<242.4k\Omega \tag{5-8}$$

式中，$V_{REF(MAX)}$ 为式（5-8）中的参考电压，为 1.2V；R_5=1.8 kΩ（标准值）。稳压器输出电压的计算为

$$V_{OUT}=\left(\frac{R_4+R_5}{R_5}\right)\times V_{REF(MAX)} \tag{5-9}$$

式中，V_{OUT} 为稳压器输出电压，其中 V_{OUT} =7.5V，R_4 =8kΩ（ChipR 标准值）。如果设置发光二极管压降为 2V，从稳压器文档中得知，在这种情况下的电流约为 255mA。因此，只需要输入+12V 正电压即可满足后续的放大器电压要求。因此，限流电阻 R_1 的计算公式如下：

$$R_1 = \frac{E - U_F}{I_F} \tag{5-10}$$

式中，E 为+12V 输入电压；U_F 为二极管压降；I_F 为通过电流；R_1 =39Ω（标准值）。根据反复试验，我们得出结论：

（1）为了降低瞬态峰值电压，将输入电容 C_1 和输出电容 C_2 的值设为 $C_1 = C_2$ =10μF。

（2）为了使噪声最小，交流性能最好，我们将降噪电容器 C_8、前馈电容器 C_7 设为 $C_8 = C_7$ =10nF。C_3, C_4（C_3 = 2.1μF，C_4 = 0.1μF）是滤波电容器，其目的是滤掉输出电压中的大部分交流分量。

（3）为了使 C_3 和 C_4 具有相同的势，将 R_2（实际取 R_2 =1kΩ）并联连接。

3）SMA 接口

由于射频电路的输入输出信号都是高频信号，所以需要一个具有高频工作特性的接口。此外，整个系统的小型化也要求所有的接口都尽可能小，所以选择了 SMA 高速接口。SMA 接口置于射频放大器电路的左右两侧，便于通过 SMA 射频线连接前后器件[图 5-12（b）、图 5-12（d）]。

4）PCB 实现

在上述射频放大电路的设计中，PCB 是通过设计布线和过孔来实现的。首先，为了提高信号的完整性，在布线时应避免导线呈直角分布。其次，为了提高电路的抗干扰能力，将电路板配置大量过孔并连接到 GND 形成闭环底线，以提高电路的抗干扰能力。此外，为防止电磁干扰影响信号质量，应保持通孔与导线之间的安全距离。射频放大电路 PCB 实现如图 5-13 所示。

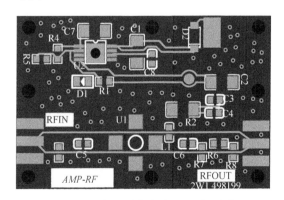

图 5-13　射频放大电路 PCB 实现图

5）屏蔽实现

在上述射频放大电路的设计中，屏蔽的作用主要分为两部分。首先，为了抑制电磁干扰，屏蔽罩将射频放大电路完全包裹起来。其次，为防止静电对电路的干扰，将屏蔽罩连接到地。射频放大器电路屏蔽如图 5-14 所示。

图 5-14   射频放大器电路焊接图和屏蔽罩

6）激光雷达组装

射频放大电路由激光发射模块、激光接收模块、激光回波处理模块、控制模块和功率模块组成。射频放大电路集成在激光处理电路模块内，减少系统运行时产生的干扰信号。最终的实际设备实现如图 5-15 所示。

图 5-15   总机实现和装配

2. 二级射频放大电路的验证与讨论

为了验证所设计电路的效果，在净化负压实验室中，用信号发生器模拟幅值和带宽，分别在水箱、测试井、池塘和水池中进行了射频放大电路与无射频放大电路的对比实验。

1）信号发生器仿真实验

为了模拟系统在水下环境中接收到的微弱信号，在净化负压实验室中进行了实验，即利用四组不同振幅和带宽的小信号来测试电路的特性。实验装置包括射频放大器［图 5-16（d）］、信号发生器［图 5-16（a）］和数字示波器［图 5-16（c）］。信号发生器试验台如图 5-16 所示。实验步骤如下：

（1）接上电源，设备各部分通电。

（2）信号发生器分别向射频放大器输出 5 mV（500 MHz）、10 mV（650 MHz）、15 mV（800 MHz）、25 mV（1 GHz）信号。

（3）信号经射频放大电路放大后输出到示波器。

（4）示波器接收输出电信号［图 5-16（c）］。

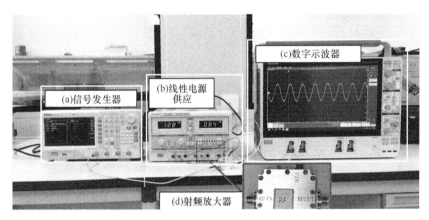

图 5-16　实验室环境下的信号发生器仿真实验

图 5-17（a）～图 5-17（d）中原始信号波形振幅（带宽）分别为 5 mV（500 MHz）、10 mV（650 MHz）、15 mV（800 MHz）、25 mV（1 GHz）。蓝色部分为信号发生器未处理的原始波形，黄色部分为射频放大电路放大后的波形。

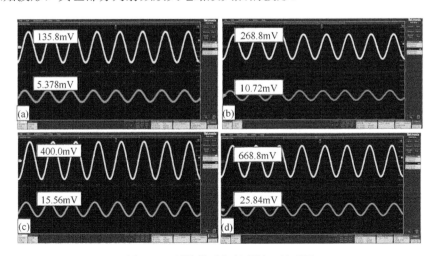

图 5-17　原始模型与射频处理波形图

通过以上实验，可以得出以下结论：

（1）射频放大电路可以为信号发生器输出的模拟信号提供平均增益为 25.31 dB（图 5-17）。

（2）射频放大电路输出的信号相对平稳，该电路能够在系统所需带宽范围内提供稳定且足够的增益。

2）水槽实验

该实验的目的是验证射频放大电路在水槽条件下的放大效果。水箱长度为 2.0 m，模拟实际水深。实验装置包括激光雷达（含射频放大电路等）[图 5-18（a）]、直流锂电池、示波器 [图 5-18（f）]、水槽 [图 5-18（d）]、反射镜 1 [图 5-18（b）]、反射镜 2 [见图 5-18（c）]、挡板 [图 5-18（e）]、电表 [图 5-18（g）] 等。实验步骤如下：

（1）设备的各个部分通电并开启。设置 PMT 控制电压为 0.4V，然后将激光泵浦电流从 1A 调整到 11A，用激光能量计测量了激光器在发射窗口处的脉冲能量和峰值功率（图 5-19）。

（2）系统发射的激光依次被反射镜 1 和反射镜 2 反射，然后射入水中（图 5-18）。激光穿透水体，到达后置挡板，再返回到探测系统。

（3）检测系统接收到回波信号，将光信号转换成电压信号，输出到射频放大电路。电路放大并输出电压信号。

（4）数字示波器分别从无射频放大电路和有射频放大电路的系统读取信号，记录波形数据（图 5-20、图 5-21）。

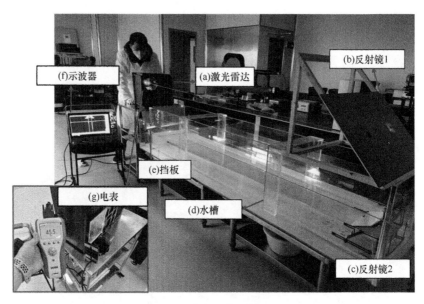

图 5-18　水槽环境下的实验

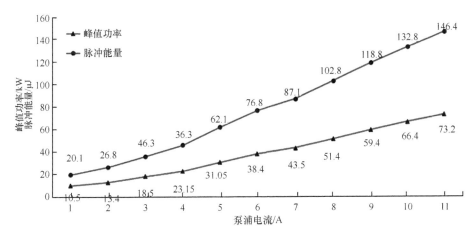

图 5-19　泵浦电流相对应的脉冲能量和峰值功率值

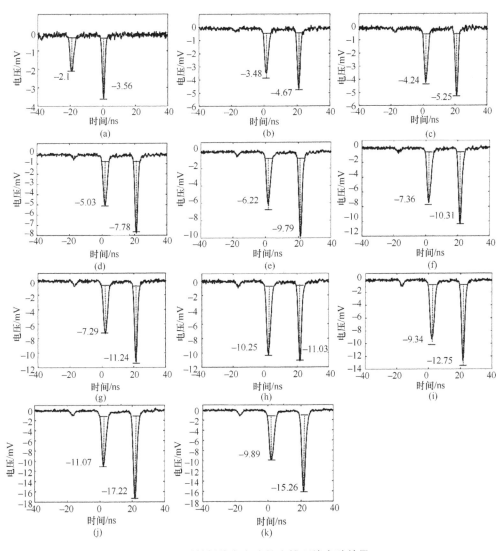

图 5-20　无射频放大电路的水槽环境实验结果

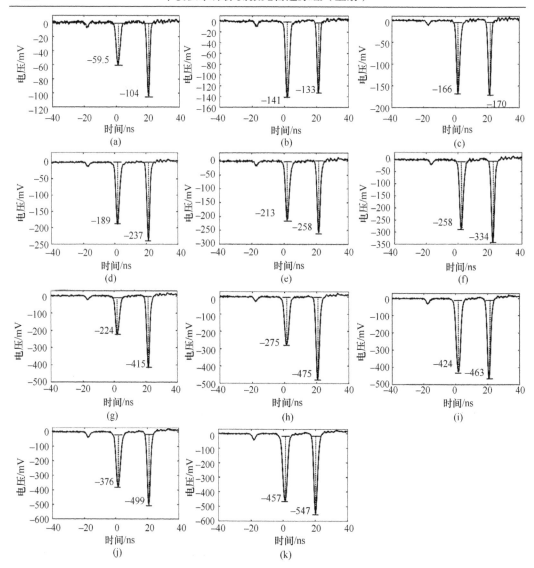

图 5-21　有射频放大电路的水槽环境实验结果

通过以上实验，可以得出以下结论：

（1）从图 5-19 可以看出，随着激光泵浦电流的逐渐增加，脉冲能量和峰值功率呈线性增加。这种现象说明，激光器输出的信号相对稳定。

（2）从图 5-20 和图 5-21 可以看出，左右波峰分别为水面和水底返回的信号。这种现象说明，信号振幅随激光能量的增加呈线性增加，不考虑几组中出现的随机误差，变化不明显。

（3）从图 5-20 中可以看出，水面和水底信号均小于 50mV。这种现象说明，检测系统采集到的信号振幅太小，易被环境噪声和电磁噪声淹没，未达到采样装置的最小阈值。如图 5-21 所示，在射频放大电路的作用下，信号幅值均超过 50mV。

（4）根据图 5-20 和图 5-21 中对应幅值的比值计算出 RF 电路的增益比较结果，我们发现，射频放大电路在水面和水底环境下分别将信号幅值平均放大 36.51 倍和 32.76 倍。因此，水箱环境下射频放大电路的平均增益为 34.63 dB。

3）测试井实验

实验目的是在测试井的条件下验证射频放大电路的放大效果。实验装置包括激光雷达（含射频放大电路等）[图 5-22（a）]、数字示波器 [图 5-22（b）]、测试井 [图 5-22（c）] 等。实验步骤如下：

（1）由于井壁上半部分已锈蚀，选择井壁下部作为试验段。实验前，井壁用水冲洗以去除锈蚀。然后，对水井灌水大约 10m 深，留一段时间沉淀井中悬浮的杂质，使水恢复清澈状态。

（2）通过一个定制的支架，将激光雷达系统安装在井口上方，允许激光以 90°的角度射入水中。

（3）给各设备通电，为了提高 PMT 的灵敏度，将 PMT 的控制电压设置为 0.5V。将激光泵浦电流从 1A 调整到 11A。

（4）发射激光，检测到达水面和水底后的返回信号。

（5）检测系统接收到返回信号，将光信号转换成电压信号，输出到射频放大电路，射频放大电路放大输出电压信号，电能表实测数据如图 5-23 所示。

（6）数字示波器分别从无射频放大电路和有射频放大电路的系统读取信号，记录波形数据如图 5-24、图 5-25 所示。

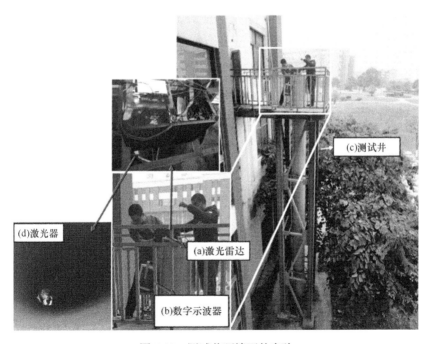

图 5-22 测试井环境下的实验

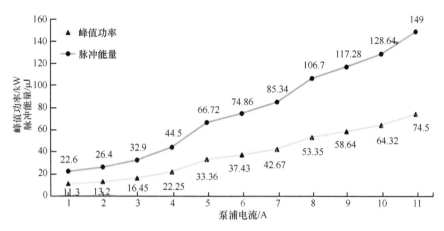

图 5-23　泵浦电流相对应的脉冲能量和峰值功率值

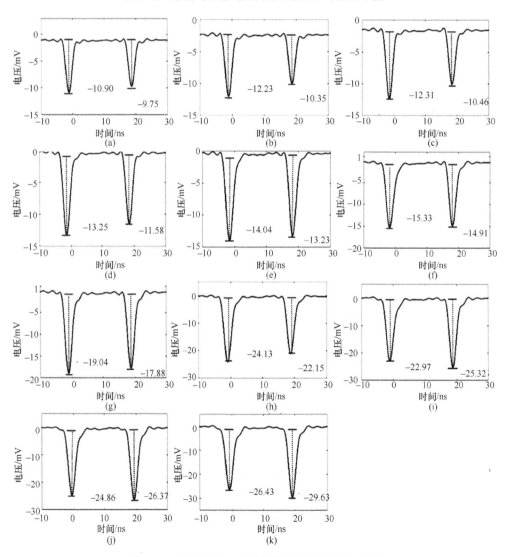

图 5-24　无射频放大电路的测试井环境实验结果

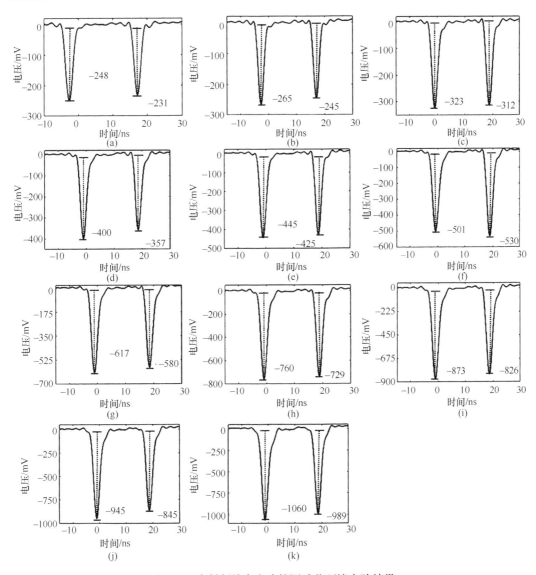

图 5-25　有射频放大电路的测试井环境实验结果

上述实验是为了验证射频放大电路在没有射频放大电路和有射频放大电路时的信号幅度。根据实验结果，可以得出结论如下：

（1）从图 5-23 可以看出，激光能量的变化与水箱实验相同，说明激光在探测系统中的性能非常稳定。

（2）图 5-24 和图 5-25 中，左右两个波峰分别为水面和水底返回的信号。由于环境是密闭的，能量集中，水表面信号的幅值与水底信号的幅值相似。

（3）从图 5-24 可以看出，测试井中的信号幅值小于水箱中的信号幅值。从图 5-25 可以看出，信号振幅均超过 50mV。射频电路的增益比较结果是根据图 5-24 和图 5-25 中上下文对应幅值的比值计算出来的。射频放大电路在水面和水底环境下分别将信号振幅平均放大 31.93 倍和 31.31 倍。因此，射频放大器电路在水箱环境下的平均增益为 31.62 dB。

4）池塘实验

实验目的是验证射频放大电路在测深激光雷达中的放大效果。水池的深度为 1～2m。实验装置包括无人船［图 5-26（b）］、激光雷达（含射频放大电路等）［图 5-26（c）］、电源［图 5-26（d）］、定位定姿系统（POS）［图 5-26（e）］等。实验步骤如下：

（1）设备的各个部分通电并开启，PMT 控制电压设置为 0.7V。

（2）将测深机载激光雷达置于池中，进行水深探测（图 5-26）。

（3）实验数据存储在采样装置中，通过示波器显示。数字示波器读取系统信号，波形数据记录如图 5-27 所示。

图 5-26　水池测深激光雷达实验

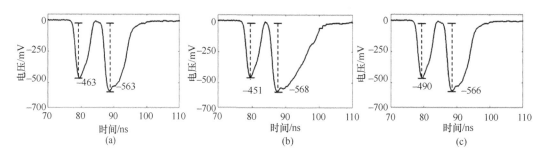

图 5-27　有射频放大电路的池塘环境实验结果

上述实验验证了射频放大电路放大水面和水底信号幅度，观察图 5-27，可以得出以下结论：

（1）采样装置能够有效地接收信号，RF 放大电路有效放大接收信号至 451～568mV。

（2）池中接收的信号波形的再扩散比之前实验中的其他测试条件都要强。然而，从波形数据可以看出，射频放大电路可以在测深激光雷达上可靠地工作。

5.4　PMT 增益控制设计与实现

5.4.1　基于 FPGA 的 PMT 增益远程控制方法

针对目前采用电位计在实验场地调整光电倍增管增益时出现的操作不方便、误差大等问题，本节介绍一种利用 PMT 探测器进行增益调整的自动控制系统。该系统硬件集成电路主要由 FPGA、DA 模块和串口通信模块组成；上位机软件主要包括串口参数配置模块、控制器电压调整模块、上位机校验器模块、下位机硬件电路信号校验模块，可以直接实现上位机数据的传输、存储、与硬件电路的通信。

PMT 控制增益主要取决于光电倍增管中光阴极的控制电子数量及它所控制的电压，光阴极中控制电子越多，控制的电压就越高，增益则就越大，最高达 10^7。在进行激光雷达海洋探测实验时，一般使用 PMT 探测器探测深海的微弱蓝绿光。因为空气和海水的衰减，激光功率到达海底可能只剩下 NW 量级，且回波信号动态响应范围也会较发射时展宽不少，甚至相差了好几个数量级，因为 PMT 的灵敏度非常高。例如，0.4V 的控制电压和 0.5V 的控制电压对应的增益就相差了几十倍。所以在手动调解时，会导致回波信号出现饱和、局部失真甚至消失的情况。PMT 处于正常工作状态时，它的增益和控制电压之间存在线性比例关系，一般可以通过手动调节 PMT 探测器的控制电压来自动调节其增益，这种方法依赖于经验，在实验操作过程中误差很大（刘冬梅等，2018），并且必须要实验员前往现场通过调节电位器观测 PMT 探测器的控制电压来完成对 PMT 增益的控制。

针对这一问题，本节设计了一种基于 FPGA 调节 PMT 增益的控制方法。为了实现上述功能，本设计使用如下解决方案：主要分为基于 FPGA 的硬件电路设计和上位机软件设计（图 5-28）。FPGA 硬件电路包括：数模转换（DA）电路、时序模块控制电路、串口通信模块电路、缓冲电路。上位机软件设计包括：软件的开发环境、通信模块子程序、上位机主控页面程序设计以及各个功能模块的设计（谭逸之，2021）。

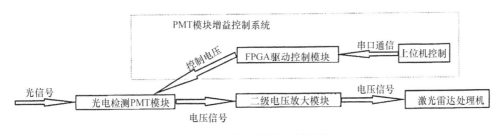

图 5-28　系统总体设计结构图

上位机软件系统主要的工作流程如下：用户使用上位机发出指令，上位机的串口通信模块会把用户发出的指令传输给综合控制驱动模块；然后，FPGA 按照设定好的时序分别给串口通信控制模块、数据处理模块、DA 控制模块等模块分配工作时间（刘冬梅等，2018）。同时上位机向控制模块发出的指令也通过串口通信控制模块传达到相应的数据处理模块，紧接着，DA 转换模块将串口通信模块传来的数据进行一次扫描、排序、分组，再由 DA 控制芯片分别送入各个组。最后，DA 控制芯片把上位机输出传来的数字信号指令转化成 PMT 探测器各个控制电压终端的模拟输出电压指令。若上位机输出一个高位电压，会导致 PMT 的饱和。需要减小控制电压幅值，使其满足 PMT 探测器正常工作的控制电压范围（图 5-29）。

```
49        container.add(12);
50        container.add(13);
51        container.add(14);
52        b3.addActionListener(new ActionListener() {
53            @Override
54            public void actionPerformed(ActionEvent e) {
55                b5.setBackground(Color.GREEN);
56            }
57        });
58        b4.addActionListener(new ActionListener() {
59            @Override
60            public void actionPerformed(ActionEvent e) {
61                b5.setBackground(Color.GRAY);
62            }
63        });
64        setDefaultCloseOperation(JFrame.EXIT_ON_CLOSE);
65        setVisible(true);
66    }
67    public static void main(String[] args) {
```

图 5-29 主界面相关程序

FPGA 驱动控制模块的主芯片采用 XILINX 公司的 XC7A35T-1FTG256I 芯片（图 5-30）。该芯片提供高性能、高收发器线路速率、DSP 处理、集成 AMS。串口网络通信输出模块一般需要采用 RS232 芯片，现在常见的 FPGA 的 IO 串口输出输入电压水平一般都在 1.8/2.5/3.3V，不过这不能满足输入电平要求。所以，通过一个 RS232 的芯片串口通信输出输入电平模块进行串口转换，将 MCU 的 IO 串口输出电压转换成 RS232 的串口输出电压。此外，可以使用 MAX3232 来直接实现两个串口之间的通信。为了充分验证控制处理模块的仿真程序执行方式是否正确，以及它们之间是否完全实现理想的编程逻辑仿真功能，本书设计了一个基于测试器的基准仿真程序，通过使用该软件可以直接使用一个仿真控制工具，设定一个 50MHz 的模拟时钟信号来将其作为仿真激励源，写入控制信号（杨洪杰，2010）。

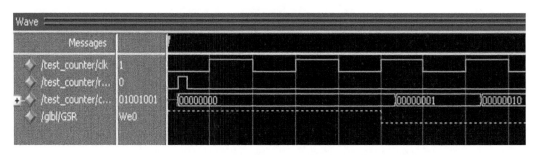

图 5-30 XC7A35T-1FTG256I 芯片设置的 DA 时序仿真图

　　PMT 探测器是日本滨松光子学株式会社生产的 H11526 型号，供电为 0.4～1.0V，供电电源为 15V 线性高频电压源。测试仪器是采用美国泰克公司的示波器，可以提供高达 200MHz 的带宽和 1GS/s 采样率。在做应用时序仿真时，先要编译一个 Xilinx 的库文件，再去该款 FPGA 的官网，下载资源库的脚本文件，使其完成仿真操作（杨洪杰，2010）。

　　FPGA 的时序控制直接影响到外围电路的工作顺序，一般在完成布局布线后进行。仿真中包含布局布线产生的延时信息，在布局布线后会用 SDF 文件来存储 timing 数据，通常是由布局布线工具产生（杨洪杰，2010）。当输出信号满足 TLC5617 的工作时序要求时，数模转换可以正常进行。

　　上位机的操作界面主要由上位机 IO 串口每秒传输速度（波特率）、控制电压、串口开关和启停按钮及指示灯组成（图 5-31），上位机的串口模块和 DA 模块完成通信。通过输入设置控制电压来调节 PMT 探测器的增益。在上位机使用界面设置输出电压，以 0.1V 为基本单位，从 0 依次递增至 0.9V，再以 0.01V 的步进频率递减至 0.4V。图 5-32 表明，控制光源电压在 0～0.4V，增益在增大并且变化不明显；当控制电压在 0.7V 时，信号进入饱和状态；当一个控制光源电压在 0.7～1V，信号已经完全进入了饱和。以上介绍的这种调节 PMT 增益的方法，可以对多通道的 PMT 增益进行远程自动调整。

图 5-31　上位机操作界面

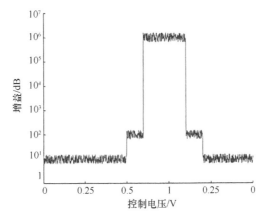

图 5-32　PMT 增益与控制电压关系图

5.4.2　基于 FPGA 的 PMT 增益自适应反馈控制

针对单波段激光雷达工作特点，本节进一步设计了基于 FPGA 结合改进 PMT 门控时序的 PMT 增益自适应系统，如图 5-33 所示。基于 FPGA 结合改进的 PMT 门控时序的 PMT 增益自适应系统由电源模块、激光器模块、探测模块、衰减器模块、高速 AD（模数）采集存储模块、控制模块、DA（数模）模块组成。它的基本工作原理是：控制模块控制高速 AD（模数）模块采集数据，存储模块中的 FPGA 模块产生门控信号控制 PMT 的开通与关闭，使其选择性接收回波信号，实现水面、水底回波信号的分离。当来自目标（水面或水底）的激光回波信号经过光学接收系统后，由 PMT 探测；通过 PMT 探测器，再将目标回波由光信号转换为电信号。之后由衰减器模块对电信号进行衰减，然后通过高速 AD 采集存储模块将模拟信号（电信号）转换为数字信号并存储。高速 AD 采集存储模块中的 FPGA 模块找出每一次回波数字信号的最大值，并将最大值反馈给 STM32 控制模块，控制模块将最大值与提前设置的阈值进行比较后，确定是否有必要通知 DA 模块调整 PMT 的增益控制电压。如果调整 PMT 的增益控制电压，PMT 的探测增益也将随之调整，从而实现 PMT 增益的反馈调节。根据这种工作原理，所设计的系统可以使水深测量激光雷达完成水面、水底回波信号分离，并压缩水面回波信号，放大水底回波信号，扩大探测范围，适用于更多的水环境探测，并在必要时切断增益以保护 PMT（Zhou et al.，2022）。

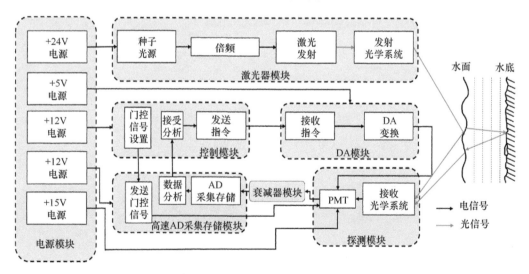

图 5-33　PMT 增益反馈控制结构图

1. 组成部分

激光器、电机的型号与参数在第 3 章已经选取展示，此处不再赘述。

1）探测模块

通过上述分析，本章采用一种名为 H11526-20 门控 PMT 的探测器。H11526-20 型门控 PMT 有两种类型：NN（normally ON）型和 NF（normally OFF）型（图 5-34）。

图 5-34　PMT 实物图

H11526-20 型门控 PMT 的优点是在 500～700nm 的波长段内，对阴极辐射具有最高的灵敏度 S_p。由图 5-5 可知，灵敏度可达 80mA/W（该范围包含所需的 532nm 波长）。

增益控制电压范围为 0.4～0.9V，对应的增益范围 G_K 为 6.7×10^3～4.96×10^6。由图 5-35 可知其符合要求，且具有良好的增益控制电压与增益范围对应关系。

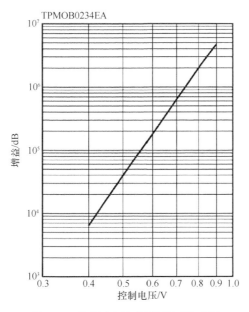

图 5-35　控制电压与增益范围关系图

H11526-20 型门控 PMT 的其他参数见表 5-2。

表 5-2　PMT 参数

参数名称	数值	参数名称	数值
门控输入电压	3.5～5V	工作电压	15V
门控输入脉宽	>20ns	增益控制电压	0.4～0.9V
门控输入阻抗	10kΩ	工作温度	5～45℃
类型	NN 与 NF	储存温度	−20～50℃

2）采集存储模块

水深探测激光雷达一般都选择比较窄的脉冲宽度，因为窄脉宽可以带来一些优势，如容易识别峰值时刻、增强抗噪声能力、提高测量能力等。然而，这也带来了对 AD 采集卡速度的要求。如果脉冲宽度较窄，就要求 AD 采集卡的速度较高。AD 采集卡的速度主要依靠其转换芯片，速度越高，成本越高。基于以上分析，AD 采集卡的选择需要考虑以下三个因素：

（1）采集速率应尽可能高。

（2）采集转换要稳定。

（3）拥有必要的通信功能与其他模块通信。

市场上有很多类型的 AD 采集卡，但考虑到对速度快与精度高的要求，通常选择以 FPGA 为基础的模块。本节选择了一种名为 XC7K480T-2FFG1 的 FPGA，其带有 ADI 公司 AD9208 模数转换芯片和 HMC7043 时钟分配器的采集卡（图 5-36），转换率为 2GSps，模拟输入范围为 1.7Vpp，工作电压 12V（具体介绍见第 6 章）。

图 5-36　高速 AD 采集存储模块实物图

AD9208 的采集范围为 –0.85～0.85V，转换位数为 13。因此，其对应的转换公式为

$$\frac{V_采}{V_范} = \frac{D_采}{2^{13}-1} \tag{5-11}$$

式中，$V_采$ 表示采集电压；$V_范$ 表示电压采集量程，即 ±0.85V；$D_采$ 表示转换后的数值。

3）控制模块

控制模块的主要工作是分析来自高速 AD 采集存储模块的反馈信息，并确定是否有必要向 DA 模块发送信号以调整 PMT 的增益电压，控制模块还需具备远程通信能力。基于上述分析，控制处理器的选择需要考虑以下 4 个因素：

（1）通过 RS232 与其他模块进行通信（采集反馈模块通信模式）。

（2）简单的算法处理。

（3）通过 SPI（DA 模块通信模式）与其他模块的通信。

（4）拥有远程通信能力。

市场上有许多控制处理器。本节选择了意法半导体公司的 STM32F103ZET6 微控制器，其核心是 CortexM3 的 ARM 处理器（图 5-37）。该微控制器有 512kB 的 FLASH、64kB 的 SRAM、一个功能齐全的内部时钟系统、三个 USART 通信串行端口和两个 UART 通信串行端口。其工作电压为 12V，具有配套的 ALIENTEK 公司 ATK-LORA-01 模块，理想环境通信距离为 3km。

图 5-37　控制模块实物图

4）DA 模块

通过第 3.3.2 节探测模块分析，可以知道，PMT 增益的控制电压为 0.4～0.9V。此外，PMT 从一个增益转换到另一个增益需要一定的时间进行转换。因此，DA 模块的选择需要考虑以下 3 个因素：

（1）介于 0.4～0.9V 的电压输出范围。

（2）具有低抖动的稳定电压。

（3）在满足（1）和（2）的条件下，考虑其他因素，如电压转换速度快、功耗低、尺寸小、易于编程等。

市场上有很多 DA 模块，本节选择了东莞野火电子技术有限公司 AD5689 芯片的 EBF-AD5689 模块，它有两个相同的输出，16 位 DAC 数模转换，它的功耗低，驱动能力强，最大可达到±2LSB，偏置误差不超过±1.5mV（图 5-38）。其转换公式如下：

$$V_{\text{out}} = V_{\text{ref}} \times \text{Gain}\left(\frac{D}{2^N}\right) \tag{5-12}$$

式中，V_{out} 表示输出电压；V_{ref} 表示参考电压；Gain 表示输出放大器的增益；D 表示载入 DAC 寄存器的二进制编码的十进制等效值；N 表示 DAC 的分辨率。

AD 模块的 V_{ref} 为 5V，转换位数为 16 位，Gain 默认设置为 1，可以通过增益选择引脚设置为×1 或×2，D 的范围是 0～65535（16 位）。

图 5-38　DA 模块实物图

5）衰减器模块

在实际测量中由于水面的强反射，PMT 的输出电压有时会达到 10V 以上（匹配阻抗为 50Ω），但高速 AD 采集存储模块的 AD 采集卡的采集电压范围为–0.85～0.85V，因此必须对信号进行衰减。衰减器的电压转换公式为

$$20\lg\left(\frac{U_1}{U_2}\right) = B \qquad (5\text{-}13)$$

式中，U_1 表示输入电压；U_2 表示输出电压；B 表示衰减量，单位 dB。

结合以上分析，衰减器的选择需要考虑以下 3 点：

（1）匹配阻抗为 50Ω。

（2）衰减器为 25dB（通过电压转换计算）。

（3）在满足（1）和（2）的条件下，还要考虑其他因素，如低功耗和小尺寸。

市场上有许多衰减器模块。综合考虑其他因素，如带宽、回波损耗，本节选择了深圳市特加特科技有限公司生产的带有 SMA-JK 端口和 DC-3GHz 带宽的 043TJT30787 衰减器（图 5-39）。

图 5-39　衰减器模块实物图

2. 增益自适应系统的验证与讨论

1）实验室实验

由于实验室中室内水箱的长度不够，采用平面镜反射增加光路，如图 5-40 所示。

另外，为了使实验结果更明显，水箱末端放置了具有强烈反射或强烈吸光的材料，如石头、镜子、黑布、水泥等。

实验需要的装置有：电源、激光雷达、水槽、小推车、挡板、平面镜、支架。在室内水箱中的实验设置如下：

（1）水箱中装满清水。

（2）在水箱的一端放置一个挡板以模拟水底。

（3）在水箱的另一端放置一面镜子（1 号镜子），调整 1 号镜子的位置，将激光束反射到 2 号镜子上；然后调整 2 号镜子的位置，将激光束反射到 3 号镜子上，再由 3 号镜子将激光束反射到水下镜子上（4 号镜子）。调整 4 号镜子的位置，使激光束打在挡板上。

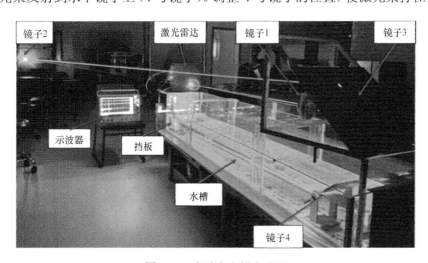

图 5-40　实验室水槽实验图

实验过程如下：

（1）设置 PMT 的初始增益控制电压为 0.6V，并打开电源、激光雷达系统和示波器，不使用反馈控制。

（2）启动激光器，将激光器的泵浦电流从 1A 依次调整到 11A。

（3）用示波器依次获取波形数据。

（4）关闭激光器。

（5）将示波器数据导入计算机进行处理和分析［激光器泵浦电流为 1～11A，结果如图 5-41 和图 5-42 所示］。

（6）启用反馈控制，设置最小阈值为–0.7V，最大阈值为–0.3V。

（7）重复（2）～（5），得到实验结果，如图 5-43 和图 5-44 所示。

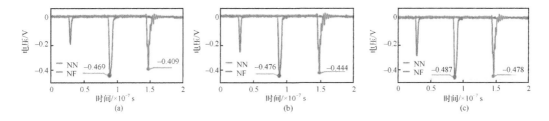

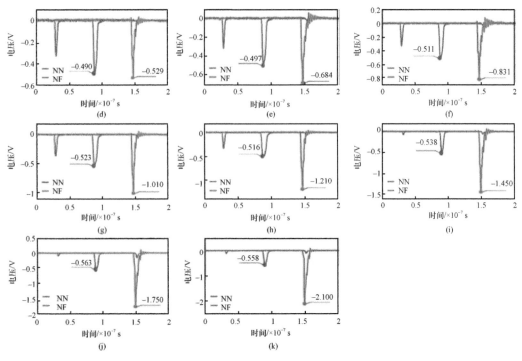

图 5-41　无反馈控制的室内水槽实验结果图

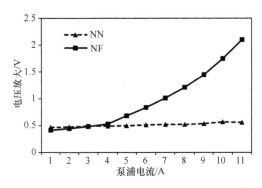

图 5-42　无反馈控制的室内水槽实验中回波信号的最大幅度与激光泵浦电流的关系

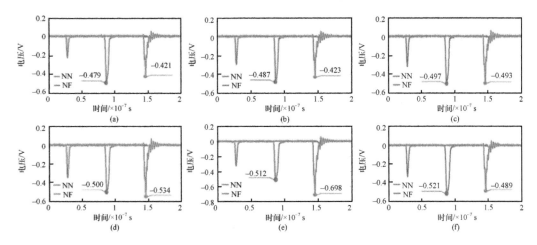

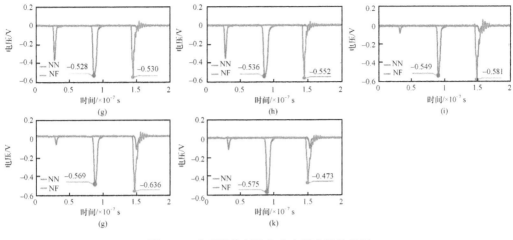

图 5-43　有反馈控制的室内水槽实验结果图

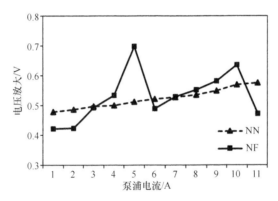

图 5-44　有反馈控制的室内水槽实验中回波信号的最大幅度与激光泵浦电流的关系图

从图 5-41 和图 5-43 可以看出，NN 型门控 PMT 通道有三个回波信号，分别来自 1 号镜子、2 号镜子和挡板。而 NF 型门控 PMT 通道由于应用了门控技术，只显示挡板的回波信号。图 5-42 是通过排列图 5-41 中两个通道的回波信号最大幅值得到的，用相同方法可从图 5-43 得到图 5-44。

从图 5-42 可以看出，NN 型门控 PMT 通道和 NF 型门控 PMT 通道的回波信号最大幅值分别从 0.469V 增长到 0.553V 和从 0.409V 增长到 2.1V，都呈现增长趋势。通过该趋势可以发现，如果距离、目标材料和 PMT 增益不发生变化，激光能量和回波信号幅值总是同时增加或减少。

从图 5-44 可以看出，NN 型门控 PMT 通道的回波信号最大幅值没有发生突变；但 NF 型门控 PMT 通道的回波信号最大幅值由于超过了阈值范围而发生了两次突变。对比图 5-42 和图 5-44 可以发现，当系统没有使用反馈控制模块，激光泵浦电流超过 5A（60μJ）时，回波信号的最大幅值很容易超过采集范围（–0.85~0.85V）而饱和。结合 PMT 增益自调节系统，探测模块可以有效适应激光能量变化引起的超过采集阈值的问题，提高系统采集回波信号和测量水深的能力。因此，可以得出结论，激光能量从 60μJ（5A，第一次接近阈值）到 136μJ（11A，激光的最大能量），本节提出的系统可以探测到比传统系统（不使用增益反馈自适应系统）至少强 2.26 倍的激光能量强度。

2）室外水池实验

第三个实验是在一个室外水池里进行的（图 5-45）。实验需要的装置有：电源、激光雷达、水池、小推车、支架、平面镜、升降挡板。实验的设置如下：

（1）在池塘边缘与激光器正对的地方放置一面镜子，调整镜子的位置，将激光束反射到水面上。

（2）在水中放置一个可升降的挡板。

图 5-45　室外水池实验图

实验过程按以下步骤进行：

（1）设置泵浦电流为 5A，PMT 的初始增益控制电压为 0.6V，打开电源、激光雷达系统和示波器（请注意：不使用反馈控制）。

（2）发射激光，挡板和水面之间的距离为 H。

（3）用示波器获取波形数据。

（4）关闭激光器。

（5）将示波器数据导入计算机进行处理和分析（结果如图 5-46、图 5-47，以及表 5-3 所示），水深从 0.4m 调整到 0.9m，结果对应图 5-46（a）到图 5-46（f）。

（6）启用反馈控制，设置最小阈值为–0.7V，最大阈值为–0.3V。

（7）重复（2）～（5），得到实验结果，如图 5-48、图 5-49 和表 5-4 所示。

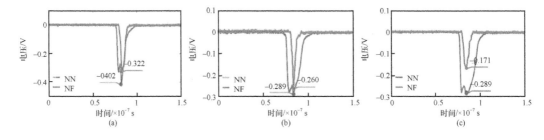

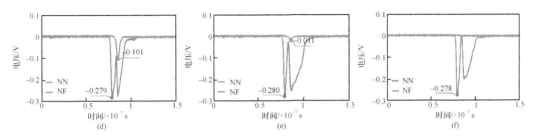

图 5-46　无反馈控制的室外水池实验结果图

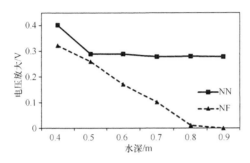

图 5-47　无反馈控制的室外水池实验中回波信号的最大幅度与水深的关系图

表 5-3　无反馈控制的室外水池实验数据

实际距离/m	NN 型门控 PMT 通道两峰值之间的时间差/ns	时间差计算距离/m	距离误差/m	误差/%	时间误差/ns
0.4	3.52	0.398	−0.002	0.50	0.013
0.5	4.52	0.511	+0.011	2.20	0.073
0.6	5.12	0.579	−0.021	3.50	0.140
0.7	6.12	0.692	−0.008	1.14	0.053
0.8	7.04	0.796	−0.004	0.50	0.026
0.9	7.88	0.890	−0.010	1.11	0.067

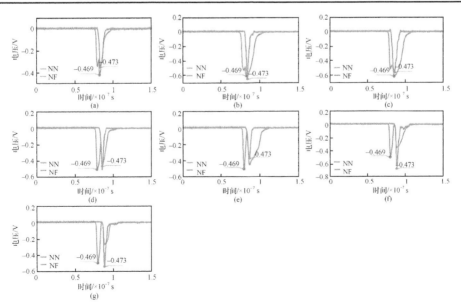

图 5-48　有反馈控制的室外水池实验结果图

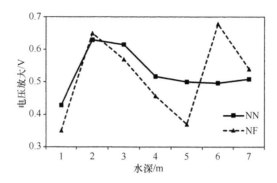

图 5-49　有反馈控制的室外水池实验中回波信号的最大幅度与水深的关系图

表 5-4　有反馈控制的室外水池实验数据

实际距离/m	NN 型门控 PMT 通道两峰值之间的时间差/ns	时间差计算距离/m	距离误差/m	误差/%	时间误差/ns
0.4	3.44	0.389	−0.011	2.75	0.073
0.5	4.44	0.502	+0.002	0.40	0.013
0.6	5.24	0.592	−0.008	1.33	0.053
0.7	6.08	0.687	−0.013	1.86	0.087
0.8	7.04	0.796	−0.004	0.50	0.027
0.9	8.08	0.913	+0.013	1.44	0.087
1	9.08	1.026	+0.026	2.60	0.173

从图 5-46 和图 5-48 可以看出，NN 型门控 PMT 通道有两个回波信号，分别来自水面和挡板。而 NF 型门控 PMT 通道由于应用了门控技术，只显示挡板的回波信号。图 5-47 是由图 5-46 中两个通道的回波信号最大幅值排列而成，用相同方法从图 5-48 得到图 5-49。

从图 5-47 可以看出，NN 型门控 PMT 通道和 NF 型门控 PMT 通道的回波信号最大幅值分别从 0.402V 衰减到 0.278V（虽然有小波动但不影响衰减趋势）和 0.322V 衰减到 0，呈现衰减趋势。这一事实表明，在激光能量、材料和 PMT 增益不变的情况下，水深 H 和回波信号幅值总是同时增加或减少。

从图 5-49 可以看出，NN 型门控 PMT 通道的回波信号的最大幅值在超过阈值范围后突然发生了一次突变；NF 型门控 PMT 通道的回波信号的最大幅值在超过阈值范围后突然发生了两次突变。对比图 5-47 和图 5-49，当系统没有反馈控制模块，激光泵浦电流超过 0.4mA 时，回波信号的最大幅值容易超过采集范围（−0.85～0.85V），不容易被探测。结合 PMT 增益自调节系统，探测模块可以有效适应水深变化引起的弱信号难采集问题，提高了系统采集回波信号和测量水深的能力。因此，可以得出结论，测深距离从 0.4m（首次接近阈值）到 1m（最大水深），本节提出的系统可以探测到比传统系统至少深 2.5 倍的距离。

从表 5-3 和表 5-4 可以看出，实际距离和探测距离非常接近，误差在 1ns 以内。这一事实表明，本节所提出的带有 PMT 增益自调整反馈控制的水深测量激光雷达探测系统真实有效。

5.5　本　章　小　结

激光雷达回波信号接收控制电路主要由光电探测处理模块、放大电路模块和信号采集处理控制模块等组成。本章首先介绍了光电探测器的特性参数和光电探测器的选型。为了提高回波光电传输的效率，保证回波信号的准确真实和完整性，光电检测器件不但需要和各种光源以及其他光学系统进行匹配，还需要和其他后续的光电检测系统一样，在其特性以及工作参数上进行匹配，使每一个相互联系、紧密连接的光电检测器件都能够处于最优工作的状态，减小电路产生的噪声。

光电探测器件的选择要求如下：

（1）光电探测器件和光学系统在探测性能上要保持一致。

（2）探测器的光电转换特性和入射光能量大小要匹配。

（3）探测器的带宽、增益不能拓宽回波信号的脉宽，以保证良好的时间响应和回波信号的真实性。

（4）探测器需要与输入电路在电特性相互匹配，包括电路带宽、动态响应、信噪比等。

随后介绍了几种放大电路的工作原理，并选型实现对探测器输出的微弱信号有效放大；在设计放大电路时，我们要按照项目需要合理选择放大电路。

最后本章还提出了两种优化系统的方法：①远程调节控制电压来改变 PMT 探测器的增益，可以摆脱传统依赖经验法在实验场地调节电位器的方法，并且可以设置更小的步进额度，使得 PMT 增益变化更加可控，进一步提升信号探测准确度及完整性；②增益自适应反馈控制系统，可以实现完全自主化，从而避免人为干预误差，提升了信号探测准确度及完整性。

参 考 文 献

安娜. 2015. 基于混沌的微弱信号放大与 A/D 转换方法研究. 徐州: 中国矿业大学.

陈伟帅. 2023. 硅基光电探测器光响应增强研究. 长春: 中国科学院长春光学精密机械与物理研究所.

郭万荣. 2017. 一种射频电路和减少射频电路谐波干扰的方法: 中国, CN107395250A.

黄岸健, 奉余莽. 2008. 射频电路中匹配网络的选择和噪声系数的优化. 现代传输, (5): 56-59.

李昌厚. 1982. 光谱仪器中常用的光电倍增管及其有关问题的探讨. 光学仪器, (3): 50-57.

李永亮, 余健辉, 张军. 2019. APD 探测器模块性能及噪声检测. 应用光学, 40(6): 1115-1119.

刘冬梅, 赵蓓蕾, 李娟, 等. 2018. 基于 PMT 探测器增益调节的控制系统研究. 光电子技术, 38(3): 200-203.

吕涛. 2005. 敏感型 Fabry-Perot 腔高精度光纤角位移传感器研究. 重庆: 西南师范大学.

牟永鹏. 2010. 荧光检测器信号检测系统设计及杂散光研究. 上海: 上海交通大学.

齐红霞. 2007. PLD 法制备 n-ZnO/p-Si 光电二极管及其性质研究. 曲阜: 曲阜师范大学.

让-马克·丰博纳, 让·科林, 凯茜·丰博纳, 等. 2015. 借助于在光谱模式中使用的辐射探测器, 尤其是 X 辐射或 γ 辐射探测器来测量剂量的方法以及使用该方法的剂量测量系统: 中国, CN105008961B.

谭逸之. 2021. 双频脉冲激光雷达的接收电路设计与系统优化. 桂林: 桂林理工大学.

谭永红, 王海军, 陈嘉. 2020. 一种光电倍增管侧窗型自动坪特性测试系统: 中国, CN210835260U.

王庆有. 2014. 光电传感器应用技术. 北京: 机械工业出版社.

邢怀民. 2009. 大电流弧光放电机理讨论. 新乡学院学报(自然科学版), 26(1): 34-36.

杨洪杰. 2010. YHFT-DX 浮点乘法器的设计与实现. 长沙: 国防科技大学.

杨美娜. 2012. 生物光子检测系统的建立及其初步应用研究. 济南: 济南大学.

赵金平. 2013. 单光子计数系统的研究. 长春: 长春工业大学.

郑居林. 2020. Ge 材料 MOSFET 源漏欧姆接触电阻的研究. 西安: 西安电子科技大学.

钟林瑛. 2011. 吸收层与倍增层分离结构的 4H-SiC 雪崩光电探测器的优化模拟. 厦门: 厦门大学.

周国清, 周祥, 张飙, 等. 2014. 一种脉冲式 N×N 阵列激光雷达系统: 中国, CN103744087B.

Zhou G, Xu C, Zhang H, et al. 2022. PMT gain self-adjustment system for high-accuracy echo signal detection. International Journal of Remote Sensing, 43(19-24): 7213-7235.

Zhou G, Zhao D, Zhou X, et al. 2022. An RF Amplifier circuit for enhancement of echo signal detection in bathymetric LiDAR. IEEE Sensors Journal, 22(21): 20612-20625.

第6章 单波段水深测量激光雷达综合控制系统与整机集成

6.1 引 言

本书针对单波段激光雷达各单元模块的同步控制,结合高精度、高稳定性的多通道高速数据实时采集与存储技术,进行高密度的功能、信息、结构集成描述,最终实现了单波段水深探测激光雷达系统激光收发、光学扫描、探测处理、实时数据采集存储整机系统的高精度控制集成一体化。

本章首先介绍了单波段水深测量激光雷达综合控制系统中主控系统和高速数据实时采集系统的工作原理,并在该工作原理的基础上介绍综合控制系统集成使用的技术路线和器件设计,包括系统使用的高精度时序同步技术、光轴稳定技术和高速数据采集的硬件设计和软件逻辑设计。系统设计完成后,进一步将系统集成,集成的部分主要包括激光发射系统、接收光学单元、扫描单元、多通道高速高精度数据实时采集系统、POS系统和供电系统,并在集成后提供系统的工作流程和系统各部分的技术指标;最后对单波段激光雷达系统进行功能测试,并在不同的实验场地进行水深采集实验,验证系统的稳定性和实用性。

6.2 工 作 原 理

6.2.1 激光雷达主控系统工作原理

对于一台双波段水深测量的激光雷达,其工作步骤大致为:飞机搭载激光雷达系统在目标水域上空飞行,激光雷达向目标水域发射双波段激光,其中红外波段采用的是波长为1064 nm 的激光,该激光对水的穿透力极小,射到类似镜面的水面后激光返回,蓝绿波段一般采用532 nm 的激光,该激光对水的穿透力强,可以穿透水体射到水底后再返回。

而单波段激光雷达,其系统与双波段激光雷达相似,相较于双波段激光雷达,其最大的区别就是激光器发射激光的波长不同。双波段激光雷达一般是通过激光发射口同时发射532 nm 的蓝绿波段激光和1064 nm 的红外波段激光。而对于单波段激光雷达,光学系统中仅需采用可以单独发射532 nm 波段激光的激光器,探测系统仅使用 PMT 接收回波信号。相对来说,单波段激光器相对于双波段激光器,其体积小、光束质量好并且工艺简化,构成的系统适合搭载于无人机、无人船等运动平台进行数据采集,其具体工作示意图及连接如图6-1所示(Zhou et al., 2022a;李伟豪, 2022;Steinvall et al., 1981):

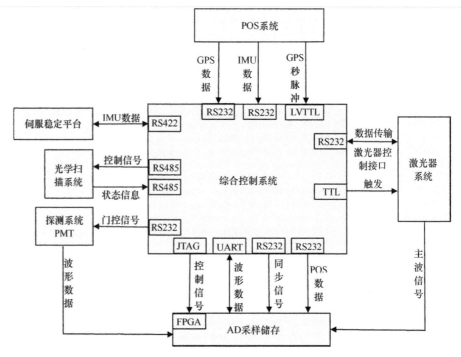

图 6-1　单波段激光雷达各模块连接图

6.2.2　高速数据实时采集系统工作原理

图 6-2 是 Zhou 等（2023）设计并实现的四通道高速高精度单波段激光雷达数据实时采集系统。其工作过程如下：首先，在单波段水深探测激光雷达系统运行工作前，在系统控制面板界面设置采集过程中各部分设备的参数，包括四个通道的采集脉宽、采集延时、电机转速、PMT 增益、PMT 门控信号脉宽和延时等参数，设置完成后，电机系统运行。然后激光器向扫描区域发射激光，同时产生图 6-2 左侧的周期性窄脉冲信号和方波触发信号（图 6-2 中，周期性窄脉冲信号的脉宽为 2 ns，频率 500 Hz，方波触发信号为 110ns）。

主波信号和触发信号通过同轴电缆线与四通道高速高精度数据实时采集系统连接，并把信号输入 Part A1 模块中。该模块中两片 AD9208 芯片实现对外界模拟信号的模数转换工作，并通过 JESD204B 协议将数据传输给后续的 FPGA 控制模块进行判断处理。FPGA 控制模块系统上电后，FPGA 芯片首先根据主控系统通过串口指令下发的各个参数，选择各个通道的采集脉宽、采集延时，PMT 门控信号的输出延时、输出脉宽，然后通道 1 判断主波信号的幅值是否大于预设的 0.3V 阈值。如果大于该阈值，说明该次信号采集有效，然后各个通道按照预设的参数进行数据采集，待通道数据采集完成后开始进行数据存储，只有当本次采集的数据全部存储完成后，系统才开始对下一次的采集进行判断，以防丢失数据。同时，在采集过程中，可以通过 Part A2 部分中的 LED 灯观察 FPGA 芯片和 ADC 芯片的工作状态以及采集系统是否开启工作。当激光雷达系统结束工作后，可以通过上位机软件实现对数据的导出。

主控系统在激光雷达工作前还可选择激光器的工作模式，若选择外触发模式，则在工作过程中，FPGA 会向激光器输出一方波信号（即图 6-2 左下方的信号），以启动激光器出光。并且，通过 FPGA 设计的 PMT 门控信号输出模块，在一定的延时时间之后，向常闭型 PMT 输出一固定脉宽的门控信号，用于启动 PMT 探测器探测水底回波信号（Zhou et al.，2023）。

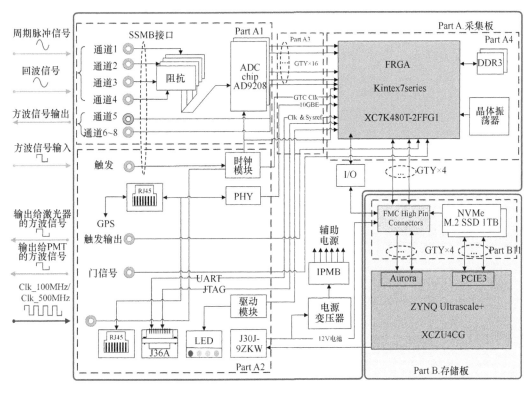

图 6-2　高速数据实时采集系统工作原理（Zhou et al.，2023；Zhou et al.，2022b）

6.3　综合控制技术及软硬件模块设计

本节在前述工作原理的基础上，对综合控制系统中使用到的高精度时序同步技术、光轴稳定技术及高速数据采集硬件模块、高速高精度实时采集软件设计进行介绍。

6.3.1　高精度时序同步技术

单波段激光雷达的激光主波脉宽仅为 2 ns，要提高测量精度，需要减小同步触发时产生的时钟抖动，降低综合控制时延，同步控制精度达到纳秒级。高精度时序同步综合控制技术是以光学扫描起始零位为同步触发信号，通过分析其零位特性，建立码盘零位信号模型，设计高速逻辑检测电路；并采用锁相环技术获取稳定精度达皮秒级的窄脉宽同步信号；同时采用对多元探测器波形数据进行分片共享缓存和 DMA 直接存储等多种技术手段来降低存储时延，以实现纳秒级精度同步控制。

在实际工作过程中，光学扫描系统、激光器系统、探测系统和 POS 系统等需要实现高精度的同步工作，其同步工作时序如图 6-3 所示。在同步工作时序基础上，其工作流程如下：首先，远程通信板发出启动信号，主控器收到远程系统的启动指令后，向激光器发出上升沿开启指令，同时向光学扫描系统发送匀速转动指令，向探测系统发送启动指令，并准备开始读取 POS 系统发送的数据。然后激光器向主控器返回状态信息、主波信号及同步信号，激光器出光，同步信号呈上升沿，光学扫描系统向主控系统返回状态信息。主控器接收到同步信号后，探测器开始第 1 点位的探测工作，同时主控器读取一次 POS 数据，当第 1 点位探测工作完成后，主控器组合同步数据并储存第 1 点位的探测数据至硬盘中，随后同步信号呈下降沿。当激光发出第 2 个点时，第 2 个同步信号呈上升沿，开始第 2 点位的扫描、探测和数据储存工作，如此循环。当主控器收到通信板的停止工作指令，主控器向激光器发送一个上升沿，停止激光出光，向光学扫描系统发出停止扫描指令，光学扫描系统停止工作（王晨曦，2017）。在通信板方面，可以实时查看整个激光雷达系统中各个模块的工作状态，并且可以实时调节各个模块参数，如激光能量大小和电机转速等。整个探测工作结束后，可利用硬盘数据进行后期点云数据处理和波形分析等。

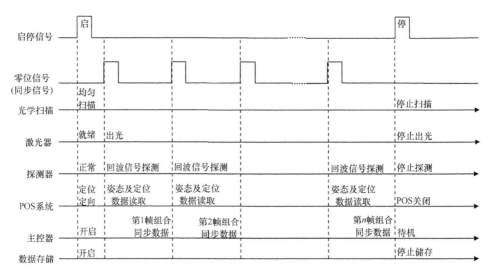

图 6-3　单波段激光雷达系统工作时序图（李伟豪，2022）

在时序控制上，H11526-20 门控型 PMT 门控功能的实现与门控输入信号之间存在如图 6-4 和图 6-5 所示的时序关系。

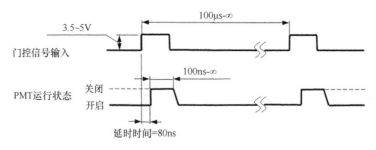

图 6-4　H11526-20-NN 常开型 PMT 门控输入信号与工作时序图

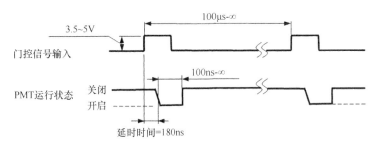

图 6-5　H11526-20-NF 常闭型 PMT 门控输入信号与工作时序图

从图 6-4 和图 6-5 可以看出，最佳门控信号的电压幅值为 3.5～5V，门控 PMT 的工作状态变化与门控信号相关。NN 型的延迟时间为 80ns，NF 型的延迟时间为 180 ns。NF 常闭型 PMT 在收到门控信号后有很长的延迟时间。所以，时序控制系统中采用 NN 型 PMT。H11526-20-NN 型 PMT 输出与门控信号输入时间的关系如图 6-6 所示。

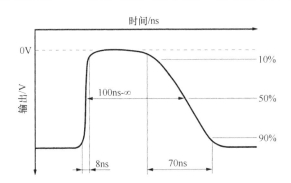

图 6-6　H11526-20-NN 型 PMT 输出与门控信号输入时间关系图

从图 6-6 可以看出，NN 型 PMT 收到门控信号后，经过 80 ns 的延时后，有一个 8 ns 的上升时间和 70 ns 的下降时间。当门控信号脉宽为 100 ns 时，PMT 中间完全不工作的时间是 60 ns。

在实验室的实验发现这样一个现象：水面回波信号很强，在近距离采集时，信号直接饱和，影响水底信号的观察和采集。因此，我们主要针对接收水底回波信号的探测模块，进行时序设计。本节设计的具体时序如下。

设定 NN 型门控 PMT 的延时时间为 t_1，上升时间为 t_2，下降时间为 t_3，光在空气中的速度为 c，激光扫描角为 θ_s，飞行高度为 h_0，激光发射口与水面的距离为 s。根据理论分析，单波段激光雷达回波信号探测系统的水下通道避免接收水面信号。也就是说，仅接收水底回波信号的条件为：控制模块控制激光出光的同时，输出门控信号给探测模块中的门控型 PMT；PMT 接收到门控信号，经过延迟时间和上升时间之后，再完全关闭，输出信号为 0V。当激光脉冲到达水面后，断开门控信号，使探测模块中 PMT 输出信号直接从 0V 变为接收，并输出信号。虽然这个工作过程需要一个短时间才能恢复到最大灵敏度，但是 PMT 在没有门控信号的情况下也能直接有效探测信号。在经过增益放大后，稍微低的灵敏度并不影响水底信号的接收。所以系统对于运动平台的高度有一定的要求与限制，即运动平台高度需要大于 PMT 接收到门控信号后，在延迟时间及上升时间内光走过的距离。将此距离设为 h_1 ，则存在如下关系（嵇叶楠，2009）：

$$h_1 = c(t_1 + t_2) \tag{6-1}$$

它需要满足：

$$h_0 > h_1 \tag{6-2}$$

由三角函数可得

$$s = \frac{h_0}{\cos\theta_s} \tag{6-3}$$

假设从激光发射到接收水面回波信号的时间为 t_ω ，则

$$t_\omega = \frac{2s}{c} \tag{6-4}$$

假设测量点水面到水底的距离为 l ，从激光发射到接收到水底返回信号的时间为 T_B ，则

$$T_B = \frac{2s}{c} + \frac{2l}{c} \tag{6-5}$$

由式（6-4）和式（6-5）可得，当 $l > 0$ ，则 $T_B > t_\omega$ 。设门控信号的脉宽为 t_G ，由上述分析可得

$$t_G = t_\omega - t_1 - \frac{t_2}{2} + \frac{t_3}{2} \tag{6-6}$$

另外，需要将门控信号的重复频率和周期的参数设置为与激光器相同的参数，具体的门控信号生成由控制器写入程序后完成。

1. 控制模块

1）控制模块选型设计

由于水底回波信号微弱，并且受水面回波信号影响严重，水底回波的甄别和采集变得非常困难。解决这个问题的关键在于水底回波信号接收模块的时序控制，而时序控制的完成需要门控信号。因此，发送门控信号的控制器性能直接决定了系统的性能。

时序控制的参数设置公式为

$$f = \frac{T_{clk}}{(arr+1)(psc+1)} \tag{6-7}$$

式中，f 代表控制器的输出脉冲频率；arr 代表自动加载器值；psc 代表预分频系数；T_{clk} 代表控制器的内部定时器时钟频率。

调整 arr 和 psc 的值即可输出频率及占空比可调的门控信号，从而实现飞行高度可调。基于以上分析，控制器的选择主要基于以下两点：

（1）能够输出频率及占空比可调的脉宽调制（PWM）脉冲信号（Kuo and Huang，2016；Pietrowski et al.，2019；Wen et al.，2018）；

（2）脉冲信号的频率可调范围需要包括激光脉冲信号的重复频率的调整范围。

控制器 STM32F103ZET6 完全符合上述分析。该微控制器具有基于 Cortex M3 内核的

ARM 处理器（崔琳等，2018），整体功能完善，可开发性强且性能稳定；还具有 512 kB 字节的 FLASH 和 64 kB 的 SRAM，计数器的分频系数可以设置为 1~65535 的任何数值等特点。所以，控制器对应的时钟频率能够设置的范围比较大，最高可达 72 MHz。信号发生器的功能实现仅需 STM32 中的 PWM 波形产生功能及中断功能。

另外，STM32F103ZET6 控制器中有 8 个定时器，包括 TIME1~TIME8，每个定时器都是完全独立的，没有共享任何控制器资源。每个定时器都具有 4 个独立的通道，包括 PWM 生成、输入、输出及单脉冲模式输出四个作用，采用通用定时器 TIME3 完成 PWM 生成，通过引脚输出波形。

最终，选用的 STM32F103ZET6 型微控制器，可以控制 GPIO（通用输入/输出）引脚完成 PWM 脉冲输出，PWM 脉冲信号的重复频率可调范围为 0~72 MHz，包括选定激光脉冲的 0.5~500 kHz 重复频率调整范围。

2）门控信号输出设计

门控信号的输出主要是对 STM32 控制器进行编程。将设计的用于时序控制的门控信号发生器程序置于子程序中，主程序应以简单为主。子程序的配置分为三个模块：激光模块、PWM 波形输出模块和中断模块。

激光模块配置比较简单，使用 STM32 发出相应指令，即可以控制激光的发射。使用 STM32 控制激光器可以与后续门控信号的输入进行同步。

PWM 波形输出模块是程序的核心模块。PWM 波形的产生，仅需 144 个引脚中的两个引脚即可，不影响其他引脚及相应的控制模块。PWM 是利用微处理器的数字输出对模拟电路进行控制的一种技术。使用 STM32F103ZET6 中的通用定时器完成 PWM 波的输出。首先，需要以下两个重要的寄存器：预分频寄存器（TIMx_PSC）和计数器寄存器（TIMx_CNT）。这两个寄存器是输出 PWM 波的基础，其中预分频器用来对时钟进行分频，分频后的时钟由计数器对其进行计数。另外，还需要几个寄存器用来调节波形，分别是自动装载寄存器（TIMx_ARR）和捕获/比较寄存器（TIMx_CCRx）。自动装载寄存器是作为计数器的参考值，捕获/比较寄存器是作为一个对比值。正常工作时，TIMx_CNT 开始计数；当 TIMx_CNT 的值增加到与 TIMx_CCRx 值相等时，PWM 波发生翻转；然后 TIMx_CNT 继续计数，直到 TIMx_CNT 的值与 TIMx_ARR 的值相等时，TIMx_CNT 变为初始值；形成一个周期后，TIMx_CNT 重新开始计数。根据这个工作过程，通过修改 TIMx_ARR 和 TIMx_PSC 寄存器的值，可以控制 PWM 的周期（温亮等，2018；吴东洋等，2018）。

通过以上分析，下面对通用定时器 TIME3 进行相关配置。其配置如下：

（1）对通用定时器 TIME3 时钟、GPIO 及 AFIO（替代功能输入/输出）复用功能模块时钟进行初始化并且使能。

（2）对 GPIO 进行初始化，设置引脚 PA7 为复用推挽输出模式，设定其输出速度为 50MHz。

（3）初始化定时功能，设置 TIMx_ARR 和 TIMx_PSC 的值，设置时钟分割为 0，定时器为向上计数模式。

（4）对通用定时器 TIME3 通道 2 的 PWM 模式进行初始化，设定通用定时器 TIME3 脉冲宽度调制为模式 2，最后比较输出使能。

完成定时器配置后，主程序通过调用子程序完成 PWM 波形输出。根据式（6-7），调整和修改 TIMx_ARR、TIMx_PSC 的值，进而调整 PWM 输出信号的频率、周期及占空比。由于客观条件，如连接线及其他硬件电路的影响，具体的脉宽需要根据实际情况进行微调。

使用中断模块的作用是使激光和门控信号同时发送。STM32F103ZET6 具有 76 个中断，包括 16 个内部中断和 60 个外部可屏蔽中断。中断反应速度极快，主程序在执行过程中产生中断去执行中断的内容，中断内容执行完成后返回主程序继续正常执行任务。

中断响应选择嵌入式向量中断控制器（nestvectored interrupt controller，NVIC），可以灵活嵌套使用。具体步骤如下：

（1）使能定时器中断，并且允许中断更新。

（2）设置定时器中断中的抢占优先级为 0，子优先级设置为 3 级。

（3）使能中断通道，将指定的 NVIC 参数进行初始化。

（4）检查定时器的中断状态。

2. 门控信号对比验证与分析

因为门控信号的输出是整个实验准确性和可行性的前提，所以需要对整体系统实验所需的门控信号做一个对比分析。比较分析控制器输出的门控信号和传统信号发生器输出的门控信号。由于最终时序控制系统中使用的是 NN 型 PMT，所以这里直接按照 NN 型 PMT 进行时序设计。对于接下来使用的 NF 型 PMT 进行实验并不影响，原因是本小节实验是控制模块及探测模块功能验证，不引入时序统一；而且，NF 型 PMT 与 NN 型 PMT 在功能上仅仅工作相反，不需要考虑其上升时间及延迟时间等，所以对 NF 型 PMT 使用以下设计的门控信号依然有效。

单波段激光雷达时序控制系统中使用的 NN 型门控 PMT 的延迟时间 t_2 为 80ns，上升时间 t_1 为 8ns。根据式（6-1），得到 $h_1 = 13.2\text{m}$。假设运动平台高度 h_0（>13.2m）为 1000m，激光扫描角 θ_s 为 10°。从激光发射到接收到水面回波信号的时间 t_ω 为 6770ns，所需门信号的脉宽 t_G 为 6721ns。假设重复频率与所需激光器一致，设置为 10kHz，则对应 100μs 的周期。

结合现有的硬件控制器和相应的上位机编程软件，控制器输出门控 PMT 需要的时序信号。本节将介绍如何用传统的信号发生器调整输出相同的波形，并用示波器采集两种方式得到的波形进行比较分析。

首先，设置传统信号发生器的输出波形，调整频率为 10kHz，占空比为 6.721%，幅值为 3.5V，使用示波器通道 2 采集输出波形。其次，设置 STM32 控制器输出波形的频率和占空比等参数设置与传统信号发生器相同。再次，将波形通过 PA7 引脚输出，示波器通道 1 用于波形采集。试验结果的对比如图 6-7 及图 6-8 所示。

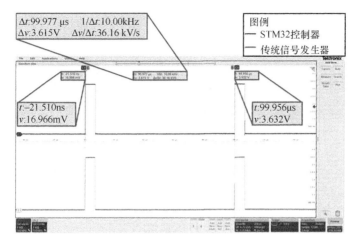

图 6-7　周期 100μs 对比图

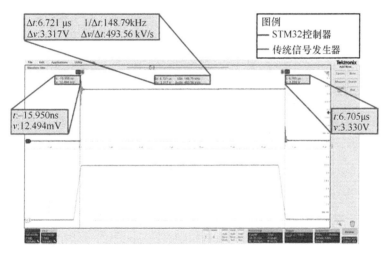

图 6-8　脉宽 6.721μs 对比图

从图 6-7 和图 6-8 可以得出，传统波形器件的幅值比较稳定，STM32 控制器的幅值一开始是波动的，原因是引脚输出 PWM 波形时本身自带小幅振荡。STM32 控制器的上升和下降时间比传统信号发生器少。

将传统信号发生器与 STM32 控制器整体输出的波形进行对比，还可以得出如下结论：STM32 控制器可以替代传统信号发生器作为控制芯片，且 STM32 控制器输出的门控信号满足门控型 PMT 对时序控制信号的要求。

6.3.2　光轴稳定技术

当单波段激光雷达搭载在飞机上时，飞机的抖动会对激光雷达的数据采集产生影响。而本节提出的光轴稳定技术采用伺服稳定平台，实现主动光轴稳定，保证光束稳定指向。为实现三维空间内光束指向稳定，伺服稳定平台结构上采用三轴惯性稳定结构。为达到高性能宽振动谱环境扰动补偿能力，控制系统采用由电流环、稳定回路和跟踪回路组成的三环控制结构。电流环用于加快力矩电机转矩响应速度，同时抑制电机反电动势扰动；稳定回路用于提供速率阻尼，提高系统的稳定性和对干扰的响应速度；跟踪回路用于调整载荷视轴的精确指向和载机航向。伺服稳定平台组成如图 6-9 所示，通过力矩电机、传动机构、速率陀螺和编码器构造稳定机构；通过驱动器（含电流检测）、控制器及配套电源模块和接口电路组成伺服控制器；采用外部 IMU 单元实现负荷空间姿态和运动特性测量，以实现外环跟踪回路闭环。伺服稳定系统为提高自抗扰能力，设计了基于观测器和自适应 Kalman 滤波器的抗不平衡力矩前馈补偿模块，降低运动过程中负荷质心偏离和外力矩作用影响，实现机载环境下毫弧度量级动态稳定精度，达到激光雷达探测仪光轴稳定的精度。

外部 IMU 通常会搭配 POS 系统使用，通过 POS 系统可以实现实时高精度定位与测量姿态能力，对实时记录数据后处理可进一步提高精度。

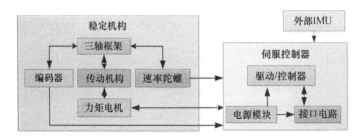

图 6-9　稳定平台组成框图

激光雷达稳定平台一般安装在飞机机腹的位置，安装三视图如图 6-10 所示，激光雷达光束指向区域为飞机下方。在飞机飞行过程中，激光雷达对目标区域进行扫描的同时，系统会利用外部高精度 IMU 实时测量负荷运动状态，进行俯仰和横滚轴自动调整，有效隔离飞机低频摆动和高频振动对激光雷达产生的扰动影响，以满足激光雷达扫描稳向需求。

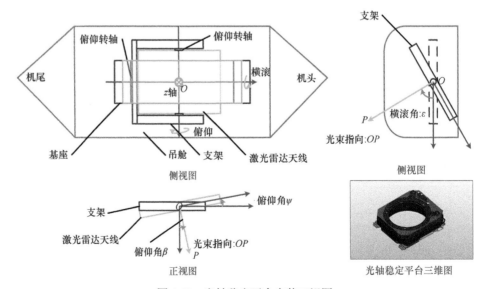

图 6-10　光轴稳定平台安装三视图

6.3.3　高速数据采集硬件模块

本节介绍的多通道水深探测激光雷达高速高精度数据实时采集系统主要由两部分组成，包括高速数据采集板和高速数据实时存储板，其分别对应于图 6-2 中的 Part A 和 Part B。其中，多通道水深探测激光雷达高速高精度数据实时采集系统的 Part A 部分包括 A1（高速数据信号采集模块）、A2（输入输出控制模块）、A3（数据传输通信模块）和 A4（FPGA 芯片控制模块）4 个模块；Part B 包括 FMC 高速接口和 ZYNQ 芯片。各模块硬件设计的详细阐述如下。

1. 高速 ADC 采集模块

高速数据信号采集模块其功能是用于接收采集外界传输的模拟信号并对模拟信号实现模数转换，使得 FPGA 能够对信号进行采集处理，并将采集的数据存储在固态硬盘中。

该模块的电路图对应 AD9208_BLOCK（图 6-11），它通过 AD1_VIN、AD1_CLK、AD1_SYSREF、AD1_OUTP[7∶0]和 AD1_OUTN[7∶0]与 FPGA 芯片相连，FPGA 芯片可以通过上述接口实现对 ADC 芯片的配置，如时钟输入、数据传输、SPI 驱动及 JESD204B 的参考输入，详细说明如下（Zhou et al.，2023）。

AD1_VIN1 和 AD1_VIN2 是用于采集外部输入信号；AD1_CLK 是为 ADC 芯片提供相对应的工作时钟，主要通过 FPGA 内部的 MMCM 模块（FPGA 设计时使用的一种 IP 核）进行设计整合输出，以保证 ADC 芯片按照时序正常工作；AD1_SYSREF 是为 JESD204B 协议接口提供的 LVDS 基准输入；AD1_SCLK 是 ADC 芯片中 SPI 协议标准的时钟；AD1_CSN 是用于 SPI 芯片选择从接口的片选信号（低电平有效）；AD1_SDIO 是 SPI 串行数据输入/输出接口；AD1_GPIOA0/A1 和 AD1_GPIOB0/B1 是 ADC 芯片的逻辑外部输入；AD1_OUTP[7∶0]和 AD1_OUTN[7∶0]是用于从 ADC 芯片向 FPGA 芯片传输模数转换数据。上述所有信号均用于来驱动 ADC 芯片执行数据采集和传输。

2. 输入输出控制模块

该模块用于输出信号控制外部元件，并与激光雷达系统进行通信。其电路原理图对应于图 6-11 中的 U4 和 J10 器件。激光雷达中的 PMT 可以通过 SMA_EXIT_IO1-IO4 的接口进行控制，RTDAQS 可以通过 COM1 和 COM2 的接口实现与主控系统的通信（Zhou et al.，2023）。

输入输出控制模块的主要功能是用于接收外部指令，并向外部设备输出信号以控制外部元件实现相对应的功能，实现和水深探测激光雷达系统之间的数据通信。该模块由 1 个触发信号的输入接口、1 个触发信号输出接口、1 个串口、1 个网络接口及各种通信接口组成。同时，还向外提供外部接口，分别对应于 OUTPUT_IO 和 INPUT_IO，其功能是用于与 FPGA 芯片连接实现指令交互。

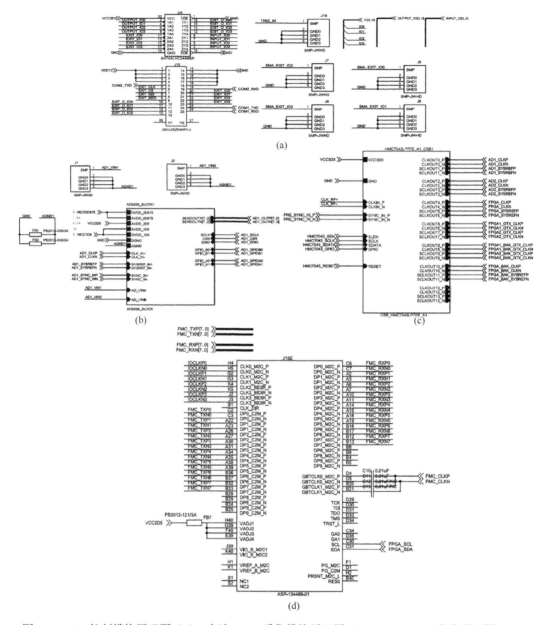

图 6-11　I/O 控制模块原理图（a）；高速 ADC 采集模块原理图（b）；HMC7043 芯片原理图（c）；
FMC 接口模块原理图（d）（Zhou et al.，2023）

　　输入和输出接口原理图如图 6-11 所示，详细分析阐述如下。TRIG_IN 是用于接收激光器发出的触发信号，当高速数据采集系统检测到该触发信号后，便开始启动采集工作；SMA_EXIT_IO1/IO2/IO3/IO4 是用于输出门控信号来控制常闭型 PMT 开关的接口；EXIT_CLK、EXIT_CS、EXIT_SDI、EXIT_SDO4 个接口是用于接收 FPGA 芯片发送的指令；COM1_TXD/RXD、COM2_TXD/RXD 是串口，用于和测水型激光雷达系统进行数据通信和指令交互。

3. 数据反馈模块

该模块的功能主要是实现多通道水深探测激光雷达高速高精度数据实时采集系统内部的数据转移，以及与存储板和高速接口间的指令控制，其功能实现主要是依靠在VIVADO 软件中设计有限状态机来控制完成，具体的工作流程原理及说明在软件设计部分中给出（Zhou et al.，2023）。

4. 数据传输模块

FPGA 芯片控制模块由 Xilinx Kintex-7 系列芯片控制，其功能主要是通过 FPGA 芯片实现对高速 ADC 芯片、时钟控制芯片、FPGA 中间层板卡（FPGA mezzanine card，FMC）高速数据传输接口、数据存储子板、网络传输接口、系统工作指示灯控制等各类数据通信接口、协议，以及外围设备的控制，从而实现本节设计的多通道水深探测激光雷达高速高精度数据实时采集系统的采集存储功能。该模块的 FPGA 芯片原理图如图6-12 所示，它通过总线与 ADC 采集模块、I/O 控制模块、数据传输模块、FMC 接口模块相连实现数据传输。所有器件的时钟可以由 HMC7043 芯片提供，如图 6-11 中的HMC7043_LP7FE_A1_CBB 所示（Zhou et al.，2023）。

FPGA 通过控制内部的 DDR3 存储器对数据进行缓存后，通过 FMC_TXP [7：0]、FMC_TXN [7：0]、FMC_RXP [7：0]、FMC_RXN [7：0]等向存储板发送数据。AD1_CSN、AD1_SDIO、AD1_SCLK、AD1_GPIOA0/A1、AD1_GPIOB0/B1、AD1_SYNC_INP/N、AD1_RXP/RXN[7：0]、AD1_CLKP0/CLKN0、AD1_CLKP1/CLKN1 等接口用于与第一片高速 ADC 芯片连接进行数据交互。同理，与第二片 ADC 的连接也类似。HMC7043_SCLK、HMC7043_SDATA、HMC7043_SEN、HMC7043_RESET、HMC7043_GPIO 等接口用于与HMC7043 时钟芯片连接，为两片 AD9208 芯片提供时钟，减少通道间延迟，以提高采集精度。INPUT_IO[3：0]和 OUTPUT_IO[3：0]用于与 SSMB-KW 接口相连，用于接收两片高速 ADC 芯片采集的数据及向激光器和常闭型 PMT 输出信号。SGMII_PHY_IN_P/N、SGMII_PHY_OUT_P/N、PHY_TXD/RXD[3：0]、PHY_GTX_EN、PHY_GTX_CLK、PHY_RX_CLK、PHY_RSTN、PHY_RX_DV、PHY_MIDC、PHY_MDIO 等接口是用以对以太网物理层进行配置，实现千兆以太网数据通信。COM1/COM2_TXD 和COM1/COM2_RXD 是用于通过串行接口与测水深激光雷达的主控芯片进行指令交互实现数据通信。EXIT_SDO、EXIT_CS、EXIT_SDI、EXIT_CLK 用于对 SPI 协议进行协议配置及控制 HMC7043 时钟芯片进行时钟配置。FPGA_TDI、FPGA_TMS、FPGA_TCK、FPGA_TDO 用于调试 FPGA 芯片的功能。FPGA_CLKP/N 为 FPGA 设计的所有模块提供一个工作时钟。FPGA_SYSREFP、FPGA_SYSREFPN 用于为 FPGA 芯片提供一个参考信号，来对系统内部的所有时钟信号对齐，保证系统功能的正常运行。

5. FMC 接口模块

FMC 接口模块用于实现采集板与存储板之间的数据通信，其电路原理图如图 6-11的 J15E 所示。通过 FMC_TXP/N [7：0]和 FMC_RXP/N 的总线实现与 FPGA 芯片的数据交互。FMC 接口模块由两块固态硬盘和一个 FMC 高速数据接口组成。而存储板的设计

图 6-12　FPGA 控制芯片原理图（Zhou et al.，2023）

是通过 ZYNQ 芯片实现存储，并通过 FMC 连接器与采集板连接（图 6-11）。接口详细说明如下：FMC_TXP [7：0]、FMC_TXN[7：0]、FMC_RXP [7：0]、FMC_RXN [7：0] 被设计用以实现系统内部的数据传输；FMC_CLKP、FMC_CLKP、FMC_CLKN 是通过采集器之间的数据传输链路来传输系统数据的时钟；FMC_CLKP、FMC_CLKN 是通过采集板和存储板之间的数据传输链路传输系统数据的时钟。FPGA_SCL 和 FPGA_SDA 是 IIC 总线的信号。当 FPGA_SCL 处于高电平时，FPGA_SDA 从高电平跳到低电平，开始进行数据传输；当 FPGA_SCL 处于低电平时，FPGA_SDA 从低电平跳到高电平，开始数据传输。从低电平跳到高电平，结束数据传输。

6.3.4　高速高精度实时采集软件设计

在 6.3.2 节硬件设计的基础上，为实现系统功能，适配于单波段激光雷达，本节使用 XILINX 公司下的 FPGA 芯片开发工具 VIVADO 对多通道高速高精度数据实时采集系统各个部分在软件上进行逻辑开发设计。设计内容包括高速数据信号采集模块、输入输出控制模块、数据传输通信模块及 FMC 接口模块，与硬件部分一一对应。各部分详细设计及工作流程如下。

1. 高速数据信号采集模块

高速数据信号采集模块的软件设计对应于图 6-2 中 Part A1 模块。其主要是通过

VIVADO 软件对高速信号采集过程中的 IP 核进行一些参数上的配置。首先，Zhou 等（2023）开发的"GQ-Cormorant 19"水深探测激光雷达发射的窄脉冲信号宽度为 2 ns，频率为 500 Hz，属于纳秒级别的窄脉冲信号。在测深过程中对回波信号的获取难度大，所以为了获取到完整的纳秒级别的回波信号并实现三个通道的数据同步和实时高速并行采集，必须满足以下几个条件（Zhou et al.，2023）：

（1）对高速 ADC 芯片的选择在采样率上必须能够支持大于 1 GSPS 的高采样率，并且能够支持 JESD204B 协议的数据串行输出，这样采集的信号在后续的处理过程中才可以保证不失真。

（2）时钟配置模块应该选择与高速 ADC 芯片相匹配的时钟芯片，时钟芯片可以用于实现系统多模块时钟管理，减少多通道间的信号输出延迟。

在上述两个条件下，本节多通道高速高精度数据实时采集系统最终采用的高速 ADC 芯片是 ADI 公司（亚诺德半导体）的产品，AD9208 芯片。该芯片支持的模拟输入范围为 1.7 Vpp，并且可以进行单芯片的双通道、采样率高达 3 GSPS、采样分辨率高达 14 bits、采样精度为 6 LSB 的高速信号采集。该芯片可同时支持 JESD204B 协议的高速数据串行化输出，提高了数据传输速率。另外，AD9208 芯片有一条 JESD204B 链路，其允许的最大通道采集速率为 16 Gbps。其通道采集速率与 JESD204B 协议参数的关系可通过公式计算，即

$$\text{Lane Rate} = \frac{M \times N' \times \left(\dfrac{10}{8}\right) \times f_{\text{OUT}}}{L} \qquad (6\text{-}8)$$

式中，M 为可配置的高速 ADC 芯片的个数，即系统使用的 AD9208 芯片的转换器数量，其值可以选择 1、2、4 或 8；N' 为每个采样点的比特数，其值可以选择 8 或 16；L 为每个链路下的通道数，其数值可以选择 1、2、4 或 8；f_{OUT} 则可以通过以下公式进行计算：

$$f_{\text{OUT}} = \frac{f_{\text{ADC}_{\text{CLOCK}}}}{\text{Decimation Ratio}} \qquad (6\text{-}9)$$

式中，$f_{\text{ADC}_{\text{CLOCK}}}$ 为 FPGA 模块中 ADC 芯片的工作时钟，而抽取比率（Decimation Ratio，DCM）是寄存器 0x201 中编程所需要的参数。

因为通过 FPGA 最终采集并存储到的数据均为数字电压，所以对于 AD9208 芯片，模拟电压和 ADC 采集的数字电压之间的数值转换关系能表示为

$$V_{\text{Analog}} = (\text{Data} \times V\text{pp}) \div 2^{\text{Resolution}} - 1 \qquad (6\text{-}10)$$

式中，V_{Analog} 为回波信号的模拟电压值；Data 为通过 ADC 转换后的数字电压值；Vpp 为芯片的峰值电压，这里数值为 1.7 Vpp，Resolution 为 ADC 芯片的分辨率，此处取数值 16，这是因为 ADC 芯片的分辨率是 14 bits，而 FPGA 在处理数据时需要将不足一个字节的数据补齐，所以这里低数据位的两位在软件设计中是 0。

基于上述分析，在 VIVADO 软件中用 VHDL 语言设计了以下几个驱动模块：①AD9208 数据接口配置驱动模块（Ad_data），该模块是用于驱动 ADC 芯片获取外界模拟数据的。②AD9208 芯片的 SPI 接口驱动模块（AD_SPI_CFG），该驱动模块是通过 JESD204B 协议

实现与 FPGA 芯片之间的数据交互通信。③HMC7043 时钟芯片 SPI 接口驱动模块（HMC7043），该模块是设计用来驱动时钟芯片提高四个通道的采集精度，减少通道间的信号延迟。所有这些模块都是在 FPGA 中以 IP 核的形式进行实例化的，可以直接在 FPGA 的顶层模块中对其调用。本书下述各个模块均可以根据上述配置来实现。

2. 输入输出控制模块

输入输出控制模块的软件对应于图 6-2 中 Part A2 模块。本节为了能够获取完整正确的测深激光雷达水下回波信号，多通道水深探测激光雷达高速高精度数据实时采集系统通过 FPGA 芯片设计了一个门控信号输出控制子模块，用于控制激光器和常闭型 PMT 的开关，以及一个通道最大值数据反馈模块用于把回波信号的电压实时反馈给激光雷达主控系统，实现自动调整 PMT 的增益，其子模块如下（Zhou et al.，2023）。

（1）门信号控制子模块。在使用单波段水深探测激光雷达进行水下回波探测时，由于水体表面和浅水区域的背景杂散光较强，会出现采集不到完整信号或信号饱和的问题。为此，多通道水深探测激光雷达高速高精度实时采集系统设计一子模块可以在纳秒级别实时控制激光器的外触发开关和常闭型 PMT 的延迟打开功能，从而避开水面强杂散光采集到水下回波信号。实现该功能的状态机如图 6-13 所示。

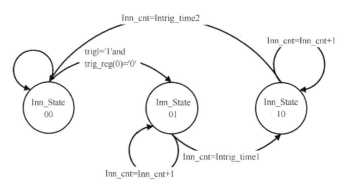

图 6-13　门信号控制有限状态机（Zhou et al.，2023）

（2）通道最大值数据反馈子模块。在使用单波段水深探测激光雷达进行水下回波探测时，随着激光雷达巡航距离的加长，测量水域的深度也是会不断增加。但是，水体对激光的衰减会导致采集到的水体表面和水底的回波信号电压强度不一致，影响回波信号采集和后期回波信号的精确处理。为了解决上述问题，本节描述的软件子模块通过设计一个比较器来获得 4 个通道的最大值数据，并且在一个激光脉冲周期内将各通道的回波数据传输给激光雷达主控系统，主控系统根据该数值自动调节 PMT 的增益，以提高探测能力。

在周期性数据采集和传输子模块中，其会在一个激光脉冲周期内每隔 500 Hz 就采集一次各个通道的数据，并且把数据传输给绝对值子模块和数据比较器子模块来比较得到一个最大值，然后将比较后的值返回并输出给激光雷达主控系统以调整 PMT 增益。基于上述流程，多通道测试激光雷达高速高精度实时采集系统可以将每个通道的最大数据传输给激光雷达系统来自动调整 PMT 增益。

3. 数据传输通信模块

数据传输通信模块软件部分与设计方案对应图 6-2 中 Part A3 模块。数据传输通信模块是针对系统内部数据的传输、记录和串行通信处理的功能而设计的，它包括 AD 数据控制子模块和串行数据控制子模块。

AD 数据控制子模块用于启动和结束记录回波数据，并且能够通过串口与主控系统实现通信，进而设置各个采集通道的采集延迟时间和采集脉冲宽度。串行数据控制子模块是用来控制和实现与单波段水深探测激光雷达主控系统之间的串行数据通信交互，其有限状态机的实现如图 6-14 所示。

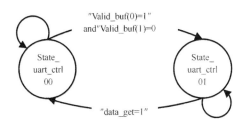

图 6-14　AD 数据传输控制有限状态机（Zhou et al.，2023）

4. FMC 接口模块

FMC 接口模块软件部分对应于图 6-2 中 Part A4 的 FPGA 芯片控制模块。该软件模块的主要功能是通过 FPGA 芯片实现 FMC 接口与采集板、存储板和电脑之间的数据传输交互。

为了实现上述功能，该软件模块通过三个有限状态机实现完成，分别实现通过存储板将数据传到 FMC 接口、通过 FMC 接口传输数据到 PC、通过 FMC 接口传输到存储板的功能。在图 6-15 中分别对应为 FSM（A）、FSM（B）、FSM（C）。

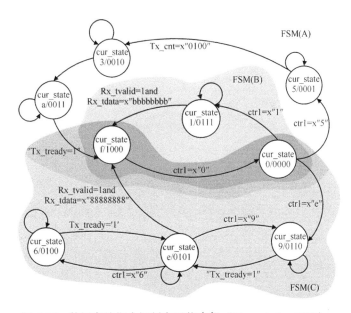

图 6-15　数据存储指令控制有限状态机（Zhou et al.，2023）

6.4　单波段激光雷达整机系统集成

6.3 节介绍了综合控制系统集成时所使用的技术及高速数据采集系统的软硬件设计，并详细阐述了各部分设计的工作流程及在实际工作中的功能实现过程。本节在前述设计内容的基础上，对单波段激光雷达整机系统进行整机集成。

6.4.1　单波段激光雷达整机系统组成部分

单波段激光雷达整机系统主要集成以下部分：激光发射系统、扫描单元、接收光学单元、多通道高速高精度数据实时采集系统、POS 系统、供电系统等。本节主要从综合控制角度来描述控制系统如何控制各部件工作。

1. 激光发射系统

激光发射系统包括激光器和驱动电源。激光器是由北京杏林睿光科技有限公司根据需求定制而成的一台结构稳定、紧凑、体积小、功率大激光器。综合控制系统通过 RS232 接口控制其出光、激光能量等级、激光脉冲频率等参数。同时，激光器通过同轴电缆线与多通道高速高精度数据实时采集系统连接，用于触发采集系统开始进行数据记录。该激光器的实物图如图 6-16（a）所示，其驱动电源模块如图 6-16（b）所示。

(a)532nm激光器　　　　　　　　　　(b)驱动电源模块

图 6-16　532nm 激光器激光头模块

2. 扫描单元

扫描单元主要包括扫描电机系统和光楔。在本书中，单波段水深测量激光雷达系统采用伺服电机（图 6-17）驱动的反射式光楔（图 6-18）来实现激光圆周扫描，以此获取较高的点云密度。

电机通过驱动器与综合控制系统连接，主控器通过发送指令来有效控制驱动器输出的脉冲信号的频率。在单片机中进行子程序的设置，用定时器实现时间的延时。该程序主要是在中断电机服务的时间内，通过对输出的信号进行适当的调整，就可以设定时间，控制电机转速。

图 6-17　伺服电机

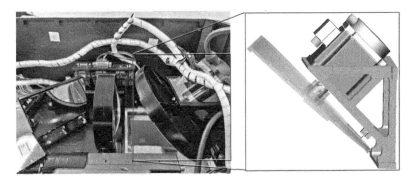

图 6-18　光楔（Zhou et al.，2022b）

3. 接收光学单元

接收光学单元主要包括物镜组和目镜组。物镜组选择的是离轴四反射式物镜，虽然该种物镜难以加工、设计过程中难以控制 MTF 值，但其拥有高光学透过率和小的系统体积；而且离轴四反射式物镜可以节省激光雷达内部空间，且能接收更微弱的回波信号，故选取离轴四反射式物镜作为物镜镜头。

目镜组的主要作用是将物镜放大后的信号会聚到光电探测器 PMT 的光敏面上。该系统的目镜在采集深水通道时采用的是单片透镜，浅水信号通道和水表面信号通道采用的是惠更斯目镜组（图 6-19）。上述镜片组装后共同组成了接收光学单元（图 6-20），接收的信号通过 PMT 进行光电信号转换并经同轴电缆线传输给多通道高速高精度数据实时采集系统，采集系统对回波信号进行记录存储（Wei et al.，2019）。

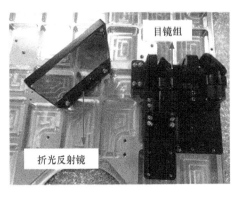

图 6-19　接收光学镜片

图 6-20　接收光学单元

4. 多通道高速高精度数据实时采集系统

多通道高速高精度数据实时采集系统主要包括数据采集板卡和数据存储板卡两部分。为保证数据的高速传输，在采集板和存储板的连接器上选择的是具有高达 400 个引脚的 FMC 接口作为高速数据连接器。并且，在采集板的控制芯片上选择的是 XILINX 公司的 Kintex-7 系列芯片，该芯片的型号为 XC7K480TFFG901，芯片速度等级为 2，并且该芯片是基于 JESD204B 协议进行开发，支持 32 路 GTX 数据传输，传输速率更快。同时，其内部的 BRAM 块存储器资源最大为 34380 kB，逻辑资源丰富。采集板选用的 2 片 ADC 芯片支持高速串行协议 JESD204B 的数据传输，并且采用 ADC+FPGA+ZYNQ 架构，实现了四通道，2 GSPS 高采样率，14 bits 高分辨率的高速高精度数据实时采集。为更加精准地同步各通道的时钟，通过查询 AD9208 的芯片手册可以得到其理想信噪比为 86.04 dB，抖动时间为 55fs，在输入信号 255 MHz 时，有效位数的典型值为 9.6 bits。因此，系统直接采用 ADI 公司推荐适配 AD9208 的高性能时钟芯片 HMC7043，该时钟芯片能够在低于 15fs 以下的时间抖动输出采样时钟。存储板选用的控制芯片是 XILINX 公司的产品，ZYNQ 芯片，固态硬盘选用的是三星的 970EVOplus，硬盘容量总共为 2 TB，其持续稳定记录带宽和持续稳定读取带宽均大于 3.5 GB/s。

最终实现的系统硬件集成板卡实物如图 6-21 所示，硬件集成实物图如图 6-22 所示。采集板上对外提供 4 个 SSMB 输出接口，用于实现采集外界模拟信号（此处采集的是回波信号和激光器主波信号）。4 个 SSMB 输出接口用于输出控制激光器和常闭型 PMT 的门信号；一路百兆以太网接口用于实现数据的导出；一路千兆以太网接口用于实现对 POS 数据的传输；1 个 HJ30J 串行接口用于与水深探测激光雷达主控系统实现指令交互和数据通信，同时通过该接口为系统供电；4 个 LED 指示灯用于显示 ADC 芯片、FPGA 芯片及采集系统的工作状态；1 个 JTAG 调试接口，用于方便对系统进行调试。

5. POS 系统

POS 系统包括 INS 模块、DTU 模块、连接板模块和 POS 天线（图 6-23）。该系统由单波段激光雷达系统的电源统一供电。INS 模块是美国 Inertial Labs 公司的 GPS-Aided

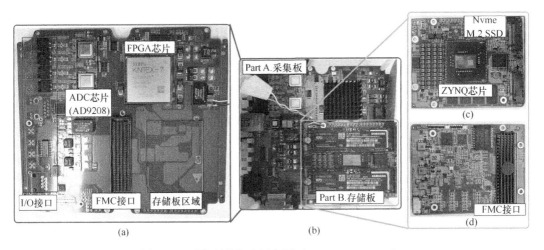

图 6-21　系统硬件集成板卡图（Zhou et al.，2023）

（a）为图 6-2 Part A 的实现；（b）为安装后的两部分的完整套装；（c）为（b）部分顶部实现的放大窗口；（d）为（b）部分底部实现的放大窗口，其带有 FMC 接口

图 6-22　高速数据系统集成实物图

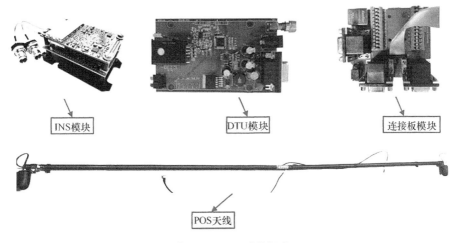

图 6-23　POS 系统组成

INS-DH-OEM，是一款双天线 GPS 辅助惯性导航系统，它通过两个接口与 POS 天线连接在一起。DTU 模块使用前需要在其 SIM 卡座上插入手机 SIM 卡联网，并且烧录到 DTU 内的 CORS 账号需要购买，如移动、千寻。天线座用于连接 DTU。串口 DB9 接口使用串口线和连接板进行连接。POS 系统与综合控制系统通过串口连接，并且综合控制系统通过串口接收由 POS 传输的数据，数据再由主控系统传输给多通道高速高精度数据实时采集系统存储在固态硬盘中以供后期处理。

POS 系统的内部连接图如图 6-24 所示。在使用时，将 POS 外挂于运动平台上，并调整天线的位置使其处于平衡状态，POS 最终安装完成图见图 6-25。

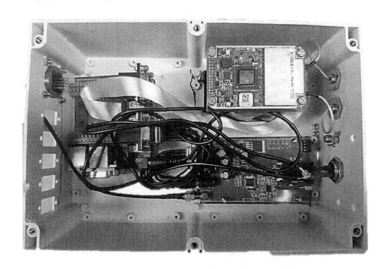

图 6-24　POS 实物连接

图 6-25　POS 安装完成图

6. 供电系统

单波段激光雷达在工作过程中为了考虑系统整体的安全性，通常不能直接使用运动平台的电源直接为其供电，因此系统供电需采用安全性好的锂电池作为储能装置，以满足扫描模式下激光雷达工作电能需求。锂电池电压设计为 28V 直流电压，可以直接对单波段激光器和伺服稳定平台进行供电，但无法满足激光器强电磁干扰环境下光学扫描系统、光学探测系统、综合控制系统多样化高稳定性能电源需求，需提供低纹波二次电源为其供电。系统供电分配示意图如图 6-26 所示。锂电池（图 6-27）容量约为 30Ah。

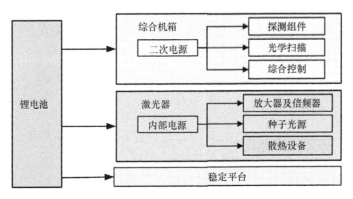

图 6-26　供电分配示意图

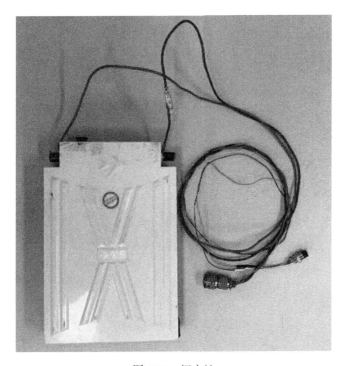

图 6-27　锂电池

6.4.2　单波段激光雷达整机系统集成实现

1. 系统安装

将光学探测系统和单波段激光发射系统、高速采集系统等集成为一个单波段激光激光雷达探测仪。系统集成构成如图 6-28 所示。

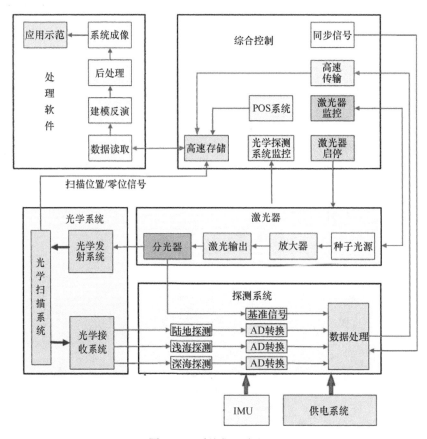

图 6-28　系统集成流程图

各分系统信号连接关系如图 6-29 所示。综合控制系统通过 RS232 数据接口和控制信号协调各功能部件的工作时序，并通过 DMA 方式将高速数据流存储到海量高速固态硬盘。飞行任务执行过程中，通过 IMU 实现激光雷达探测仪方位记录。

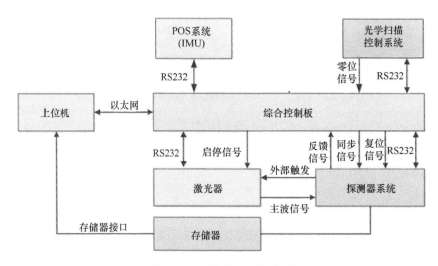

图 6-29　系统信号连接关系

确认了整机系统的连接关系后，激光雷达按照综合控制流程（图 6-30）和同步时序图（图 6-31）进行工作。

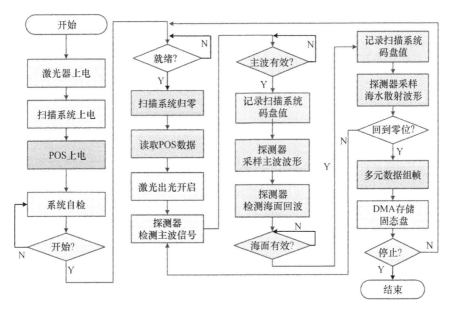

图 6-30　综合控制流程图

当运动平台进入巡航状态，系统开机就绪，工作时序逻辑通过启动指令进入工作状态，光学系统进入匀速圆扫描状态，通过高速逻辑检测电路检测扫描系统零位。采用锁相环技术提取窄脉宽同步触发信号，以该触发信号作为同步基准，建立 POS 数据中高精度时–空参量与多元探测器激光主波、海水后向散射波形、光学扫描角度值之间的映射关系，并采用分片共享缓存和 DMA 直接存储等多种手段实现探测数据高速存储。采集任务执行完毕关机后读取固态硬盘存储数据，利用模型算法反演点云数据。

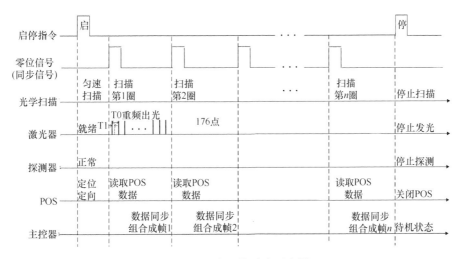

图 6-31　同步工作时序示意图

在上述描述的基础上，最终整机系统集成后的三维结构如图6-32所示。综合控制系统用于协调激光器、探测器、光学扫描系统、POS系统的同步工作；对探测器输出的高速数据流、光学扫描系统位置信息和POS数据信息进行编号、排序、分配与校验，实现同步组帧；将数据信息存储到大容量高速固态硬盘，后续可依据反演算法模型对存储的数据进行反算得到测深信息；结合POS数据与光学扫描角度信息实现目标点云数据信息反演。供电系统根据各设备/分系统的供电电压和功耗为其提供电源。配套构造包括各分系统集成所需的设备安装结构及各分系统之间的电气、信号、机械接口。

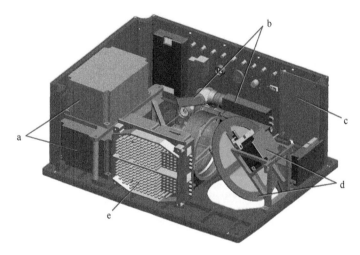

图6-32 激光雷达系统结构图

a表示激光器和其驱动电源模块；b表示接收光学单元；c表示单波段激光雷达的综合控制系统；d表示电机和光楔，其共同组成了扫描单元；e表示多通道高速高精度数据实时采集系统

各个模块之间的连接与通信关系如图6-33所示。

（1）控制模块通过RS232接口与激光模块通信，控制激光器的开关、内外触发模式、激光能量等级、激光脉冲频率。

（2）控制模块通过RS232接口与高速AD采集存储模块通信，接收回波信号的最大值，控制其中的FPGA模块产生所需的门控信号。

（3）控制模块通过SPI通信协议与DA模块通信，发送指令，调整DA模块的输出电压。

（4）激光器模块通过SMA口将主波信号传输给高速AD采集存储模块，实现存储主波。

（5）DA模块通过GPIO转SMA连接线与探测模块连接，调整PMT的增益控制电压。

（6）衰减器通过SMA口与探测器模块和AD采集模块连接，衰减并传输回波信号。

（7）多通道高速高精度数据实时采集系统中的FPGA模块通过SSMB接口向PMT发送门控信号控制其开通或关闭。

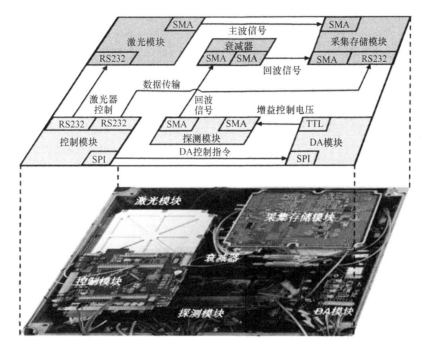

图 6-33　系统实物连接图（张昊天，2023；Zhou et al. 2023）

　　因为工作时序与工作模式不同，当利用内触发模式时序工作时，激光器的主波信号和产生门控信号的触发信号都需要高速数据采集系统记录。当利用外触发模式时序工作时，高速 AD 采集存储模块与激光器之间除了有主波信号存储联系外，高速 AD 采集存储模块中的 FPGA 模块还需要向激光器发送同步信号触发激光器工作。当利用远程通信控制时，控制模块需要通过 UART 连接配套的 LORA 通信模块发送 AT 指令。POS 系统通过外接于激光雷达，最终实现的整体实物如图 6-34 所示。

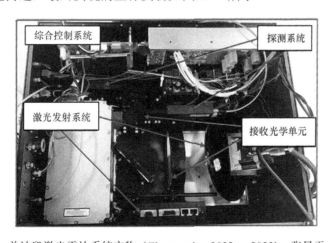

图 6-34　单波段激光雷达系统实物（Zhou et al.，2022a，2022b；张昊天，2023）

2. 技术指标

单波段激光雷达各部分及集成后整机系统的技术指标如下。

1）激光器
➢ 波长：532nm；
➢ 峰值功率：100kW；
➢ 脉宽：3ns；
➢ 脉冲频率：2kHz；
➢ 扩张角：0.2mrad。
2）扫描单元
➢ 楔角：5°；
➢ 楔直径：40mm；
➢ 楔厚度：15mm；
➢ 楔底部与垂直轴之间的角度：45°；
➢ 电动机转速：540r/min、600r/min；
➢ 电机额定电压：24V；
➢ 电机额定功率：100W。
3）接收单元
➢ 接收视场角：95mrad；
➢ 入射光瞳直径：82mm；
➢ 出射光瞳直径：8mm；
➢ 放大：10.25x 和 42x；
➢ 带宽：±1nm。
4）多通道高速高精度数据实时采集系统
➢ 采样率：2 GSPS（最高可支持 3 GSPS）；
➢ 分辨率：14 bits；
➢ 固态类型：NVMe M.2 SSD；
➢ 存储空间：2×1T（固态可更换）；
➢ 外部电压：12V±0.5V、电流≥5A；
➢ 设备尺寸：150×140×30 mm；
➢ 重量：0.6 kg；
➢ 工作温度：−10～40℃；
➢ 存储温度：−45～65℃。
5）POS 系统
➢ 尺寸：85.5×67.5×52.0 mm；
➢ 定位系统：支持 GPS、GLONASS、GALILEO、BEIDOU 和 QZSS 多套定位系统；
➢ 支持校正类型：支持 SBAS、DGP、SRTK 和 PPP 校正；
➢ 数据输出速率：600 Hz IMU、200 Hz INS 和 100 Hz GNSS 数据；
➢ 姿态精度：Heading（动态）0.05° RSM；Pitch and Roll（动态）0.015° RSM；
➢ 定位精度：水平位置精度（RTK）0.01 + 1 ppm，垂直位置精度（RTK）0.02 + 1 ppm。

6） 整机系统

➤ 最大测量范围：自然目标反射率 $\rho \geqslant 20\%$（10m）；自然目标反射率；$\rho \geqslant 60\%$（20m）；自然目标反射率 $\rho \geqslant 80\%$（30m）；

➤ 建议作业飞行高度：自然目标反射率 $\rho \geqslant 20\%$（100m）；自然目标反射率 $\rho \geqslant 60\%$（200m）；

➤ 目标回波接收的最大数值：5；

➤ 最小测量：30cm；

➤ 距离精度：25cm；

➤ 重复精度：10cm；

➤ 激光波长：532nm±0.2nm；

➤ 激光发散全角：<2mrad；

➤ 激光光斑直径大小：<2mm；

➤ 扫描机械原理：旋转楔子棱镜；

➤ 视场角：10°（圆形扫描模式）；

➤ 扫描速度（可调节）：0～200rad/s；

➤ 角步分辨率：0.001°；

➤ 电源输入电压：24VDC；

➤ 主要规格：450mm×450mm×190mm；

➤ 重量：12kg；

➤ 温度范围：0～40℃（使用）/−20～50℃（存储）。

6.5　单波段水深测量激光雷达验证

系统集成之后，下一步工作就是验证激光雷达是否能够以高精度高采样率准确采集到水面水底回波数据。本节介绍将高速采集系统集成到单波段水深探测激光雷达后，在不同实际水域环境下的验证试验。

6.5.1　系统功能测试

将高速采集系统集成到水深探测激光雷达系统之前，需要对软件设计的功能进行测试验证。在系统功能测试实验中，需要用到 FPGA 设计软件 VIVADO 中的集成逻辑分析仪（ILA）抓取工具对所要采集和传输的信号进行实时抓取，通过观察抓取的数据是否与实际采集和实际传输的数值相一致来判断所设计模块功能的正确性。

1. 水下回波信号采集验证实验

本节描述的采集系统集成需要的水深探测激光雷达系统的信号包括激光器主波信号、常开型 PMT 浅水通道回波信号及常闭型 PMT 深水通道回波信号。

在测试之前，将多通道高速高精度数据实时采集系统与水深探测激光雷达相连接，将激光器触发信号、串口通信信号、主波信号及两个 PMT 接收的回波信号通过同轴电缆线分别连接至水深探测激光雷达的激光器、主控系统、常开型 PMT 和常闭型 PMT；同时将需要验证的信号连接至示波器。图 6-35 是实验室自制水槽内模拟水深的采集情况，通过两个镜子将激光反射至挡板，然后返回采集回波信号，并通过 ILA 实时存储记录。

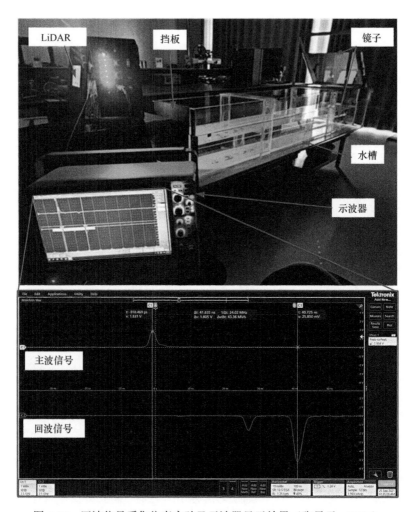

图 6-35　回波信号采集仿真实验及示波器显示结果（张昊天，2023）

ILA 逻辑分析仪抓取的信号结果如图 6-36 所示。通过对比示波器采集的信号和 ILA 信号抓取工具抓取的信号，我们可以观察到，高速高精度数据实时采集系统能够完整地抓取与示波器显示相似的主波信号和回波信号；但是 VIVADO 软件中的 ILA 工具抓取的是信号电压的数字电压并且显示宽度有限，相较于示波器的高采样率实时显示，软件中显示出的波形会显得较为锐利，不如示波器的波形平滑。从上述阐述中只能初步验证高速采集系统可以采集到回波波形，所以还需要进行下一步的实验。

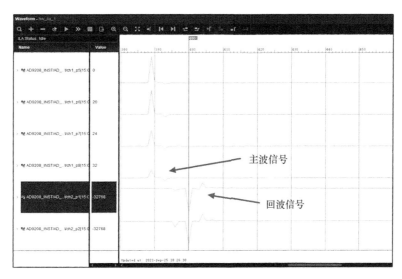

图 6-36　ILA 逻辑分析仪波形采集结果

2. 串口数据通信验证实验

Zhou 等（2023）研发的单波段水深探测激光雷达在工作时需要搭载运动平台，才能进行水深测量，所以多通道高速高精度数据实时采集系统在工作过程中需要与主控系统进行一系列的指令交互，以实现各种功能、指令，包括激光雷达的工作模式选择、采集通道宽度设置、采集通道延迟设置等。同时，在水深探测激光雷达工作时，二者还需要实时进行数据交互，如传输通道采集数据的最大值等。本系统采用的串口通信协议指令属于自主设计，是以"0x53，0xD2"作为一条串口指令协议的帧头，以"0x45"作为该条串口指令协议帧尾的一条完整的数据包。串口数据通信需要测试以下两部分内容（张昊天，2023）：

（1）多通道高速高精度数据实时采集系统向外部设备发送串口指令，外部设备能够收到对应的指令。

（2）外部设备向多通道高速高精度数据实时采集系统发送串口指令，在 VIVADO 软件上能够抓取到串口传输的数据。

首先，将多通道高速高精度数据实时采集系统的串口通过连接线与水深探测激光雷达主控系统相连接。在 VIVADO 软件上通过 FPGA 向电脑上位机软件串口调试助手发送如下串口指令："0x53，0xD2，0x00，0x01，0x02，0x03，0x04，0x05，0x06，0x07，0x45"……"0x53，0xD2，0xF8，0xF9，0xFA，0xFB，0xFC，0xFD，0xFE，0xFF，0x45。"电脑端串口调试助手接收到的指令如图 6-37 所示。通过观察图示实验数据可得，多通道高速高精度数据实时采集系统可以正确地向外部设备发送串口指令。

验证了串口传输的发送功能之后，再次将多通道高速高精度数据实时采集系统与电脑端连接后，通过 PC 端的串口调试助手向多通道高速高精度数据实时采集系统发送指令数据"0xC1，0x23"，在 VIVADO 软件中抓取到的串口接收数据如图 6-38 所示。通过观察抓取到的数据可知，该高速数据采集系统串口数据通信模块同样能够正确接收到由外部设备发送的串口数据。

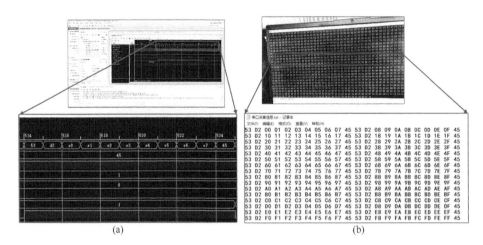

图 6-37　串口通信仿真实验

（a）VIVADO 传输的数据；（b）上位机接收的数据

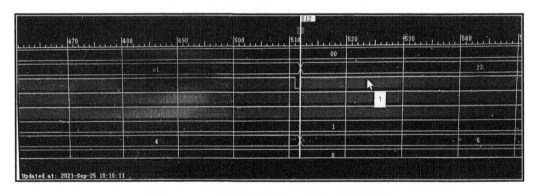

图 6-38　ILA 逻辑分析仪抓取的串口接收数据

　　从上述测试结果可以得出，FPGA 设计的串口数据通信模块能够实现对水深探测激光雷达主控系统串口指令的接收与发送。

3. POS 数据采集验证实验

　　POS 数据包含激光雷达在测深过程中当前所处位置的经度、纬度、高程等 GPS 数据及水深探测激光雷达在当前扫描状态下的航向角、俯仰角、翻滚角等位置姿态数据。数据采集完成后，通过将 POS 数据与采集的回波数据点相对应进行数据匹配与解算，可以绘制出激光雷达在工作过程中所扫描场景的三维点云图，这对于后期三维地形图的生成以及数据处理分析有重要意义，实验验证的具体操作如下（张昊天，2023）。

　　首先，将 POS 系统与多通道高速高精度数据实时采集系统相连接，连接内容包括 1个千兆以太网接口及 1 个串口。连接好后将系统上电，FPGA 不断向 POS 系统发送 UDP协议数据包，目的是启动 POS 系统的网口传输功能。POS 系统启动网口传输功能后不断向 FPGA 发送 POS 数据。此时，在 VIVADO 软件上的 ILA 逻辑分析仪抓取到由 POS传输回来的数据，并将其与 Wireshark 抓取到的数据对比（图 6-39）。

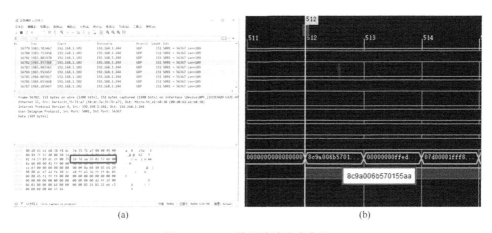

图 6-39　POS 数据传输仿真实验

（a）Wireshark 抓取结果；（b）ILA 分析仪抓取结果

从图 6-39 数据对比结果可以看出，图 6-39（a）是通过网络数据分析软件 Wireshark 抓取的 POS 传输数据，图 6-39（b）是通过 FPGA 开发软件 VIVADO 中 ILA 数据抓取工具抓取到的 POS 传输数据，二者所截取到的数据包帧头完全一致，说明多通道高速高精度数据实时采集系统可以通过网络 UDP 协议来启动 POS 系统网络接口数据传输功能，并且能够正确接收到由 POS 系统发送的一帧数据。

4. 门控信号输出控制验证实验

单波段水深探测激光雷达在水深测量时，当 532 nm 激光照射在浅水区域时，因水体表面具有强反射的特点，会瞬时产生大量杂散光，影响回波信号采集，造成浅水通道和深水通道无法辨别的情况。为了避免杂散光影响深水区域信号的采集，在激光雷达系统内部往往选用常开型 PMT 和常闭型 PMT 两种光电倍增管，分别采集小视场浅水区域信号和大视场深水区域信号。其中，常开的 PMT 在系统上电并启动后便可以开始采集信号，而常闭的 PMT 需要一个门控触发信号来启动工作。并且，为了避免水体的强杂散光而导致的 PMT 信号饱和，系统需要在一定延迟时间之后再向常闭的 PMT 输入门控信号，使其在一个激光脉冲时间内避开杂散光信号采集到水底回波。根据以上采集特点，绘制了时序图（图 6-40）。

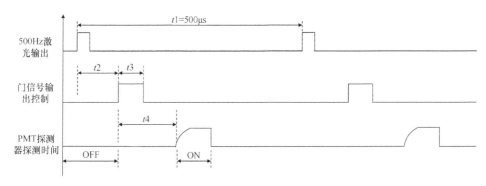

图 6-40　门控信号时序图

$t1$ 表示一个激光脉冲周期；$t2$ 表示在激光器脉冲发出后延迟 $t2$ 时间发出门控方波信号；$t3$ 表示该门控信号的脉宽；$t4$ 表示从发出门控信号到 PMT 打开的时间，在此之前 PMT 处于关闭状态

　　根据该时序图（图 6-40），通过 FPGA 设计软件 VIVADO 设计了一个脉宽与延迟均可调节的门控信号生成模块，来实现对常闭型 PMT 开关的控制。测试过程如下：首先，在走廊搭建测试平台，如图 6-41（a）所示，水深探测激光雷达的参数可以通过图中的触摸屏对其进行调节，水深探测激光雷达与目标物之间的距离为 30 m；其次，将水深探测激光雷达与示波器连接，用于在测量过程中同时接收由 PMT 输出的信号，在触摸屏上调节参数，同时在示波器上观察波形的变化是否与调节内容相一致，测试结果及分析如下。

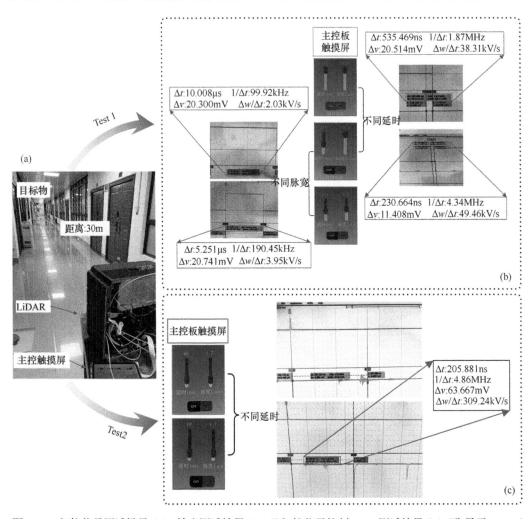

图 6-41　门控信号测试场景（a）、输出测试结果（b）及门控信号控制 PMT 测试结果（c）（张昊天，2023）

　　输出的门控信号延迟和脉宽调节测试结果如图 6-41（b）、图 6-41（c）所示。图 6-41（b）右侧一组的图片是当门控信号的脉宽一致时，示波器采集到的对应不同延迟时间 $t2$ 的波形，从示波器波形图及数据可以观察到当脉宽为 10 μs 时，调节控制系统触摸屏的延时从 500 ns 到 213 ns，示波器显示的波形可以做出相应的调节，但由于器件连线和 FPGA 设计存在一定的误差，示波器中的数据与实际数值不相等；图 6-41（b）中左侧一组图片当门控信号延迟时间保持一致时，示波器采集到对应不同脉宽门控信号的波形，从示波器波形图可以观察到当延迟时间 $t2$ 保持为 213 ns 时，调节控制系统触摸屏的脉宽从 10 μs 到 5.2 μs，示波器同样可以做出相应的脉宽调节。

从以上实验结果可以得出，通过 FPGA 可以控制并输出门控信号给 PMT，并且通过与主控系统的串口通信，可以实现自主调节门信号输出的延迟时间和门控信号的脉冲宽度。

在对多通道高速高精度数据实时采集系统输出门控信号的功能模块验证完成后，下一步工作是在实验室走廊测试通过门控信号控制 PMT 进行信号采集的实验。实验布置如下：图 6-41（a）中激光击打目标物为一白色挡板，其与激光雷达的距离经卷尺测量为 30 m。实验过程中保持门控信号的脉冲宽度不变，通过调节延迟时间来观察示波器在多少纳秒后不会显示回波波形，则此时的延迟时间便为 30 m 处，需要打开 PMT 的延迟。当大于此延迟打开常闭的 PMT 便可以探测到 30 m 之后的水深回波信号。测试结果的波形如图 6-41 所示。从示波器采集的波形中可以看出，当延时为 69 ns 时，在示波器上可以显示回波波形及数据，其中第一个波形为目标物所返回的回波，距离通过计算获得，即

$$d = \left(205.881\times10^{-9}\,\text{s}\right)\times\left(1.5\times10^{8}\,\text{m/s}\right) \approx 30.9\,\text{m} \tag{6-11}$$

第二个波形为白色墙面返回的回波波形。当延时调整到 85 ns 时，示波器中并没有任何的波形显示。由此可知，若要避开采集 30 m 之内的回波波形，只需要将门控信号的延迟设置大于 85 ns 即可。从上述实验测试可以得出结论：通过 FPGA 设计的门控信号可以实现 1～500 ns 内的延迟输出和脉宽调节，并且能够实现控制常闭型 PMT 进行信号采集工作。

6.5.2　水深测量验证试验

1. 室内水槽水深测量实验

在上述系统功能测试完之后，将多通道高速高精度数据实时采集系统集成在"GQ-Cormorant 19"水深探测激光雷达上，并进行室内水槽水深测量验证实验。实验装置如图 6-42 所示。其中，水槽长度为 2.2 m，将"GQ-Cormorant 19"水深探测激光雷达和反射激光用的两面镜子分别放置在水槽的左侧和右侧，将挡板放置在水槽的最左边。实验装置安装完毕后，实验按照以下步骤进行（Zhou et al.，2023；张昊天，2023）。

图 6-42　室内水槽水池水深探测实验

（1）首先，在"GQ-Cormorant 19"水深探测激光雷达系统开始工作前，需要在系统触摸屏界面手动控制激光出光，并调整激光束的方向，使其能够通过镜子反射照射到水槽内的挡板，其返回激光雷达系统后再次点击出光按钮结束出光。

（2）点击触摸屏上的运行按钮后，激光雷达系统上电，多通道高速高精度数据实时采集系统开始工作。"GQ-Cormorant 19"水深探测激光雷达系统发射激光并通过镜子反射光线至挡板上，然后返回到"GQ-Cormorant 19"水深探测激光雷达系统内部，激光雷达内部的常开型 PMT 和常闭型 PMT 将光信号转换成电信号，并传输给多通道高速高精度数据实时采集系统，系统将两个 PMT 传输过来的信号记录并存储下来。

（3）调节完毕后将挡板放置在距离镜子 2.14 m 的位置，再次点击系统运行按钮，记录挡板位置在 2.14 m 处的数据，停止系统运行，导出收集的数据，表示在图 6-43（a1）、图 6-43（a2）和图 6-43（a3）。根据图 6-43（a1）、图 6-43（a2）和图 6-43（a3）中标注的 Δt，可以计算回波峰之间的距离，分别为 2.13 m、2.07 m 和 2.13 m。而计算的距离和实际的距离之间的误差分别是 0.01 m、0.07 m 和 0.01 m。

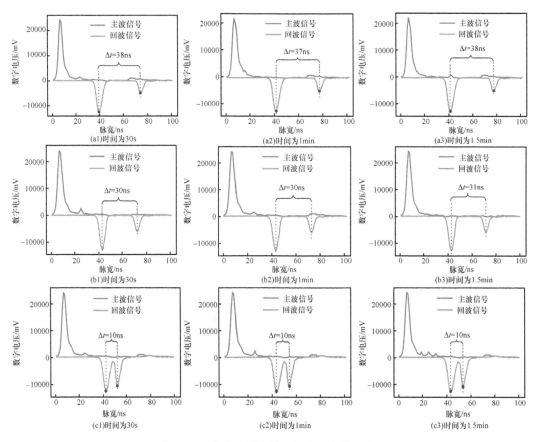

图 6-43　室内水槽水池水深探测实验结果

保持距离不变，然后将测量系统改为北京坤驰科技有限公司的 QTC4135DC，该系统的采样率为 1GSPS。其波形采集结果如图 6-44（a1）、图 6-44（a2）、图 6-44（a3）所示。计算的水深距离分别为 2.13 m、1.9 m、1.79 m。

（4）改变挡板位置，将其放置在距离镜面 1.7 m 处的位置。重复上述步骤，可以得到如图 6-43（b1）、图 6-43（b2）、图 6-43（b3）所示的波形图。从图 6-43（b1）、图 6-43（b2）、图 6-43（b3）中标注的 Δt 也可以计算回波峰的距离，分别为 1.68 m、1.68 m、1.73 m。计算距离和实际距离之间的误差为 0.02 m、0.02 m 和 0.03 m。

保持距离不变，然后将测量系统改为 QTC4135DC，比较测量结果。波形结果如图 6-44（b1）、图 6-44（b2）、图 6-44（b3）所示。计算其距离，分别为 1.34 m、1.56 m、1.56 m。

（5）再次改变挡板位置，并将其放置在距离镜面 0.6 m 处的位置。再次重复上述（2）～（4），回波波峰之间的距离也可以从图 6-43（c1）、图 6-43（c2）和图 6-43（c3）中标注的 Δt 计算出来，分别为 0.56 m、0.56 m、0.56 m。计算距离和实际距离之间的误差均为 0.04 m。

保持距离不变，然后将测量系统改为 QTC4135DC，比较测量结果。波形结果如图 6-44（c1）、图 6-44（c2）、图 6-44（c3）所示。计算其距离，分别为 0.45 m、0.56 m、0.56 m。

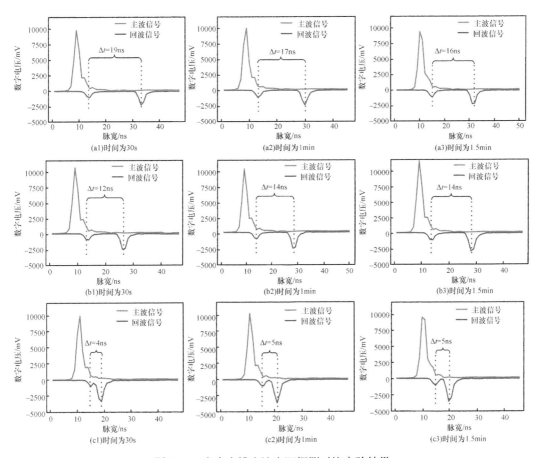

图 6-44　室内水槽水池水深探测对比实验结果

从图 6-43 可以看出，多通道水深探测激光雷达高速高精度数据实时采集系统采集的波形比较平滑，包含的波形信息比较多；但从图 6-44 可以看出，QTC4135DC 采集的波形由于采样率和分辨率较低，这在一定程度上可能会忽略部分的回波波形信息。

从表 6-1 可以看出，当挡板距离为 2.14 m 时，多通道水深探测激光雷达高速高精度数据实时采集系统在 0.5 min、1 min、1.5 min 时的误差分别为 0.01m、0.07m、0.07m；而 QTC4135DC 的误差分别为 0.01m、0.24m、0.35m；当挡板的距离为 1.7m 时，多通道水深探测激光雷达高速高精度数据实时采集系统在 0.5 min、1 min、1.5 min 时的误差分别为 0.02m、0.02m、0.03m，QTC4135DC 的误差分别为 0.36m、0.14m、0.14m；当挡板的距离为 0.6 m 时，多通道水深探测激光雷达高速高精度数据实时采集系统在 0.5 min、1 min、1.5 min 时的误差分别为 0.04m、0.04m、0.04m，QTC4135DC 的误差分别为 0.04m、0.04m、0.04m。

表 6-1　室内水槽水深探测实验对比结果（Zhou et al.，2023）

实际距离/m	测量系统	时间/min	浅水通道波峰间实际测量时间/ns	计算距离/m
2.14	RTDAQS（2GSPS）	0.5	19	2.13
		1	18.5	2.07
		1.5	18.5	2.07
	QTC4135DC（1GSPS）	0.5	19	2.13
		1	17	1.90
		1.5	16	1.79
1.7	RTDAQS（2GSPS）	0.5	15	1.68
		1	15	1.68
		1.5	15.5	1.73
	QTC4135DC（1GSPS）	0.5	12	1.34
		1	14	1.56
		1.5	14	1.56
0.6	RTDAQS（2GSPS）	0.5	5	0.56
		1	5	0.56
		1.5	5	0.56
	QTC4135DC（1GSPS）	0.5	4	0.45
		1	5	0.56
		1.5	5	0.56

通过这组数据分析，可以得出结论：在三个不同的距离下，多通道水深探测激光雷达高速高精度数据实时采集系统采集的水深结果和实际水深之间的误差均在 0.1m 以内。而 QTC4135DC 虽然可以捕捉到波形，但捕捉到的波形结果不稳定，且存在较大误差。所以，本节设计的多通道水深探测激光雷达高速高精度数据实时采集系统的测量结果比 QTC4135DC 数据系统更稳定准确，能够满足后续软件对波形的解算处理。

2. 水池水深测量实验

将"GQ-Cormorant 19"水深探测激光雷达放置在桂林理工大学校内的水池边，调节采集参数，将同轴电缆线连接好。实验装置如图 6-45 所示。其中，"GQ-Cormorant 19"水深探测激光雷达与水底的距离为 1.66 m，水池的垂直水深为 0.8 m，"GQ-Cormorant 19"水深探测激光雷达放置在石板上。实验按照以下步骤进行。

图 6-45　水池水深探测实验

（1）在"GQ-Cormorant 19"水深探测激光雷达系统开始工作前，首先将"GQ-Cormorant 19"激光雷达放置在水池边的石板并打开激光器，调整激光束线的方向，使其能够照射至水池底部，调整好后关闭激光准备进行数据采集。

（2）在数据采集过程中，通过不断抬高"GQ-Cormorant 19"水深探测激光雷达来调整光线的入射角，以此来模拟获得不同水深的回波数据。数据采集结束后再次点击系统运行按钮停止系统工作，然后将水深探测激光雷达连接电脑将数据导出至电脑端。

（3）为保证数据的可靠性，重复做多组实验并得到实验结果。全部数据结果转换完成后，随机在六个不同的数据文件中分别选取时间为 20s、40s、1min、1.5 min、2 min 和 2.5 min 时的实验结果（图 6-46）。从图 6-46 中标注的 Δt 可以计算出回波波峰之间的距离如图 6-46（a）～图 6-46（f）所示，结果分别为 0.78 m、1.56 m、1.73 m、1.28 m、1.56 m 和 0.84 m。计算距离和实际距离之间的误差分别为 0.06 m、0.72 m、0.89 m、0.44 m、0.72 m 和 0.04 m。有的数据误差大的原因是因为激光并不是垂直射入水底，而是经过一定的角度斜射入水中的。

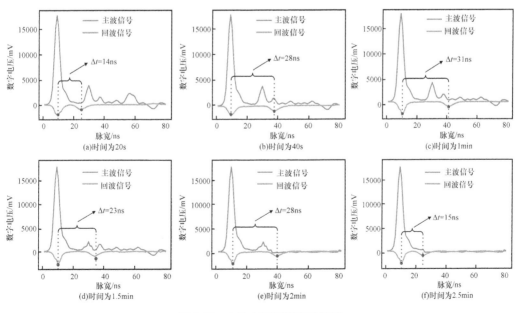

图 6-46　水池水深探测实验结果

通过以上数据分析，可以得出结论，多通道水深探测激光雷达高速高精度数据实时采集系统可以准确地采集到 2 GSPS 的主激光脉冲和回波信号，从变化的波形和变化的 Δt（图 6-46）可以看出，随着激光入射角的变化，波形也随之实时变化，这体现了多通道水深探测激光雷达高速高精度数据实时采集系统的实时性。

3. 河流水深测量实验

在实验开始之前，将 "GQ-Cormorant 19" 水深探测激光雷达的参数设置好并搭载至无人船平台（无人船平台是由周国清教授研究团队自主研制开发的，名称为 "GQ-S20"）。连接完成后检查电源，检查完毕后将激光雷达下水（图 6-47）。具体实验按照以下步骤进行。

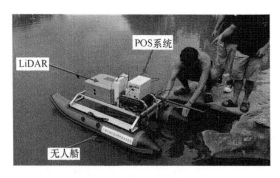

图 6-47　河流水深探测实验

（1）首先，将 "GQ-S20" 与 "GQ-Cormorant 19"、POS 系统和电源组装在一起，然后将 "GQ-S20" 放置到河边。在 "GQ-S20" 下水工作前，调整激光功率、电机扫描速度、常闭型和常开型 PMT 的电压增益、门控信号的脉冲宽度及门控信号的输出延迟时间。

（2）调整完毕后，无人船下水开始采集数据，"GQ-S20" 型无人船按照实验前预设的航行轨迹进行巡航并开始采集数据。为了保证采集数据结果的可靠性，重复采集得到多组实验结果。随机在六个不同的数据文件中分别选取时间节点为 20 s、40 s、1 min、1.5 min、2 min 和 2.5 min 时的实验结果（图 6-48）。根据图 6-48 中各波形中标注的 Δt 可以计算出回波峰之间的距离，图 6-48（a）～图 6-48（f）分别为 0.56 m、0.56 m、0.56 m、0.45 m、0.34 m 和 0.56 m，计算水深距离与实际水深距离的误差，分别为 0.04 m、0.04 m、0.04 m、0.05 m、0.16 m 和 0.04 m。

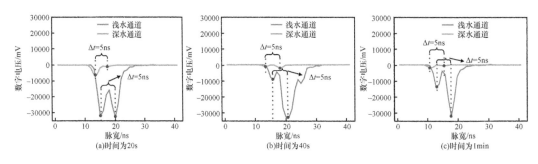

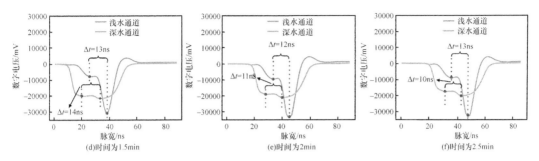

图 6-48　河流水深探测实验结果

（3）将测量系统改为 QTC4135DC。重复上述步骤，并选取多组实验结果，实验结果如图 6-49 所示。浅水通道的回波波峰之间的距离可以通过图 6-49（a）～图 6-49（f）中标注的 Δt 来计算，分别对应 0.67 m、0.56 m、0.34 m；而深水通道的回波波峰之间的距离分别为 0.67 m、0.56 m、0.34 m。其与本节的比较结果展示在表 6-2 中。

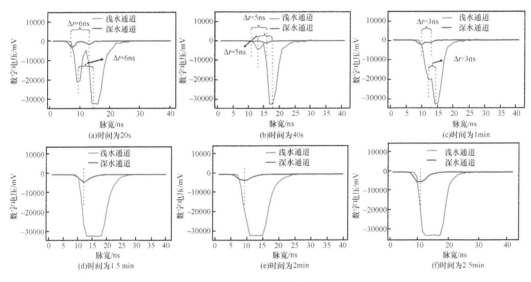

图 6-49　河流水深探测实验对比结果

从图 6-48 和图 6-49 可以看出，多通道高速高精度数据实时采集系统和 QTC4135DC 均能捕捉到波形。其中，多通道高速高精度数据实时采集系统在整个采集时间内都能清晰地分辨出信号。从 90s、120s、150s 的时间内的波形结果可以观察到：水下回波波形的幅值变大，回波信号的脉宽变宽，说明信号包含的水下回波信息更多。这代表 PMT 增益的自适应调节功能在发挥作用。而随着采集时间的延长、采集深度的增加，QTC4135DC 已无法分辨出较弱的水下信号，且信号逐渐饱和，以至于无法计算水深距离。

从表 6-2 中可以看出，从多通道高速高精度数据实时采集系统不同时间的采集结果可以准确计算水深。其中，浅水通道的采集结果分别为 0.28 m、0.28 m、0.28 m、0.73 m、0.67 m、0.73 m，深水通道的采集结果分别为 0.28 m、0.28 m、0.28 m、0.78 m、0.62 m、0.56 m。根据这些数据，可以得出结论：随着工作时间的推移和水深的增加，虽然

QTC4135DC 可以捕捉到波形，但在采样率低、水体浑浊的情况下，无法根据波形准确计算距离。

表 6-2　河流水深数据实验测量对比结果（Zhou et al.，2023）

测量系统	时间/s	浅水通道波峰间实际测量时间/ns	计算距离/m	深水通道波峰间实际测量时间/ns	计算距离/m
RTDAQS（2 GSPS）	20	2.5	0.28	2.5	0.28
	40	2.5	0.28	2.5	0.28
	60	2.5	0.28	2.5	0.28
	90	6.5	0.73	7	0.78
	120	6	0.67	5.5	0.62
	150	6.5	0.73	5	0.56
QTC4135DC（1 GSPS）	20	6	0.67	6	0.67
	40	5	0.56	5	0.56
	60	3	0.34	3	0.34
	90	—	—	—	—
	120	—	—	—	—
	150	—	—	—	—

通过以上分析，可以得出结论：当多通道高速高精度数据实时采集系统加载到"GQ-S20"上进行巡航采集时，在浅水区和深水区均能以 2 GSPS 的采样率清晰完整地采集到信号；而多通道高速高精度数据实时采集系统比 QTC4135DC 能测得最大水深。因此，可以认为，多通道高速高精度数据实时采集系统比 QTC4135DC 的测量系统更准确。

4. 水库水深测量验证实验

为了进一步验证在复杂水环境下，多通道高速高精度数据实时采集系统的工作性能，该实验环境安排在位于广西壮族自治区桂林市的青狮潭水库。实验环境和设置如图 6-50 所示，具体验证实验步骤如下（张昊天，2023）：

（1）"GQ-S20"型无人船平台与"GQ-Cormorant 19"水深探测激光雷达、POS 系统及供电电源装载完成后，把无人船平台放到水库中使其按照预设的轨迹进行巡航并扫描水面。

（2）停止系统运行并导出数据，测量主波信号、浅水通道、深水通道在 0.5 min、1 min 和 1.5 min 时的情况，该实验结果如图 6-51（a1）、图 6-51（a2）、图 6-51（a3）所示。根据图 6-51（a1）、图 6-51（a2）、图 6-51（a3）中标注的 Δt 可以计算回波峰之间的距离，分别为 2.13 m、2.07 m、2.13 m。

（3）移动激光雷达的测量位置到水库岸边的第一个台阶，这里的水深约为 0.7 m，然后重复步骤（1）～（3）。回波波峰之间的距离可以通过图 6-51 中标注的浅水通道的 Δt 计算出图 6-51（b1）、图 6-51（b2）、图 6-51（b3），它们分别对应 0.67 m、0.67 m 和 0.78 m。同样的，回波波峰之间的距离也可以从图 6-51（b1）、图 6-51（b2）、图 6-51（b3）中标记的深水通道的 Δt 中计算，它们分别对应 0.67 m、0.67 m 和 0.67 m。

（4）改变激光雷达的测量位置至水库岸边的第二个台阶处。这里的水深约为 1.6 m，然后重复步骤（1）～（3）。回波波峰之间的距离可以从图 6-51（c1）、图 6-51（c2）中

标记的浅水通道的 Δt 计算出来，它们分别对应 0.67 m、1.68 m。同样的，回波波峰之间的距离也可以从图 6-51（c1）、图 6-51（c2）、图 6-51（c3）中标注的深水通道的 Δt 计算出来，它们分别对应 0.67 m、1.68 m 和 1.57 m。

图 6-50　青狮潭水库水深探测实验

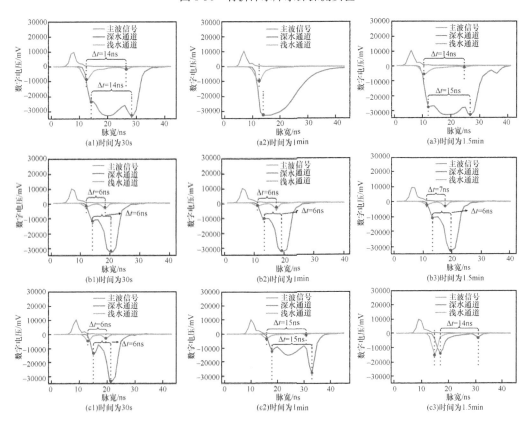

图 6-51　青狮潭水库水深探测实验结果

通过验证数据分析，可以得出结论：在水深未知的水库中，多通道水深探测激光雷达高速高精度数据实时采集系统在 2 GSPS 的采样下，完全可以采集到数据，且采集的波形与实际波形之间的采样时间误差小于 1 ns（图 6-51）。随着水深的增加，信号同样出现了信号饱和的现象，这是由于水体中的信号叠加反射、水体浑浊导致的。而且，深水通道信号在 2 GSPS 的采样率下确实可以采集到更多的水下信息，而这些信息在低采样率的数据采集系统下容易因采样率不够高导致信号失真而被忽略。

5. 海洋水深测量验证实验

为了进一步验证在复杂的海洋环境下，水深探测激光雷达高速高精度数据实时采集系统工作性能，选择了广西北海市的近海岸地区，其实验环境如图 6-52 和图 6-54 所示。实验步骤和结果分析如下（Zhou et al.，2023）。

图 6-52　近海岸水深探测实验一

1）较深水域水深测量实验

"GQ-S20"的测量轨迹选取在近海岸水深较深的区域，实验步骤如下。

（1）首先将"GQ-S20"与"GQ-Cormorant 19"、POS 系统组装起来，并且在岸上通电测试，检查设备线路和设备电源是否正常工作。在"GQ-S20"工作前，调整激光功率、扫描电机速度、PMT 增益、门控信号脉冲宽度和门控信号输出延迟，确保无人船在海上作业时的稳定性。

（2）将"GQ-S20"放置在海面上，使其开始扫描海面并按照预先设定的轨迹自动巡航，然后等待无人船返回并导出数据。

（3）重复采集获得多组实验结果（图 6-53）。根据图 6-53（a1）、图 6-53（b1）、图 6-53（c1）中标注的浅水通道的 Δt，可以计算回波波峰之间的距离，分别对应 1.18 m、1.12 m、1.12 m；根据图 6-53（a2）、图 6-53（b2）和图 6-53（c2）中标记的浅水通道的 Δt，可以计算回波峰之间的距离，它们分别是 1.06 m、1 m 和 1.06 m。

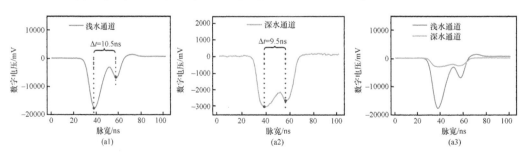

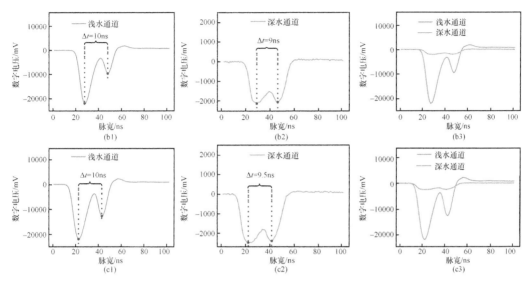

图 6-53　近海岸水深探测实验一结果

根据以上数据分析，可以得出结论：在水深未知的海洋环境中，多通道水深探测激光雷达高速高精度数据实时采集系统可以完整以 2 GSPS 采样率获取回波数据。通过比较浅水通道和深水通道的结果，我们发现，在 2 GSPS 的采样率和 14 bits 的高精度下，两个通道的幅值可以获得 100 mV 以内的变化信号；而根据多通道水深探测激光雷达高速高精度数据实时采集系统的采集结果，测量距离约为 1 m。

2）深水区水深测量实验

图 6-54 所示的"GQ-S20"的测量轨迹是由浅水区行驶至深水区采集的情况。实验过程与近海岸水深测量的步骤相似，且获得多组实验结果（图 6-55）。根据图 6-55（a1）、图 6-55（b1）、图 6-55（c1）中标注的浅水区的 Δt 可以计算回波峰之间的距离，分别对应 0.72 m、0.95 m、0.4 m；从图 6-55（a2）、图 6-55（b2）和图 6-55（c2）中标记的浅水通道的 Δt 可以计算出回波峰之间的距离，分别对应 0.62 m、0.78m 和 0.34 m。

图 6-54　近海岸水深探测实验二

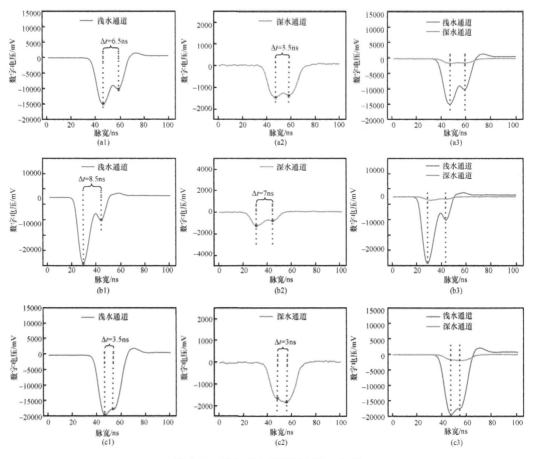

图 6-55　近海岸水深探测实验二结果

通过以上数据分析，可以得出结论：多通道水深探测激光雷达高速高精度数据实时采集系统在 2 GSPS 的采样下可以完整清晰地获取到回波数据。通过比较浅水通道和深水通道的结果，我们发现，随着水深的增加，当激光雷达从浅水区到深水区扫描海面时，多通道水深探测激光雷达高速高精度数据实时采集系统采集的信号可以清晰地分辨两个回波峰，但深水通道却不能分辨饱和波形，这是由于被测水体的浊度造成的，但是两个通道的振幅均可以获得 60 mV 以内的变化信号。根据多通道水深探测激光雷达高速高精度数据实时采集系统的采集结果，测量深度为 0.34～0.9 m。

6.6　本 章 小 结

本章设计的单波段水深探测激光雷达回波信号探测时序控制系统包括激光模块、控制模块、探测模块及电源模块。对于激光模块，分别使用上位机软件及串口对激光器进行调试，保证控制模块中的 STM32 能对激光器下发指令进行控制；对于控制模块，详细阐述了门控信号输出的过程及步骤，并且在控制模块中加入中断，完善整个时序控制系统；对于探测模块，对整体时序控制进行设计，并且详细介绍分析了时序控制原理，根据时序控制的原理使用控制器输出相应的门控信号,用于控制整体时序,进而使整体时序控制系统功能得到实现。

整体模块选型及时序控制完成后,分别使用传统信号发生器和 STM32 控制器发出时序控制系统中 PMT 需要的门控信号,对比分析后得出 STM32 控制器可以替代传统信号发生器并且效果好,满足门控型 PMT 时序控制信号的要求。

此外,本章还结合单波段水深探测激光雷达的实际应用场景,设计了多通道高速高精度数据实时采集系统,并且介绍了该系统的工作原理和软硬件设计。该采集系统具有以下功能及优点:

(1)采用"ADC+FPGA+ZYNQ"的多通道水深探测激光雷达高速高精度数据实时采集系统,采样率达到 2 GSPS,采样精度达到 14 bits。这些指标使得多通道水深探测激光雷达高速高精度数据实时采集系统在实际应用中满足了实时数据采集和存储的需求,并且可以应用于各种平台。

(2)基于 JESD204B 协议的 IP 核驱动开发,采用高速 SerDes 数据传输技术,使每个通道可以达到 10 Gbps 的线路速率。它保证了 ADC 芯片和 FPGA 之间的高速实时数据传输的实用性和可靠性。

(3)针对单波段水深探测激光雷达在数据采集过程会出现因水面强反射和水体衰减造成的数据难采集的问题,设计了门控信号和最大值数据传输的功能模块。

(4)将上述模块集成到单波段水深测量激光雷达中,集成后激光雷达的体积为 450 mm×450 mm×190 mm,重量实测为 12 kg。通过在不同场地的实验验证了该采集系统的可行性和可靠性,可以更加便携地搭载并应用于不同场景下各类设备的高速数据采集上。

参 考 文 献

崔琳, 朱磊, 白璐. 2018. 基于 STM32 的参数可调 PWM 波形发生器设计. 信息通信, (1): 129-131.

嵇叶楠. 2009. 掺铥光纤激光器的实验研究. 北京: 北京交通大学.

李伟豪. 2022. 单波段机载测深激光雷达回波信号探测时序控制系统设计与实现. 桂林: 桂林理工大学.

王晨曦. 2017. 机载双频激光雷达的点云数据可视化研究. 桂林: 桂林理工大学.

温亮, 郭钟宁, 陈朝大, 等. 2018. 基于 STM32 微控制器的高频脉宽调制器的设计. 计算机测量与控制, 26(12): 97-100.

吴东洋, 宿宁, 张正勇. 2018. 基于 STM32 输出指定个数 PWM 波的实现和性能分析. 仪器仪表, 7: 10-13.

张昊天. 2023. 单波段水深探测 LiDAR 高速高精度数据实时采集系统研究. 桂林: 桂林理工大学.

周国清, 胡皓程, 徐嘉盛, 等. 2021. 机载单波段水深测量激光雷达光机系统设计. 红外与激光工程, 50(4): 93-107.

Kuo H, Huang Y. 2016. Resolution enhancement using pulse width modulation in digital micromirror device-based point-array scanning pattern exposure. Optics and Lasers in Engineering, 79: 55-60.

Pietrowski W, Ludowicz W, Wojciechowski R. 2019. The wide range of output frequency regulation method for the inverter using the combination of PWM and DDS. Compel-the International Journal for Computation and Mathemarics in Electrical and Electronic Engineering, 38(4): 1323-1333.

Steinvall O, Klevebrant H, Lexander J, et al. 1981. Laser depth sounding in the Baltic Sea. Applied Optics, 20(19): 3284-3286.

Wei J, Zhou G, Zhou X, et al. 2019. Design of three-channel optical receiving system for Dual-Frequency

Laser Radar. Guangxi: ISPRS-International Archives of the Photogrammetry, Remote Sensing and Spatial Information Sciences.

Wen S, Zhang Q, Deng J, et al. 2018. Design and experiment of a variable spray system for unmanned aerial vehicles based on PID and PWM control. Applied Sciences-Basel, 8(12): 2482.

Zhou G, Xu C, Zhang H T, et al. 2022b. PMT gain self-adjustment system for high-accuracy echo signal detection. International Journal of Remote Sensing, 43: 19-24.

Zhou G, Zhou X, Li W H, et al. 2022a. Development of a lightweight single-band bathymetric LiDAR. Remote Sensing, 14(22): 5880.

Zhou G, Zhou X, Li W H, et al. 2023. A real-time data acquisition system for single-band bathymetric LiDAR. IEEE Transactions on Geoscience and Remote Sensing, 61: 1-21.

第 7 章   回波信号波形分解

7.1   引   言

回波信号处理是指利用各种算法或方法对激光雷达采集的回波信号进行分解，分出水面回波信号和水底回波信号，因此，它通常又简称为"波形分解"。通过对全波形数据进行波形分解，可以得到激光脉冲照射物体的几何结构、物理特性和垂直分布（郭锴等，2020；Mallet and Bretas，2009）。尽管许多学者已经发表了大量激光雷达数据处理算法，但是高斯函数和高斯函数的变式与激光雷达系统发射的激光脉冲及散射体的后向散射微分截面相似（Zhou et al.，2017），主要算法的原理仍然是基于高斯函数模型，或者衍生出来的模型。因此，对应的算法就是高斯分解法，或者衍生的分解方法。高斯分解法主要分为两个步骤，波形参数估计和对估计的参数进行拟合。由于，对估计的参数拟合方法所得到的精度相差不大，所以波形参数估计是高斯分解法研究的重点。另外，虽然拐点法和迭代法都可以对激光雷达回波信号进行分解，但是它们仍有以下缺点：

（1）当激光雷达接收的回波信号相距非常近时，就会出现回波信号叠加情况，即接收到回波信号只出现一个峰值点，多个波形进行叠加。迭代法无法处理这种回波信号。迭代法会计算出振幅一半位置的采样点，产生比较大的波形半宽，从而分解出一个波形半宽比较大的高斯分量，导致错误地判断激光雷达回波信号的个数。另外，如果迭代法的阈值设置不当，则会产生过多的"伪分量"。这些"伪分量"需要进行剔除，否则会产生"负向振荡"。

（2）回波信号的噪声对拐点法的影响非常大。首先，拐点法非常依赖激光雷达回波信号的滤波方法。如果激光雷达回波信号的噪声没有完全去除，剩下的噪声将导致"伪拐点"现象，从而影响拐点的判断。其次，复杂的回波信号往往存在一个峰值多个拐点，拐点法无法寻找适当的、正确的拐点位置，导致回波信号无法正确分解。最后，有的拐点法根据残差添加波形分量。在拟合复杂回波信号时，这种方法可能会增加一些不准确的波形分量，导致参数拟合时，由于特征参数不准确而产生"负向振荡"，影响回波信号波形分量的求解。

因此，为了避免上述拐点法与迭代法的缺点，本章根据层层剥离算法（迭代法）分解能力强的优点，结合高斯拐点选择方法（拐点法）拐点能力探测强的优点，重点介绍周国清教授团队提出的高斯拐点选择分解方法。

7.2   波形分解的基本原理与算法

激光雷达回波的波形是光斑内不同高度的目标物对激光脉冲反射后综合作用的结

果（Jutzi and Stilla，2006）。那么，波形分解的方法将一个完整的波形信号视为若干个波形分量叠加而成，即将不同空间分布的目标物反射的回波从完整的回波信号中提取出来，即可获取目标的位置等特征信息。波形分解的首要任务是找到目标的三维位置。要达到这一目的，需要使用合适的解析函数恢复每个回波的形状来对信号进行建模，即波形分解。通过对波形分解后波形的振幅、脉宽等特性的分析，可以得到激光脉冲照射物体的几何结构、物理特性和垂直分布（Wang et al.，2020），如目标物的距离或高度可以使用波形分解提供的峰值位置来计算（Hofton et al.，2006），峰值的振幅可以作为从地表滤除点的参考标准等（Reitberger et al.，2008）。图 7-1 展示了波形分解后的结果，蓝色分量表示反射波具体的时间位置、强度和宽度。波形分解的核心步骤有 2 个：①初始参数估计；②参数优化和波形拟合。

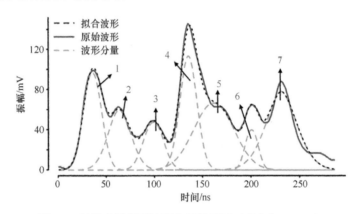

图 7-1　波形分解得到波形分量的示例（邓荣华，2022）

7.2.1　基于数学模拟法的波形分解

数学模拟法主要基于单次散射的激光雷达方程，利用具有物理意义的数学公式来模拟仿真激光雷达信号，随后根据所建模型与回波信号构建目标函数，求解参数代入拟合后便完成模型的构建。由于激光脉冲在大多时候都形似高斯分布，所以数学模拟法几乎都是建立在高斯分布函数或者改进的高斯分布函数（图 7-2）上，Mallet and Bretar（2009）采用随机方法，通过使用适当的函数（如广义高斯函数、Weibull 函数、Nakagami 函数和 Burr 函数）分解每个回波来重建波形激光雷达。这些方法是稳健的，在波形处理和分析中显示出良好的应用潜力（Mallet and Bretar，2009；Chauve et al.，2009；Karolina et al.，2015）。在水域测量中，则可能还需要水体辐射的理论知识。此时，传感器接收到的返回信号 $P_T(t)$ 为（Abdallah，2012；Feigels，1992）

$$P_T(t) = \sum_{r=1}^{i} P_r(t) = P_s(t) + P_c(t) + P_b(t) + P_{bg}(t) + P_N(t) \tag{7-1}$$

式中，$P_s(t)$ 为水面回波；$P_c(t)$ 为水体回波；$P_b(t)$ 为水底回波；$P_{bg}(t)$ 为环境光的影响；$P_N(t)$ 为仪器噪声。在该模型中，水底底质通常被假设为朗伯体（Mobley et al.，2003）。

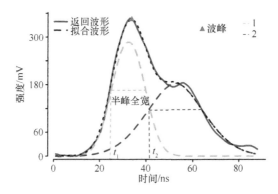

图 7-2　数学模拟法分解一个波形样本的结果

1. 高斯分解算法

高斯（Gaussian）分解算法是 Wagner 等（2006）首先提出来的。通过激光雷达系统获取了上百万的实验数据，将高斯函数用于这些数据处理时发现成功率高达 98%。高斯分解算法一经提出便延续使用至今，具有很好的对比意义。图 7-3 展示了分解一个复杂波形样本的效果。

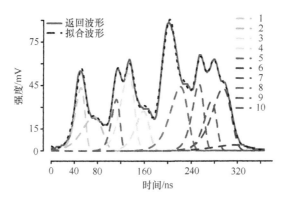

图 7-3　高斯分解示意图

红色是回波波形；黑色是拟合波形；其他彩色虚线是波形分量

高斯分解算法的基本思想是利用形状接近激光脉冲的高斯模型来逼近并拟合激光雷达系统接收到的回波信号。高斯函数 $f(x)$ 表达式为（Wagner et al.，2006）

$$f(x) = \sum_{j=1}^{n} A_j \exp\left(-\frac{(x-\mu_j)^2}{2\delta_j^2}\right) \tag{7-2}$$

式中，n 为高斯分量的个数；A_j、μ_j、δ_j 分别为波峰的幅值、波峰的位置和标准差。

2. 自适应高斯算法

高斯算法是广为人知的波形分解方法，考虑到高斯模型可能不适合模拟复杂波形，Chauve 等（2007）首先提出了利用广义高斯函数［自适应高斯函数（adaptive Gaussian function）］来拟合回波信号。其基本思想是引入另一个变量［也称为速率参数（rate parameter）] 来最小化模型的残差。当速率参数变化时，自适应高斯函数能模拟更尖或更偏平的高斯形状，使分量更为准确地还原出实际波形。自适应高斯函数的表达式为

$$f_{AG}(x,\theta) = \sum_{j=1}^{n} A_i \exp\left(-\frac{|x-\mu_j|^{\lambda}}{2\delta_j^2}\right) \tag{7-3}$$

高斯模型中的速率参数为 2，自适应高斯模型的速率参数非常接近该值，而且更为灵活。

3. Weibull 分解算法

威布尔（Weibull）函数是由 Weibull 从统计理论里推导出来的一种失效分布函数，由 Tison 等率先应用于合成孔径雷达的图像处理上（Céline et al.，2011）。其基本思想是利用含有四个未知参数的函数来模拟对称或非对称峰。它的函数模型可以写为（Céline et al.，2011）

$$f_{W}(x,\theta) = \sum_{i=1}^{n} A_i \frac{k}{\delta_i}\left(\frac{x-\mu_i}{\delta_i}\right)^{k-1} \exp\left(\left(-\frac{x-\mu_i}{\delta_i}\right)^{k}\right) \tag{7-4}$$

式中，A_i 为波形的幅值；μ_i 为用来描述波峰位置的参数；$k(>0)$ 为用来描述波形形状的参数；δ_i 表示波形的尺度。形状参数可以捕捉图 7-4 所示的波形的不对称或偏斜的情况，克服了高斯函数只适用于对称分布的缺点。

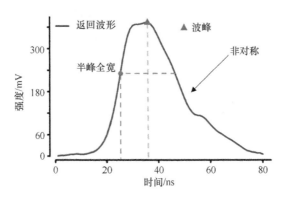

图 7-4 回波数据中不对称的波形样本

7.2.2 基于反卷积法的波形分解

反卷积算法认为返回脉冲是输出脉冲、大气散射、系统噪声和反射面相互作用的产物。后向散射响应可以表示为输出脉冲、脉冲响应（大气散射和系统噪声等）和有效目标截面的卷积。根据激光雷达方程，接收到的回波信号 $y(n)$ 可以用简化的公式表示：

$$y(n) = h(n)*x(n) \tag{7-5}$$

式中，*为卷积运算符；$h(n)$ 为脉冲响应函数，可以通过测量平静的水面或者平坦且坚硬的地表获取。该脉冲响应呈高斯形状，代表所测目标的固有属性（Wu et al.，2011）。

$x(n)$ 是理想的无衰减信号，它可以看作是波峰的振幅或一个待计算的未知参数。通过傅里叶（Fourier）算法转换到频率域进行计算后，可以得到未知参数 $x(n)$ 的值。然而，激光雷达系统接收到的返回波形通常表现出拉伸、特征信息丢失等特点。这主要来源于脉冲检测的时间固定、发射脉冲和接收机脉冲响应可变和各种噪声等因素的影响（Wu et al.，2011）。实际接收到的信号 $y(n)$ 中混有噪声 $\eta(n)$ （Wu et al.，2011）：

$$y(n)=h(n)*x(n)+\eta(n) \tag{7-6}$$

　　分辨率上的损失可以通过从观测信号中反卷积系统响应来恢复。一些已发表的论文成功地应用了不同的反卷积算法，如 B 样条（Cawse-Nicholson et al.，2014）、Richardson-Lucy（RL）（McGlinchy et al.，2013）、非负最小二乘（NNLS）（Neuenschwander，2008）、Wiener 滤波器（WF）（Wu et al.，2011；Roncat et al.，2011）、稀疏约束正则化方法（Azadbakht et al.，2016）来还原被测地物真实的微分后向散射截面。本节采用的反卷积法分为两步，先是利用输出脉冲对波形进行反卷积，然后进行高斯分解。图 7-5 展示了一个波形样本经反卷积法分解后的结果，可以直观地看到波宽明显变窄，波峰的位置更容易识别，波形的幅值也发生了变化。

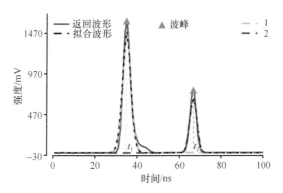

图 7-5　反卷积法分解一个波形样本的结果

1. Richardson-Lucy 算法

　　Richardson-Lucy（RL）算法是 Richardson 和 Lucy 开发的一种非线性迭代的算法（Richardson，1972）。RL 算法是在贝叶斯理论的基础上发展起来的，最初应用于恢复天文图像。该算法的基本思想是利用期望最大化算法来最大化恢复图像的似然性（Biggs and Andrews，1997）。将一个 LiDAR 回波信号的波形轮廓看成是 $1\times N$ 的图像时，第 t 次迭代解的卷积形式如下（Biggs and Andrews，1997）：

$$P_{t+1}(x)=P_t(x)\cdot\left(\frac{P(x)}{(P_t*R)(x)}*R(x)\right) \tag{7-7}$$

式中，*为卷积运算；$P(x)$ 为位置 x 处的观测值；$P_t(x)$ 为位置 x 处的最可能值；$R(x)$ 为点扩散函数。每次迭代的残差用式（7-8）计算（Biggs and Andrews，1997）：

$$\gamma_t(x)=P(x)-(P_t*R)(x) \tag{7-8}$$

残差将随着迭代的进行而收敛，可以通过选择特定的剩余阈值或设置恒定的迭代次数来终止迭代，从而获得局部最大似然解。

2. Gold 算法

Gold 算法从数学上看是一种非振荡、稳定的反卷积算法。它的出发点在于从观测波形中反卷积系统脉冲，从而获得目标剖面。Gold（1964）提出了对信号重模糊和反卷积的迭代算法。这样便减少了噪声的影响，同时确保了反卷积信号在原始波形的边界内可以收敛。Jansson（1997）给出了完整的表达式。Gold 算法于 2003 年成功地应用于 γ 射线光谱学中多重峰的分解（Morháč et al.，2003）。Gold 反卷积的解总是非负的。这一重要性质适用于波形处理，Zhu 等（2010）率先应用在小光斑全波形实测数据的处理中。对于离散数据的反卷积问题，它通过下式迭代求解（Zhou et al.，2017）：

$$y(i) = \sum_{k=0}^{n-1} h(i-k)x(k), i=0,1,2,\cdots,n-1 \tag{7-9}$$

式中，$h(i-k)$ 为脉冲响应函数；x 和 y 为输入和输出矢量；n 为矢量 h 的采样数；i 为第 i 个采样点；$x(k)$ 为第 k 个波形的微分后向散射截面。经过矩阵变换后，Gold 算法可以表示为

$$X^{(n)}(i) = \frac{X^{(n-1)}(i)}{\sum_{j=1}^{m} h(i-j)X^{(n-1)}(j)} X^{(n)}(i) \tag{7-10}$$

7.3 五种波形分解算法的对比分析

我们选取了高斯、自适应高斯、威布尔、Richardson-Lucy（RL）和 Gold 5 种算法进行对比分析。当然，也可以选择诸如 ASDF 和 B 样条（Roncat et al.，2011）等算法加以比较。但是，本节的选择基于以下标准：①首先考虑选择被学者成功应用于实测数据处理的算法，并且要包含经典的、改进的及近年的热点算法，还要尽可能在数学模拟法和反卷积法中选择具有代表性的算法；②其次选取的算法在原刊物中描述得足够详细让本节得以完整地实现作者的想法；③出于对比价值和可控的测试范围的均衡考虑，我们将算法的数量控制在 5 个。另外，为了提供有意义的测试对比，所有实验都在同一台计算机上进行：戴尔 Vostro 3670-China HDD Protection，操作系统为 Windows 10，配备英特尔 Core i5-8400 处理器（主频 2.80GHz），8 GB 内存（三星 DDR4 2400MHz）。

7.3.1 研 究 数 据

1. 研究区概况

结合不同的地理环境、生态区域及不同数量的航线，选择以下研究地点来测试不同算法处理全波形激光雷达数据时的稳健性。以下地形特征基于 Google Earth 服务端的 91

卫图助手。①耶洛奈夫，加拿大西北地区首府，截取了 24366 组波形样本进行实验。该区域地势平坦，植被较少，主要有云杉和桦树，存在很多外露岩石。②奥果韦-伊温多省，隶属加蓬共和国，位于非洲中部地区，横跨赤道。本节选取了一条飞越奥果韦-伊温多省的飞行线，截取了 62456 组波形数据。该区域遍布浓密的热带雨林植被，其中有加蓬红木、非洲红桃木和多种红木，生物多样性高。③路易斯安那州，该州位于美国南部，地势低平。本节选取了一段飞过平原地区的飞行线，截取了 30518 组波形数据进行实验。该区域有很多住宅及商业建筑，人口密集，主要树木为松、柏。④拉森港，南极洲的海港，位于南乔治亚岛东南端。本节从一条飞行线中采集了 42861 组波形样本进行波形分解。该区域有平均厚度约为 1.9 千米的冰层。这 4 个地区的数据从简单到复杂的地形、地势都有覆盖，适用于比较和测试不同 LiDAR 波形处理算法的性能。

2. 研究数据

激光雷达数据是通过美国国家航空航天局戈达德太空飞行中心机载观测平台收集的，该平台搭载了高光谱成像光谱仪、激光植被成像传感器（LVIS）等。以上地区的全波形数据集都是通过 1064 nm 脉冲式激光扫描仪获取，激光系统的平均飞行高度为地面 1000m，在此高度下地面光斑大小约为 25 cm，激光发射频率高达 40 万 Hz，每平方米 1～4 个波形，波形以数字的形式存储了输出脉冲和返回脉冲。任意回波都带有不同大小的强度信息，可以假定为波形的振幅。耶洛奈夫的数据收集于 2019 年 7 月 12 日，该飞行线共有 350000 个波形数据，每个波形被分割成 1216 个时间间隔为 1ns 的时间段；奥果韦-伊温多省的数据收集于 2016 年 2 月 20 日，路易斯安那州的数据集收集于 2019 年 5 月 23 日，这两个地区所选的飞行线都有 400000 个波形数据，每个波形被分割成 1024 个时间间隔为 1ns 的时间段。南极洲的数据集收集于 2015 年 9 月 26 日，该飞行线共有 700000 个波形数据，每个波形被分割成 528 个时间间隔为 1ns 的时间段。

7.3.2　波形分量数量的对比分析

为了提供全面的定量比较，表 7-1 列出了 5 种分解算法所得的波形分量数量的结果。从表中可以得出以下结论：

（1）5 种算法对奥果韦-伊温多省的数据处理时，Gold 算法所得的波形分量数量最多（272.2k），高斯（Gaussian）算法最少（125.4k），在耶洛奈夫地区具有类似的结果。这种情况说明 Gold 算法具有很强的分解能力，尤其是在森林地区多回波情况下具有很强的信号分解能力；而在冰层覆盖的拉森港地区 RL 算法分解的回波分量数量（55.6k）要多于 Gold 算法（53.0k）。这结果表明 RL 算法在回波简单的地区分解性能强于 Gold 算法。

（2）高斯、自适应高斯（Adaptive Gaussian）、Weibull 和 RL 算法在奥果韦-伊温多省检测到假回波的概率分别为 13.7%、4.7%、6.5%和 3.8%；而 Gold 算法显著降低了森林地区假回波检测率，仅为 1.3%。Weibull 算法分解所得的波形分量数量（189.7k）与自适应高斯（198.6k）相近，但自适应高斯算法分解波形分量的成功率要高于 Weibull 算法。

表 7-1　5 种算法分解奥果韦-伊温多、路易斯安那州、耶洛奈夫和拉森港 4 个地区数据所得的回波分量数量

回波数量		1～2	3～4	5～6	7～8	9～10	11～12	13～14	假回波数量	总体回波数量	有效回波数量
奥果韦-伊温多省	Gaussian	42895	54098	23745	4207	439	33	0	17182	125417	108235
	Adaptive Gaussian	44715	80307	51551	17272	3830	695	201	9333	198571	189238
	Weibull	43666	76151	49244	16515	3513	578	28	12330	189695	177365
	RL	28902	70026	78856	54846	25019	6942	1320	10105	265911	255806
	Gold	28692	73320	81285	56507	24940	6624	844	3539	272212	268673
路易斯安那州	Gaussian	22534	8619	1926	344	37	0	0	2476	33460	30984
	Adaptive Gaussian	30532	17187	6473	1671	259	33	0	1179	56155	54976
	Weibull	29806	16128	6243	1641	241	22	0	2488	54081	51593
	RL	18798	19317	23221	19078	10862	4190	1180	3769	96646	92877
	Gold	19470	19003	23735	19 930	10181	2536	318	857	95173	94316
耶洛奈夫	Gaussian	21141	969	213	21	0	0	0	470	22344	21874
	Adaptive Gaussian	24272	2373	1046	199	27	0	0	419	27917	27498
	Weibull	23708	1857	933	156	27	0	0	788	26681	25893
	RL	23846	2282	1314	220	0	0	0	249	27662	27413
	Gold	24015	2268	1425	225	9	0	0	272	27942	27670
拉森港	Gaussian	43952	2027	137	0	0	0	0	738	46116	45378
	Adaptive Gaussian	45283	4250	684	101	18	0	0	634	50336	49702
	Weibull	45099	4132	653	94	18	0	0	1669	49996	48327
	RL	43680	8786	2454	563	102	0	0	56	55585	55529
	Gold	44536	6667	1525	212	9	0	0	27	52949	52922

（3）从路易斯安那州（居民区）的结果来看，自适应高斯算法将波形分解为 1～4 个波形分量的数量为 47.7k，超过了 RL 算法（38.1k）和 Gold 算法（38.5k）；自适应高斯算法将波形分解为 5～8 个波形分量的数量为 8.2k，远少于 RL 算法（42.3k）和 Gold 算法（43.6k）。这结果表明 RL 和 Gold 算法具有更高的检测隐藏波峰的能力。

7.3.3　波形分量位置的对比分析

为了深入研究分解的准确性以及不同算法的特性，本节选取了从简单到复杂样本波形来表示不同算法拟合的波形和原始信号回波强度之间的差异。结果见图 7-6 和图 7-7。

（1）图 7-6 是三种数学模拟法高斯、自适应高斯和 Weibull 算法分解四组样本波形的结果对比。

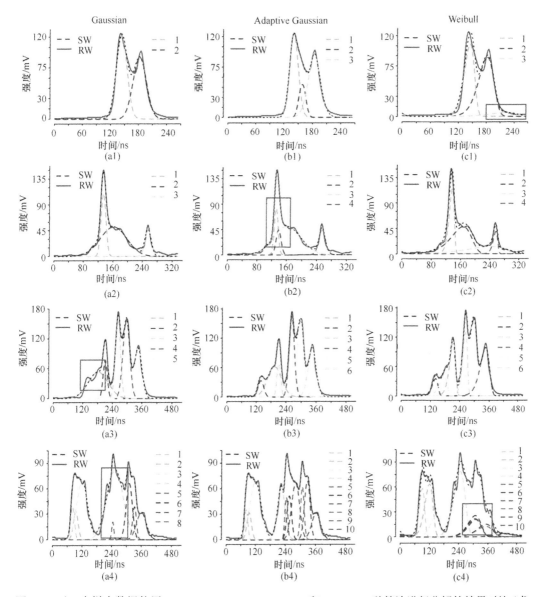

图 7-6 对 4 个样本数据使用 Gaussian、Adaptive Gaussian 和 Weibull 3 种算法进行分解的结果对比（龙舒桦，2021）

红色实线（RW）是回波波形；黑色虚线（SW）是拟合波形；其他虚线是波形分量

第一，高斯分解容易将叠加或相近波峰笼统地识别为单个波峰 [图 7-6（a3）和图 7-6（a4）]，而在连续波峰且波峰较窄的情况下，自适应高斯准确分离出了 10 个波形分量 [图 7-6（b4）]。威布尔同样出现了多个叠加的且与原始波形不匹配的波形分量 [图 7-6（c4）]。这种现象表明自适应高斯算法具有很强的检测相近波峰的能力。

第二，自适应高斯算法和 Weibull 算法都较高斯算法多分解出 1~2 个波形分量。本节注意到了这两种算法之间差别。在第一组波形中，Weibull 分解的浅蓝色高斯分量出现了误判的情况 [图 7-6（c1）]。这种现象表明自适应高斯算法分解波形分量的准确性优于 Weibull 算法。

第三，自适应高斯算法的蓝色波形分量更像是对绿色分量的补充［图 7-6（b2）］。高斯和 Weibull 算法也出现同样的现象，Weibull 算法中第 5 和第 7 个波形分量几乎重合［图 7-6（c4）］。这些情况是不合理的，揭示了自适应高斯和 Weibull 算法容易出现过度拟合的情况。

（2）图 7-7 是 RL 和 Gold 两种反卷积法和高斯算法分解两组样本波形的结果对比。

第一，RL 和 Gold 算法对原始波形反卷积后，波形的波宽和波峰的强度较原始波形出现了很大的变动［图 7-7（b2）和图 7-7（c2）中红色实线］。这是消除了输出脉冲和系统脉冲的影响后高斯分解前的波形。RL 和 Gold 算法提高了波峰的可分离性。

第二，Gold 算法成功还原出了地物的真实横截面，但比 RL 算法少分解了一个波形［图 7-7（c1）］。这种现象反映了 Gold 算法在处理简单波形时不如 RL 算法。

第三，实验中还观察到 RL 和 Gold 算法随着迭代次数的增加，噪声的幅值也跟着变化，容易形成虚假的波峰，如图 7-7（b2）和图 7-7（c2）中红色方框标注处。

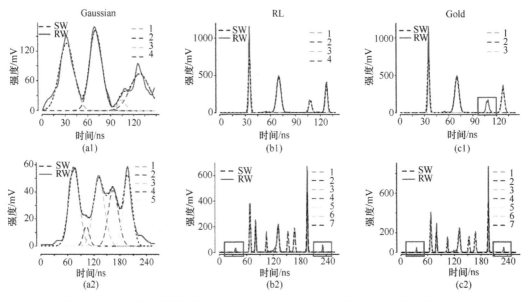

图 7-7　对 2 个样本数据使用 Gaussian、RL 和 Gold 3 种算法进行分解的结果对比
红色实线（RW）是回波波形；黑色虚线（SW）是拟合波形；其他虚线是波形分量

7.3.4　波形分量参数的对比分析

另外，本书选取了描述波形分量的参数（峰值 A、峰值的位置 μ、波宽 σ 和形状参数 K）来进一步分析上述 5 种算法的特性。结果见图 7-8 和图 7-9。

（1）峰值 A、峰值的位置 μ 和波宽 σ 是描述一个波形分量最基本的三个参数，它们的标准差见图 7-8。

第一，Gold 和 RL 算法相比其他算法波宽的标准差最小，集中在 0～0.25。这结果是因为反卷积消除了输出脉冲和系统脉冲响应的影响，使得 RL 和 Gold 算法的波峰更容易被识别。

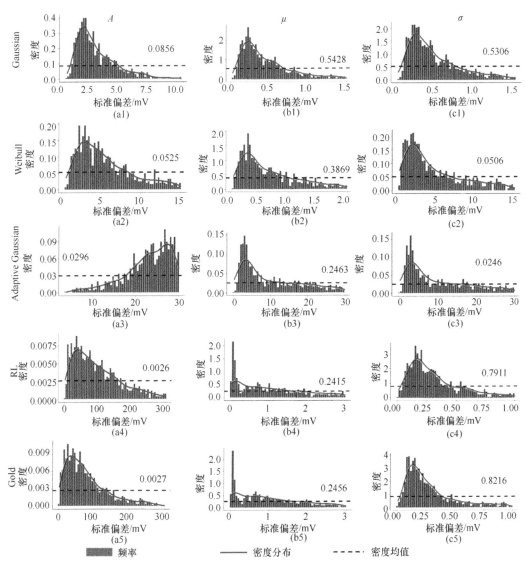

图 7-8　12 5 种算法中 A、μ、σ 三个参数的误差比较

灰色为频率；红线代表密度分布；黑色虚线为密度均值（数据：奥果韦-伊温多省实验区）

　　第二，5 种算法中，高斯和自适应高斯算法峰值的标准差最小（0~10），波峰位置的标准差最小（0~0.5）。这结果表明就波形分量而言，这两种算法的准确度最高；而 Weibull 算法 3 个参数的标准差比高斯和自适应高斯算法都要大，处理这类近似高斯分布的波形时无法发挥出 Weibull 算法在处理不对称波形的优势。

　　第三，RL 和 Gold 算法波峰的标准差最大（0~100）。实际上，反卷积对波形振幅改动很大。这并不意味着 RL 和 Gold 算法对波峰的判别能力不强。

　　（2）λ（自适应高斯）和 K（Weibull）是描述波形分量形态扁平或尖锐的形状参数，本节同样计算了它们的标准差。

第一，形状参数 λ 的标准差集中在 0.5 以下，而 K 的标准差集中在 0.5 以上，即自适应高斯算法拟合的精密度更高。这结果反映了自适应高斯算法比 Weibull 算法在模拟 LiDAR 波形上更具优势。

第二，四个地区的实验结果中，参数 λ 出现的异常值比参数 K 多 122 个。这结果表明自适应高斯算法在拟合波形时要比 Weibull 算法出现更大的偏差。

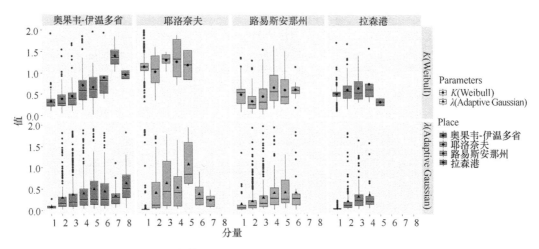

图 7-9　参数 λ 和 K 在 4 个实验地区的标准差结果比较

λ 和 K 分别是自适应高斯和 Weibull 算法的形状参数，横坐标是单个原始波形被分解后波形分量的数量

7.3.5　分解精度的对比分析

另外，本节选取了均方根误差（root mean squared error，RMSE）、相关系数 C 和拟合优度 R^2 作为评价指标来定量评估算法分解结果的精度（Roberts et al.，1997）。其结果见表 7-2。

表 7-2　5 种算法的分解精度比较（龙舒桦，2021）

算法	RMSE	C	R^2
Gaussian	9.960	0.814	0.954
Adaptive Gaussian	6.215	0.851	0.975
Weibull	9.637	0.710	0.941
RL	7.424	0.807	0.926
Gold	4.802	0.815	0.931

（1）高斯算法的拟合误差最大（9.96），Gold 算法的误差最小，仅为 4.802。这结果表明 Gold 算法具有很强的鲁棒性。RL 算法的误差为 7.424，相比 Gold 算法偏高的原因可能是该算法对噪声更加敏感。

（2）Weibull 算法的拟合信号与原始信号的相关系数在五种算法中最低，仅为 0.71，自适应高斯算法具有最高的相关系数（0.851）。这结果进一步表明自适应高斯算法分解波形的准确性。

（3）5 种算法的拟合优度都达到了 0.9 以上（越接近 1 效果越好）。这结果表明 5 种算法都具有很好的拟合效果。

7.3.6　分解速度的对比分析

激光雷达数据的处理量往往高达数十万乃至数百万条波形。在机载激光雷达平台上要实时进行数据处理的时候，数据的处理速度是重中之重。图 7-10 是不同算法的运行速度比较结果。

（1）在处理一万条以下的数据时，5 种算法的处理速度的差异可以忽略不计；而在波形数量达到上万条时开始有了明显差异，这个阈值因不同的计算平台或硬件水平而变化。

（2）RL 在运算数据处理 10 万条数据在 4 个地区所花费的时间分别为 1.8 万 s、3.5 万 s、4 万 s 和 3.5 万 s，所耗费的时间几乎是最多的；Weibull 算法随着数据量的增加，其处理速度迅速下降，在奥果韦-伊温多省甚至超过了 RL 算法，达 4.4 万 s；这些结果表明 Weibull 和 RL 算法并不适用于实时计算的 LiDAR 系统。

（3）高斯算法在处理路易斯安那州和奥果韦-伊温多省 10 万条数据时所花费的时间最少，分别为 0.4 万 s 和 0.7 万 s；而在拉森港和耶洛奈夫地区高斯算法花费时间最少的是 Gold 算法（0.1 万 s 和 0.2 万 s）。两种算法都具有很快的信号分解速度。

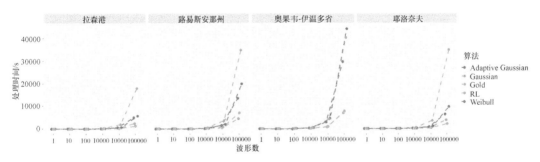

图 7-10　5 种算法对不同地区的数据进行波形分解所耗费的时间（处理时间因算法、硬件等条件不同而不同）

7.4　高斯拐点波形分解方法

7.4.1　高斯拐点选择原理

高斯拐点分解方法是使用由多个波形分量组成的高斯模型来尽可能地拟合回波信号。该方法利用回波信号峰值附近的拐点个数，判断波形半宽的大小，选择合适的波形半宽组成波形分量，从而对回波信号进行迭代分解。具体步骤如下。

（1）设定阈值，计算回波信号前后各 5% 的采样点幅值的平均值噪声，接着计算原始的噪声信号与去噪后的回波信号的三倍均方根为误差，使用平均值噪声与三倍均方根误差相加，所得到的值就是阈值（赖旭东等，2013）。

（2）在设定好阈值之后，需要寻找局部最大采样点，将局部最大采样点作为波峰 A。当满足公式时就是局部最大点，即

$$f_x(i) > f_x(i+1) > f_x(i+2) \,\&\& \, f_x(i) > f_x(i-1) > f_x(i-2) \tag{7-11}$$

式中，采样点 $f_x(i)$ 就是局部最大点 A；对应采样点的位置 i 就作为中心位置 μ。

（3）在迭代时需要对振幅 A 左右两侧的拐点进行判断，从而确定波形半宽。利用王滨辉等（2017）提出的"平面曲线离散点集拐点的快速查找算法"来检测拐点。通过改变其算法运用到激光雷达回波信号之中，将采用式（7-12）对拐点进行判断。当采样点 $f_x(i)$ 满足以下情况时，将该点作为拐点；同时只计算大于阈值的拐点，否则会产生过多无效的拐点。

$$\left[f_x(i-2) + f_x(i) - 2f_x(i-1)\right]\left[f_x(i-1) + f_x(i+1) - 2f_x(i)\right] < 0 \tag{7-12}$$

（4）根据峰值 A 左右两侧的拐点数目可以分为以下 4 种情况。其中 LINF 表示峰值 A 左侧的拐点数目，RINF 表示峰值 A 右侧的拐点数目，即

$$
\begin{aligned}
\sigma &= \frac{|\mu - \text{tgl}|}{\sqrt{2\ln 2}} \quad, \quad \text{LINF} = 1 \,\&\, \text{RINF} > 1 \\
\sigma &= \frac{|\mu - \text{tgr}|}{\sqrt{2\ln 2}} \quad, \quad \text{RINF} = 1 \,\&\, \text{LINF} > 1 \\
\sigma &= \frac{|\mu - \text{mid\_dis}|}{\sqrt{2\ln 2}} \quad, \quad \text{RINF} > 1 \,\&\, \text{LINF} > 1 \\
\sigma &= \frac{|\mu - \text{dis}|}{\sqrt{2\ln 2}} \quad, \quad \text{其他}
\end{aligned}
\tag{7-13}
$$

情况 1：当峰值 A 左侧的拐点数等于 1，右边拐点数大于 1 的情况 [图 7-11（a）]。

由于左侧拐点数为 1，峰值左侧只存在一个回波信号，峰值左侧的部分更加接近原始回波信号的真实数值。所以取振幅 A 左侧一半的位置记为 tgl。

情况 2：当峰值 A 左侧的拐点数大于 1，右边拐点数等于 1 的情况 [图 7-11（b）]。

峰值右侧只存在一个回波信号，峰值右侧的部分更加接近原始回波信号的真实数值。所以取振幅 A 左侧一半的位置记为 tgr，波形半宽 σ 则由波形半宽式（7-13）可得。

情况 3：当峰值 A 左右拐点数都大于 1 的情况 [图 7-11（c）]。

在这种情况下存在多个叠加的回波，波形振幅最大值在叠加回波的中间，只存在一个波峰，这种情况同时是迭代法和拐点法无法分解的情况。

为了解决这种情况，高斯拐点分解方法首先找到距离峰值 A 最近的左侧两个拐点和右侧两个拐点对应的时间位置，再计算上述左侧两个拐点与右侧两个拐点的平均位置，并记录其平均值为 S_1 和 S_2。接下来寻找峰值 A 两侧接近振幅值一半位置的采样点，记录其对应的时间位置，由于峰值一半位置的左侧与右侧都具有一个符合条件的采样点，因此计算中心位置与这两个采样点对应的时间位置距离，并取较短的距离将其记为 S_3。将 S_1、S_2 和 S_3 与中心位置 μ 进行相减，得到三个值。这三个值都有可能是用于计算回波信号波形半宽的有效值。

如果波形半宽有效值选取过小会产生多余的"伪分量",波形半宽有效值选取过大则会掩盖掉其他有效的回波分量,因此在这三个波形半宽有效值中,选取不是最大值也不是最小值的有效值,即去掉距波形半宽最大有效值和波形半宽最小有效值,将剩下的波形半宽有效值作为 mid_dis 代入式(7-13)中进行计算得到波形半宽 σ。

情况 4:其他情况。

在这种情况下由于采样点相距过近,没有将拐点判断出来,并不能通过拐点进行回波信号的判断。因此需要找到振幅 A 左右对应一半位置的振幅点,并且将与距离最短的振幅点的距离 dis 代入半波式(7-13)中计算得到 σ。

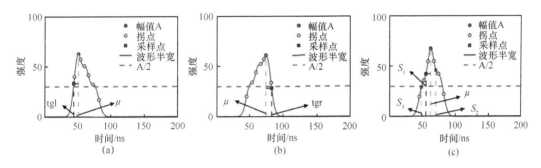

图 7-11 高斯拐点选择分解方法对应的三种情况(邓荣华,2022)

(a)峰值左侧存在 1 个拐点,右侧存在多个拐点;(b)峰值右侧存在一个拐点,左侧存在多个拐点;(c)峰值左侧与右侧都存在大量的拐点

当找到特征参数 A、μ、σ 后就可以代入高斯函数中,然后使用滤波后的回波信号和高斯函数进行相减。为了相减后得到振幅值非负,应使原始波形信号振幅强度低于 0 的部分等于 0,并完成迭代。随着迭代振幅越来越小,当振幅小于阈值时停止迭代。其过程如下图 7-12 所示。

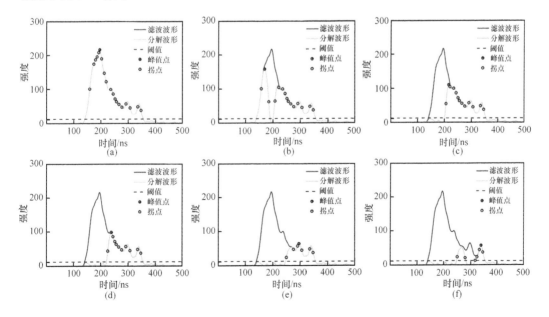

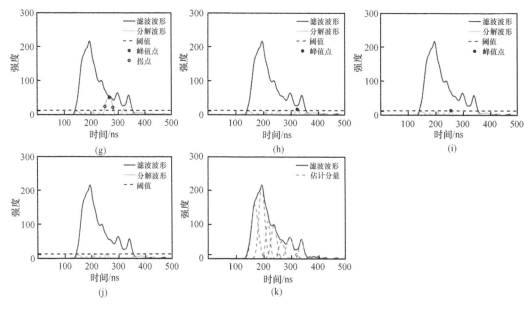

图 7-12　高斯拐点选择分解算法分解回波信号图

分解顺序为（a）～（j）；（k）为参数估计分量

图 7-12 为高斯拐点分解方法的分解过程。首先检测所有大于阈值的拐点及局部最大的峰值点 [图 7-12（a）]。可以看到分布有大量的拐点，此时峰值点左侧的拐点大于 1，右侧的拐点也大于 1，对应于高斯拐点波形分解选择方法的情况 3。根据相应的公式计算得回波信号的波形半宽，就能够将一个波形分量从回波信号中分离出来。图 7-12（b）中浅蓝色的回波信号为分离出一个回波分量剩下的回波信号分量，也就是分解波形。此时的回波信号的左侧只有 1 个拐点，回波信号的右侧拐点数大于 1，对应高斯拐点选择分解算法的情况 1。将左侧的回波信号一半位置的采样点对应的时间位置带入相应半宽公式中计算，得到相应的波形半宽，与此情况相同的还有图 7-12（c）、图 7-12（d）。图 7-12（f）中剩下的回波信号分量右侧只有一个拐点，因此对应高斯拐点分解方法的情况 2。将右侧的回波信号一半位置的采样点对应的时间位置带入半宽公式中计算，得到相应的波形半宽。图 7-12（g）、图 7-12（h）和图 7-12（i）对应高斯拐点选择分解方法中其他情况。此时分解波形形状与高斯函数类似，拐点并不一定存在，因此需要计算峰值点一半位置的采样点相应的时间位置，带入半宽公式中进行计算。当峰值点的幅值小于所设定的阈值时，剩余的回波信号分量如图 7-12（j）所示。图 7-12（k）为最终分解得到的波形分量。

由于迭代分量的分解会产生一些无意义的波形分量，这些无意义的波形分量被称为"伪分量"。"伪分量"会影响回波信号拟合的结果，导致回波信号分解不准确。此外，过多的"伪分量"还可能会在波形拟合时产生"负向振荡"的效果。因此，在参数估计之后要对这些"伪分量"进行剔除。

当任意两个波形分量的中心位置距离小于一个发射波形的波形宽度时，则可以将波峰幅值较小的波形分量进行剔除（赖旭东等，2013）。波形剔除的结果如图 7-13 所示。

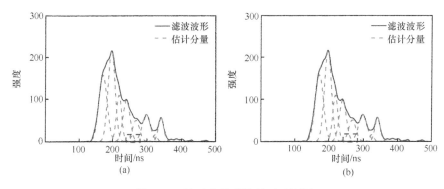

图 7-13　波形分量剔除前后对比图

（a）为波形分量剔除前；（b）为波形分量剔除后

7.4.2　分解后参数优化

使用上述高斯拐点选择分解方法后，就可以得到波形分量的特征参数。但是这些特征参数并不是一个准确值，使用这些特征参数在进行参数拟合时不但不能很好地拟合回波信号，还会增加迭代次数。另外，如果估计得到的特征参数如果偏差过大，在拟合回波信号时则会出现"负向振荡"的情况（图 7-14）（刘诏等，2014）。因此，特征参数越接近真值，参数拟合就越准确。现在有越来越多的学者认为，在进行参数拟合前，对特征参数进行优化则可以取得更好的效果（Guo et al.，2018）。目前已经有很多种智能优化算法，比如遗传算法、模拟退火算法、蚁群算法、粒子群算法等。其中，粒子群算法在激光雷达回波信号优化上取得不错的效果（戴璨，2016）。

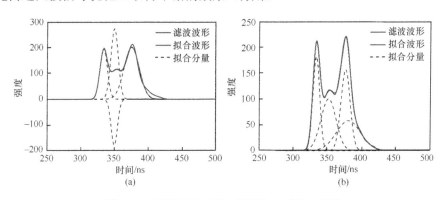

图 7-14　分解产生"负向振荡"与正常分解图

（a）为分解产生"负向振荡"，（b）为正常分解

7.4.3　优化后参数拟合

对参数优化后的值要进行进一步的参数拟合，进行参数拟合使高斯函数模型更加接近回波信号。目前，对于参数拟合的主要方法是非线性最小二乘法，而较为常用的非线性最小二乘法为 Levenberg-Marquardt 算法（LM 算法）（王滨辉等，2017）。LM 算法的解算公式由高斯牛顿公式推导而来。

当需要求一个函数 $f(x)$ 的最小值或者最大值时，这个问题就可以理解成一个最小二乘的问题。通常最小二乘的问题都可以表示如下：

$$F(x) = \frac{1}{2}\sum_{i=1}^{n}\left(f_i(x)^2\right) = \frac{1}{2}\|f(x)\|^2 = \frac{1}{2}f(x)^{\mathrm{T}}f(x) \qquad (7\text{-}14)$$

将 $f(x)$ 在 x 附近进行一阶泰勒展开可得

$$f(x+\Delta x) \approx \iota(\Delta x) = f(x) + f(x)'\Delta x + O(\Delta x) = f(x) + J(x)\Delta x + O(\Delta x) \qquad (7\text{-}15)$$

由式（7-14）和式（7-15）可得

$$\begin{aligned}F(x+\Delta x) \approx L(\Delta x) &= \frac{1}{2}\|f(x+\Delta x)\|^2 = \frac{1}{2}\iota(\Delta x)^{\mathrm{T}}\iota(\Delta x)\\
&= \frac{1}{2}f(x)^{\mathrm{T}}f(x) + \Delta x^{\mathrm{T}}J(x)^{\mathrm{T}}f(x) + \frac{1}{2}\Delta x^{\mathrm{T}}J(x)^{\mathrm{T}}J(x)\Delta x \qquad (7\text{-}16)\\
&= F(x) + \Delta x^{\mathrm{T}}J(x)^{\mathrm{T}}f(x) + \frac{1}{2}\Delta x^{\mathrm{T}}J(x)^{\mathrm{T}}J(x)\Delta x\end{aligned}$$

可以容易看出，$F(x)$ 的一阶导数 $F(x)' = \left(J(x)^{\mathrm{T}}f(x)\right)^{\mathrm{T}}$，$F(x)$ 的二阶导数 $F(x)'' = J(x)^{\mathrm{T}}J(x)$。其中 $J(x)$ 是 $f(x)$ 的雅克比矩阵。

为了使得 $F(x+\Delta x)$ 取得最小值，使用 $L(\Delta x)$ 对 Δx 求一阶导数并令其等于 0，可得：

$$\frac{\partial L(\Delta x)}{\partial \Delta x} = J(x)^{\mathrm{T}}f(x) + J(x)^{\mathrm{T}}J(x)\Delta x = 0 \qquad (7\text{-}17)$$

$$\begin{aligned}-J(x)^{\mathrm{T}}f(x) &= J(x)^{\mathrm{T}}J(x)\Delta x\\
\Delta x_{\mathrm{gn}} &= -\left(J(x)^{\mathrm{T}}J(x)\right)^{-1}J(x)^{\mathrm{T}}f(x)\end{aligned} \qquad (7\text{-}18)$$

式（7-18）得到的结果就是高斯牛顿法公式。高斯牛顿法能够求得最优值，但是实际上高斯牛顿法中 $J(x)^{\mathrm{T}}J(x)$ 得到的结果可能不是正定的，这样会导致算法不收敛。因此需要对高斯牛顿法进行改进以获得稳定的结果。

而 LM 算法就是对高斯牛顿法公式进行了改进，在求解的过程中增加了阻尼系数 λ，以保证计算结果收敛：

$$\Delta x_{lm} = -\left(J(x)^{\mathrm{T}}J(x) + \lambda E\right)^{-1}J(x)^{\mathrm{T}}f(x), \lambda > 0 \qquad (7\text{-}19)$$

在实际中则用下面的式子表示：

$$p - p^{(0)} = [H(x_i, p^{(0)}) + \lambda E]^{-1}J^{\mathrm{T}}(x_i, p^{(0)})[y - f(x_i, p^{(0)})] \qquad (7\text{-}20)$$

式中，$f(x_i, p)$ 为待定系数 $p_1, p_2, p_3, \cdots, p_n$ 组成的函数；$p^{(0)}$ 表示初始参数，$p^{(0)} = (p_1, p_2, p_3, \cdots, p_n)$；$H(x_i, p)$ 表示 $f(x_i, p)$ 的海塞矩阵；由 $J(x)^{\mathrm{T}}J(x)$ 得到；$J^{\mathrm{T}}(x_i, p)$ 表示 $f(x_i, p)$ 的转置雅克比矩阵；y 表示为原始数据；λ 为阻尼系数。$\left\|p - p^{(0)}\right\|$

为函数的残差。若 $\left\| p - p^{(0)} \right\|$ 相差很大，则将 p 作为新的 $p^{(0)}$，直到 $\left\| p - p^{(0)} \right\|$ 相差很小或者循环达到所设定的值时，迭代结束。

有的学者提出将阻尼系数 λ 设置成一个常数（梁敏，2017），虽然这种方法更加快捷，但是在这样的 LM 算法容易陷入局部最优解，并且容易产生负振荡。因此本节计算阻尼系数仍然采用传统计算阻尼系数的方法，通过设置增益比 ρ 进行阻尼系数 λ 的调节，不仅保证每次迭代朝着目标函数值下降的方向，还能在最优解的附近迅速收敛。其阻尼值的设置公式如下：

$$\rho = \frac{F(x) - F(x + h_{\mathrm{lm}})}{L(0) - L(h_{\mathrm{lm}})} \tag{7-21}$$

$$\begin{cases} \rho > 0, \lambda = \lambda \times \max\left[1/3, 1 - (2\rho - 1)^3\right], v = 2 \\ \text{else}, \quad \lambda = \lambda \times v, v = 2 \times v \end{cases} \tag{7-22}$$

当 ρ 值大于 0 时，则更新参数所有的值，并且使用 λ 乘以 1/3 和 $1 - (2\rho - 1)^3$ 中最大的值更新 λ，在下次迭代的过程中通过缩小 λ 的值从而更新参数，否则扩大 λ 的范围，重复求取梯度进行参数的更新。

7.4.4　拟合后波形分量分类

回波信号的形状并不是标准的高斯波形形状，如果使用高斯分量对回波信号进行精确表示，就必然会产生多余的波形分量，这些多余的波形分量虽然能够促进波形拟合，但是该波形并没有表示任何意义，还会影响有效波形分量的判别。因此，区分多余的波形分量是否为有效的波形分量是很有必要的。目前只有少量的学者对这个问题进行了研究。本节提出回波信号波形分量阈值分类方法，该方法能够有效地对波形分量进行分类。

本节设立一定的条件对它们进行筛选。以 3 ns 的时间间隔为阈值，设立以下条件：①两个波形之间的距离 Sep<3 ns；②波形分量的振幅 $A < A_n$；③模型的标准差 $\delta < 0.6\delta_0$；④$A < 1/10\max(x)$ & $\max(x) > A_r$ & $D_s > 0$；⑤$A < A_i$ & $\delta \mid 1.4\delta_0 \mid \delta < 0.8\delta_0$。式中，$\max(x)$ 为波形采样点中的最大振幅；A_r 为阈值筛除"振铃效应"引起的假波形；D_s 为采样点的最大振幅值与回波波峰所对应的位置之间的距离；A_i 为系统检测阈值。若任一波形满足以上 5 个条件之一即可判定为无效的波形。剔除了信号中无效的部分后再对信号进行拟合。整体的分解流程如图 7-15 所示。

首先需要定义在高斯分解法中波形分量的类别。将分解得到的波形分量分为明显波形分量、隐藏波形分量和拟合波形分量。明显波形分量通常由一组拐点和一个峰值点判断，其特点就是回波分量所对应的位置距离与原始回波信号的峰值所对应的位置非常接近。确定了明显的回波信号之后，接下来将不满足明显波形分量条件的波形分量分为隐藏的波形分量和拟合波形分量。隐藏的回波分量不一定存在峰值点，但是隐藏的回波分量必定位于一组拐点之中。确定了隐藏的波形分量后，剩下的回波信号就是拟合波形分量。

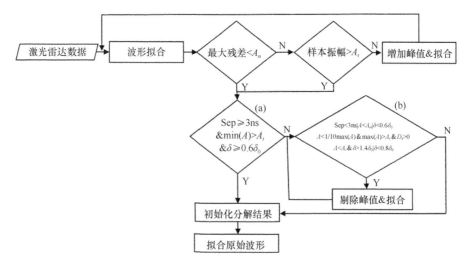

图 7-15　波形分解流程图

明显高斯波形可以使用峰值检测的方法进行快速检测，确定峰值的位置后寻找与峰值最接近的波形分量作为明显波形分量；接着需要分离出隐藏高斯波形和拟合高斯波形。在拟合后的回波信号上计算拐点的位置，并从左往右依次将拐点分为左拐点和右拐点。将左拐点和右拐点作为一组，分成 N 组。如果回波分量的中心位置在这 N 组中，则认为该分解的波形分量为隐藏波形分量，否则为拟合波形分量。如果拟合前的中心位置和拟合后的中心位置相差 2ns 以内，也可以认为是隐藏波形分量。由于分解后的一些波形分量的波形半宽很大，因此需要设定阈值［公式（7-22）］。如果分解后的波峰在拐点内，波形半宽超过最大波形半宽的 1.75 倍时则认为该波形为拟合波形分量。

$$\begin{cases} f(x-1) < \mu\_n < f(x+1) \| \text{abs}(u\_n - u\_o) < 2\text{ns} \\ \sigma\_n < 1.75 \max \sigma_i \end{cases} \tag{7-23}$$

通过上述方法的判断之后，对拟合后的回波信号进行判断，结果如图 7-16 所示。从图 7-16 可以看出，序号为 2、4、6、8 的波形分量的中心位置接近拟合后回波信号的

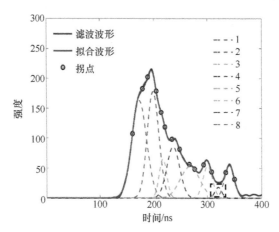

图 7-16　隐藏波形分量形判断
图中黑色方框内的波形分量为拟合波形分量

峰值对应的位置，因此将序号为 2、4、6、8 的波形分量作为明显波形分量。通过计算拐点，可以发现序号为 1、3、5 的波形分量在所设计的拐点组合之中，并且附近没有峰值点，因此将序号为 1、3、5 的波形分量隐藏波形分量。序号为 7 的波形分量并没有满足明显的波形分量和隐藏的波形分量的条件，因此序号为 7 的波形分量为拟合波形分量。通过判断出回波分量的类型，在波形分解之中能够将回波信号的波形分量进行有效的利用，同时能够更好地拟合回波信号。

7.5　高斯拐点分解方法的验证与分析

7.5.1　高斯拐点分解方法验证

为了证明本章介绍的算法对回波信号波形分解的有效性，实验数据是来自美国国家航空航天局（NASA）的机载观测平台的全波形激光雷达的数据 LVIS（land, vegetation and ice sensor）数据。LVIS 数据来源于美国在 1999 年研制的机载全波形激光雷达系统。该系统用于探测林业区域、城市建筑、雪地等不同地形地貌。LVIS 利用 1064nm 波长激光器和 3 个探测器的系统，将发射脉冲和返回脉冲的时间数字化，从而可以得到发射脉冲与返回脉冲结构。结合飞机位置和姿态，LVIS 传感器可生成具有分米精度的地形图，以及飞机飞行过后得到的地形图。LVIS 在距离地面 20km 的高度运行，能够产生宽达 4km 的数据区，占地面积为 5m。该数据还包括高分辨率相机图像、高光谱图像等。

实验地区为美国地区的陆地地区，位于密西西比州伊萨奎纳西南部（34°07′N，88°28′E），实验数据于 2019 年 5 月 23 日收集。该平台搭载在美国湾流V号飞机上，使用 Riegl LMS-Q780 激光扫描仪，扫描仪的重频为 400kHz，飞行平均高度为 12.4km，扫描的条带宽度为 2.5km，在扫描时激光在地上形成的光斑为 10m。激光扫描仪通过发射 1064nm 的脉冲信号，同时将返回脉冲以数字的形式进行存储。数据包含激光束方位角、世界时、发射波形、回波信号等丰富信息。实验数据共包含 400000 个回波信号，每个回波信号有 1024 个采样点，采样间隔为 1ns。从现场获得所有数据都经过 NASA 处理以数字形式存储在 HTM5 格式的文件中。同时飞机上还搭载佳能 EOS 5DS R 相机，相机成像的分辨率为 8688×5792，能够准确的拍摄激光雷达探测照射的区域。

实验的数据处理使用的计算机为戴尔的 ChengMing 3988。该计算机的中央处理器为 Inter Core i5-9500，主频为 3.00GHz。内存为两条 4196MB 内存条组成的双通道内存，大小共 8192MB。存储设备为 256GB 的固态硬盘和 1TB 的机械硬盘。数据处理、数据图显示与生成均采用 MATLAB 进行处理。

由于层层剥离算法和高斯拐点选择方法是目前较为常用的方法，并且本节所提出的方法是结合了层层剥离算法（赖旭东等，2013）高斯拐点选择方法（段乙好等，2014）的优点，因此在进行实验时，本节采用层层剥离算法与高斯拐点匹配算法与本章方法进行对照并比较。

为了比较三种方法的分解能力，本节直接采用阻尼 LM 算法，对进行参数估计后的三种方法进行拟合，并没有对特征参数进行优化。采用均方根误差 RMSE、R^2、分解波形数量和分解效果进行对比。其中 RMSE 用于表示算法的准确性，而 RMSE 越小算法越精确。R^2 称为拟合优度（王滨辉等，2017），R^2 越接近于 1，表示回波信号拟合越好。RMSE 和 R^2 的计算公式如下：

$$\text{RMSE} = \sqrt{\frac{\sum_{i=1}^{n}(y_i - fx_i)^2}{n}} \tag{7-24}$$

$$R^2 = 1 - \frac{\sum_{i=1}^{n}(y_i - fx_i)^2}{\sum_{i=1}^{n}(y_i - \overline{y})^2} \tag{7-25}$$

式中，y_i 为回波信号；fx_i 为拟合的波形；$\overline{y}$ 为回波信号均值；n 为采样点数。

1. 数据预处理

由于机载激光雷达系统产生的电信号及大气环境的影响，在进行机载激光雷达探测任务时会产生一系列的噪声。这种噪声是无法避免的。如果回波信号的噪声存在，就会使得回波信号峰值探测不准确，同时噪声会造成拐点判断错误，影响拐点的选取。因此在回波信号分解之前需要对原始回波信号进行预处理，将回波信号的噪声去除。

本章采用 Savitzky-Golay 滤波器（S-G 滤波器）对回波信号进行滤波处理（Savitzky and Golay，1964）。S-G 滤波器能够将低频部分进行拟合，保留回波信号的形状与宽度的同时，将信号中的高频部分进行平滑。S-G 滤波器在 MATLAB 程序中可以直接进行使用，在使用 S-G 滤波器时需要输入 S-G 滤波器窗口的大小与多项式系数。S-G 滤波器的窗口大小影响信号的分辨率。大窗口会导致回波信号细节的丢失，小窗口能够留下回波信号的细节，但是也会将噪声认为是细节部分。多项式系数影响着回波信号的平滑程度。系数越高则回波信号的平滑度也就越高，但是会影响回波信号的细节；系数越低，回波信号的平滑度也就越低，导致回波信号不平滑。本章将 S-G 滤波器的窗口大小设置成 9，多项式系数设置为 3（孟志立和徐景中，2018）。

在对回波信号进行去噪之后，需要设定阈值使得回波信号参数估计停止。本节计算原始回波信号与滤波后的回波信号的均方根误差，接着再计算原始回波信号前面 5% 的采样点幅值的平均值和后 5% 的采样点的幅值的平均值，将这两个平均值相加后取平均值作为噪声平均值，最后将 3 倍的均方根误差与噪声平均值相加得到阈值（梁敏，2017）。

2. 测区多条波形分解结果对比

为了更加直观的比较层层剥离算法，高斯拐点匹配法和高斯拐点选择分解方法的分解能力，选取了测区内 9 条复杂回波信号进行波形分解。分解得到的结果如图 7-17 至图 7-19 所示。

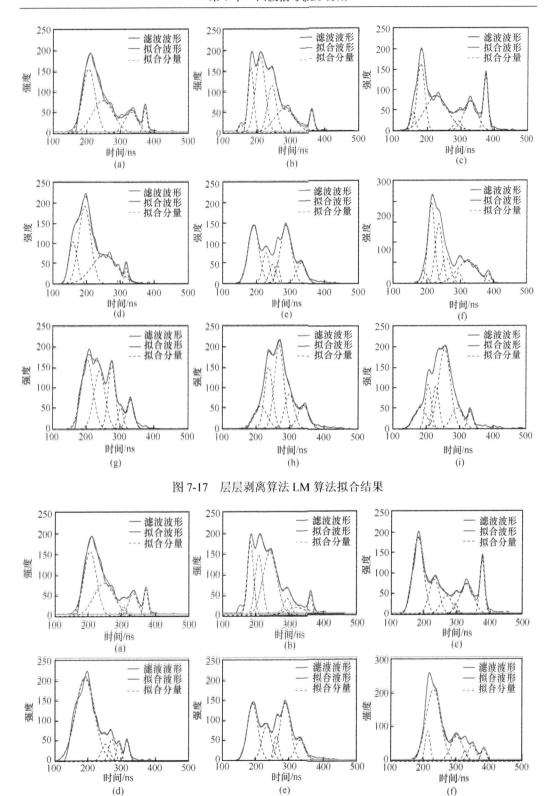

图 7-17　层层剥离算法 LM 算法拟合结果

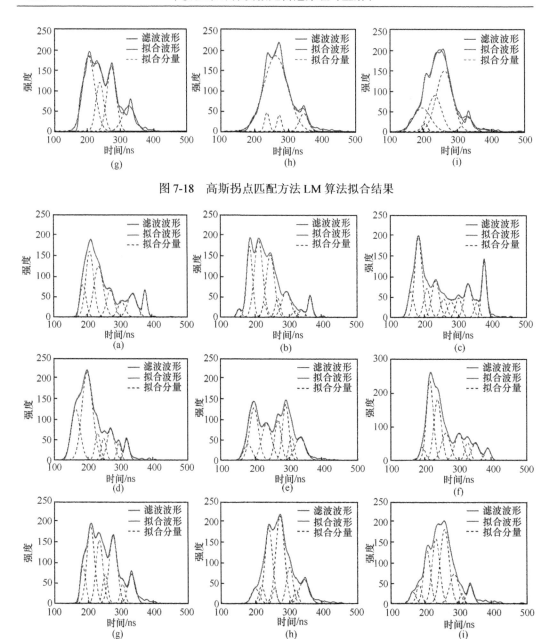

图 7-18　高斯拐点匹配方法 LM 算法拟合结果

图 7-19　高斯拐点选择分解方法 LM 算法拟合结果

本节统计了三种方法的 RMSE，R^2 和波形分量个数 N，结果列入表 7-3。

从图 7-17 可以看出，层层剥离算法在分解复杂拐点时表现得并不是很好，LM 算法在拟合图 7-17 和图 7-18 中的（a）、（b）、（c）、（d）、（f）回波信号时都产生了一个较大的波形分量，并且该波形分量的波形半宽较大。这是因为层层剥离方法在波形分解时，仅采用了峰值点一半位置的采样点作为波形半宽，而这个采样点的位置距离峰值点对应中心位置较远，因此出现了一个波形半宽较大的波形分量。在图 7-17（g）和图 7-18（g）的 200ns 处仅用一个波形分量进行拟合，导致峰值处没有拟合好。这是因为该处的波形分量发生了叠加，层层剥离算法同样采用了峰值点左侧一半位置的采样点作为波形半宽，使得波形分量的波形半宽偏大，导致回波信号并没有将其余波形分量分解出来。

表 7-3　多种波形分解算法对比

组别	层层剥离算法			高斯拐点匹配法			高斯拐点选择分解方法		
	N	RMSE	R^2	N	RMSE	R^2	N	RMSE	R^2
（a）	4	5.60	0.9872	5	5.39	0.9881	7	4.03	0.9933
（b）	6	4.22	0.9948	6	5.04	0.9926	10	3.66	0.9961
（c）	6	5.35	0.9870	6	5.92	0.9840	10	4.32	0.9915
（d）	5	5.43	0.9910	5	7.56	0.9826	7	4.90	0.9927
（e）	6	4.14	0.9920	5	4.23	0.9916	7	4.03	0.9924
（f）	7	4.39	0.9950	6	4.46	0.9949	8	4.14	0.9956
（g）	5	6.44	0.9882	4	7.01	0.9860	7	5.16	0.9924
（h）	5	4.41	0.9946	4	4.34	0.9947	8	4.08	0.9953
（i）	6	4.07	0.9950	7	4.62	0.9936	8	3.86	0.9955

高斯拐点匹配方法同样也没能正确分解复杂回波信号，在图 7-18（a）中 150～300ns 处的回波信号部分仅采用两个回波分量进行拟合，并且第二个回波分量的位置还超出了拟合的波形。这是因为高斯拐点匹配方法没有能够正确判断波形分量的个数。同样，相同情况的还有图 7-18（d）、图 7-18（g）。从表 7-3 可以看出，高斯拐点匹配方法的拟合精度并不高，有 7 组的回波信号的 RMSE 在三种方法里最高。

高斯拐点选择分解方法能够尽可能分解出回波信号分量（图 7-19），使得回波信号能够得到很好的拟合；同时可以看到高斯拐点选择分解方法能够分解叠加的波形，从而将这些波形分离出来，避免了重叠波形的错误判断。从表 7-3 来看，高斯拐点选择分解方法分解出的回波分量要比层层剥离算法和高斯拐点匹配方法多，尽可能拟合了回波信号。层层剥离算法和高斯拐点匹配方法由于没能正确分解出波形，导致 RMSE 比本章算法要高，R^2 比本章算法要低。这种结果证明这两种方法都很难拟合复杂回波信号，同时也说明高斯拐点选择分解方法能够较好分解并拟合复杂回波信号。

3. 测区波形分解结果

为了进一步证明本章算法分解的有效性，对所探测的区域随机选取的 16384 条回波信号进行分解，将回波信号拟合后的 RMSE 值分为 4 个区间，分别为 0～5、5～10、10～15、15～20、20～100，统计每个 RMSE 区间产生的波形数。其中，RMSE 值在 0～5 表示回波信号分解的精度最好；在 5～10 表示回波信号分解的精度较好；在 10～15 表示回波信号分解的精度一般；在 15～20 表示回波信号分解的精度较差；在 20～100 表示回波信号分解的最差，属于未能有效分解。使用平均 R^2 进行比较，平均 R^2 为有效分解的回波信号的 R^2 值相加并取平均。另外在波形分解时，如果估计不正确，波形分解会出现"负向振荡"情况，将此记为不可靠波形，属于无效分解的回波信号。详细统计情况见表 7-4。

表7-4　测区分解结果

RMSE 区间	0～5	5～10	10～15	15～20	20～100	平均 R^2	不可靠波形数量
层层剥离算法	12313	3596	406	32	2	0.9385	35
高斯拐点匹配法	9130	5263	516	165	804	0.6860	506
高斯拐点选择分解方法	13695	2226	401	57	4	0.9799	1

从上表可以看出，高斯拐点匹配法在 RMSE 区间值为 1～5 处的回波信号数最少为 9130，其次是层层剥离算法，回波信号数为 12313，高斯拐点选择分解方法的回波信号数最高，回波信号数为 13695。高斯拐点选择方法在 RMSE 的区间为 1～5 的占比达到 83.58%。因此，可以看出高斯拐点选择分解方法分解回波信号的精度是最高的。层层剥离算法在 RMSE 的区间为 1～5 的占比达到 75.15%，比高斯拐点选择分解方法少 8.43%。高斯拐点匹配方法在 RMSE 的区间为 1～5 的占比达到 55.72%，比高斯拐点选择分解方法少 27.86%。

在 RMSE 区间值为 5～10，高斯拐点匹配法的回波信号数为 5263，占比为 32.12%。层层剥离算法的回波信号数为 3596，占比 21.94%。高斯拐点选择分解方法的回波信号数为 2226，占比为 13.58%。

由 RMSE 的两个高精度区间可以看出，高斯拐点选择分解方法要比层层剥离方法和高斯拐点匹配法的精度高。层层剥离方法的精度比高斯拐点匹配方法的精度高，说明利用迭代类型分解的方法分解复杂回波信号，分解的精度是要比拐点方法分解要高的。

在 RMSE 区间值为 10～15、15～20、20～100 内的波形数，可以看出高斯拐点匹配方法的波形数是最多的，特别是在 RMSE 区间值为 20～100 内的波形数达到 804 条回波信号，占总波形数的 4.9%，这再一次说明高斯拐点匹配法分解复杂回波信号的精度较差。其次在上述区间中高斯拐点选择分解方法波形与比层层剥离算法波形数相差不大。

从平均 R^2 来看，高斯拐点选择分解方法的拟合的精度最好达到了 0.9799，层层剥离算法的拟合精度达到了 0.9385，高斯拐点选择分解方法的拟合精度为 0.6860，这说明高斯拐点选择分解方法能够好拟合回波信号。同时，本节算法的不可靠波形数量也比较少，只有 1 条回波信号；层层剥离算法分解出错的波形数为 35 条，说明高斯拐点选择方法和层层剥离算法能够有效分解复杂回波信号，并且出错率低、分解稳定。而高斯拐点匹配算法分解的不可靠波形数量最多，达到了 506 条，如果再加上 RMSE 区间值为 20～100 的波形数，则其占总的回波信号波形数大约为 8%，在分解复杂回波信号时有 8%的回波信息不准确或者缺失。

4. 波形分类结果分析

为了说明本算法的分解能力，并采用回波信号波形分量阈值分类方法进行统计。统计的结果如图 7-20 所示。其中波形分量总量表示正确分解分量数加上分解出错分量数。正确分解分量数包括明显分量数，隐藏分量数和拟合分量数。明显分量数为明显波形分量的个数；隐藏分量数为隐藏波形分量个数；拟合分量数为拟合波形分量数。有效波形分量表示明显波形分量个数加上隐藏波形分量个数。分解出错的回波分量会产生"负向振荡”，只要包含一个“负向振荡”的波形分量，则该回波信号内的波形分量都不准确，被记为分解出错分量数。

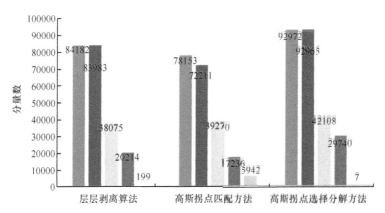

图 7-20　三种方法的波形分量统计图

可以看出，在分解相同数量的回波信号下，层层剥离算法分解出 84182 个波形分量，其中正确分解的波形分量为 83983 个，分解出错的波形分量为 199 个。高斯拐点匹配法分解出 78153 个波形分量，其中正确分解的波形分量为 72211 个，分解出错的波形分量为 5942 个。高斯拐点选择分解方法正确分解的波形分量最多，达到 92965 个，同时分解出错的波形分量为 7 个。高斯拐点选择分解方法分解的正确分解的波形分量比层层剥离算法高 10.6%，比高斯拐点匹配法高 28.7%，证明了高斯拐点选择分解方法有很强的分解能力。

层层剥离算法计算出错的波形分量数（199 个回波分量）与表 7-4 统计到的分解出错分量数（35 条回波信号）的比值，可以算出每条出错的回波信号中大概含有 5～6 个波形分量。由此可以认为在由 5～6 个波形分量数组成的回波信号中，层层剥离算法分解时较容易出错。高斯拐点匹配法由于不可靠波形数量达到 506 条，因此分解出错的波形分量为 5942 个。计算出错的波形分量数与回波信号数的比值，可以知道平均每条回波信号的波形分量数为 7～8 个，可以认为在由 7～8 个波形分量数组成的回波信号中，高斯拐点匹配方法分解时较容易出错。

高斯拐点匹配法产生如此多的未分解分量是因为在复杂回波信号的情况下，依靠残差进行波形分解会产生过多的虚假分量。这些虚假分量导致 LM 算法优化失败，并产生“负向振荡”。而层层剥离算法和高斯拐点选择分解方法都是通过迭代的方法进行分解，通过设定相关的阈值减少了波形分量过多且接近的情况，因此分解的数量和有效波形数量都比较多。

在明显波形和隐藏波形的分解上，层层剥离算法分解了 38075 个明显波形分量和 20214 个隐藏波形分量，共 58289 个有效波形分量。高斯拐点匹配法分解了 39270 个明显波形分量和 17236 个隐藏波形分量，共 56506 个波形分量。高斯拐点选择分解方法分解了 42108 个明显波形分量和 29740 个隐藏波形分量，共 71848 个波形分量。高斯拐点选择分解方法分解的有效波形分量数是最多的，比层层剥离算法高 23%，比高斯拐点匹配方法高 27%，说明高斯拐点选择分解方法能够更多地分解出有效的波形分量。比较隐藏波形分量数，高斯拐点选择分解方法和层层剥离算法能够比高斯拐点匹配法分解出更多的隐藏波形分量，这再一次证明了迭代分解的算法在分解复杂回波信号时有更多的优势。

值得一提的是由于使用迭代的方法，高斯拐点选择分解方法和层层剥离算法分别产生了 21117 个拟合波形分量和 25694 个拟合波形分量，而高斯拐点匹配方法基于拐点法产生了 15705 个拟合的波形分量，比高斯拐点选择分解方法和层层剥离算法要少。结合上表产生 RMSE 区间及平均 R^2，可以认为，在使用高斯分解法分解复杂回波信号时，拟合的波形分量是必要的。拟合的波形分量可以帮助拟合回波信号，从而产生更加精确的高斯模型。

5. 波形分解方法比较结论

层层剥离算法在分解复杂回波信号时，容易将多个叠加波形计算成一个波形分量，导致分解波形个数不精确。高斯拐点匹配法在分解多个叠加波形时，如果峰值点过少，则会忽略波形分量的个数。针对层层剥离算法和高斯拐点法的不足，本文提出了高斯拐点分解算法。利用本文算法和层层剥离算法和高斯拐点匹配法对实测数据进行了波形分解实验。实验证明，高斯拐点选择分解方法可以更加正确有效地对复杂激光雷达回波信号进行分解，其 RMSE 值最低，在 RMSE 区间 1~5 处达 13695 条回波信号，得到的精度最高。同时高斯拐点选择分解方法的平均 R^2 达到 0.9799，拟合效果最好。在有效波形分量的寻找上，高斯拐点选择分解方法能够发现更多的有效波形分量，达到 71848 个，比层层剥离算法高 23%，比高斯拐点匹配方法高 27%，证明高斯拐点选择分解方法能够更多地分解出有效的波形分量。

7.5.2 参数优化结果分析

本节使用普通粒子群算法、标准二阶粒子群算法和二阶振荡粒子群算法对高斯拐点选择分解方法进行了参数优化对比，分别采用了含有 2 个、3 个、4 个、5 个回波分量的回波信号进行参数优化。其中设置影响因子 $c_1 = 0.3$，$c_2 = 1.8$（胡建秀和曾建潮，2007），粒子规模数为 50，最大迭代次数为 100，粒子最大速度为 10，拟合区间的参数范围为 $[A_i - 3, A_i + 3]$，$[\mu_i - 5, \mu_i + 5]$，$[\sigma_i - 2, \sigma_i + 5]$，$A_i$，$\mu_i$，$\sigma_i$ 为参数估计得到的第 i 个特征参数。惯性因子从 0.9 递减到 0.4。为了方便查看优化结果，将迭代次数与最优适应值绘制成图。迭代次数表示的是算法找到最优适应值的次数，代表了算法的效率。最优适应值表示优化后波形与原始波形的残差之和，代表算法拟合的精度，残差之和越小则算法的精度越高。由于粒子群算法优化是基于不确定性的方法，每次迭代得到的值都不一样，因此本方法取 100 次最优适应值进行分析。

1. 多种粒子群算法比较分析

从图 7-21（a）～图 7-21（c）可以看出，参数估计分量（绿色虚线）和波形优化估计分量（黑色虚线）在进行优化时，取得了一定的效果，优化后的波形分量少量改变了参数的大小，对高斯分量进行了微调；优化后的波形（红色实线）和原始滤波回波信号（蓝色实线）可以看出，优化后的接近回波信号，比优化前的波形分量得到了一定的提升。

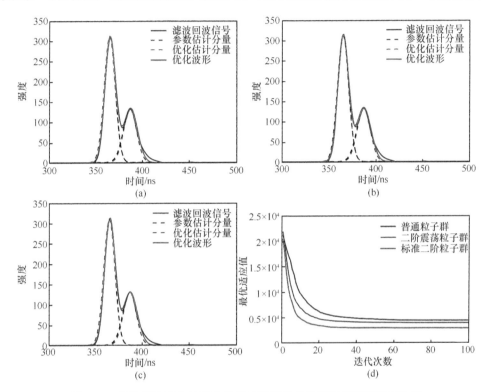

图 7-21　优化后的两个波形分量的回波信号参数和最优适应度变化图

（a）粒子群算法拟合波形；（b）二阶振荡粒子群算法拟合波形；（c）标准二阶粒子群算法拟合波形；（d）最优适应度变化

通过分析图 7-21，从图 7-21（d）中可以看出，各粒子群算法经过迭代后最优适应值将趋于收敛。其中，普通粒子群算法在 60 次迭代左右趋于收敛。二阶振荡粒子群算法和标准二阶粒子群算法的收敛趋势大致相同，在 20～40 次迭代的区间内趋于收敛，同时标准二阶粒子群算法的最优适应值是比二阶振荡粒子群算法要低，效果更好。

在增加一个波形分量之后回波信号参数估计发生了一些变化。从图 7-22（a）可以看出，粒子群算法优化的三个波形分量的参数都发生了一些的变化。这是因为粒子群算法在参数优化时为了获得全局最优解，将第二个与第三个波形分量的波形半宽进行了缩小和放大，同时移动了第三个波形分量。

通过分析图 7-23，图 7-23（b）中二阶振荡粒子群算法并没能很好拟合第二个波形分量，因此导致最优适应值比较低，但是优于普通的粒子群算法。图 7-23（c）中标准二阶粒子群算法能够正确判断出全局最优解，从而往正确的方向进行参数优化，保证了参数优化值的正确性。

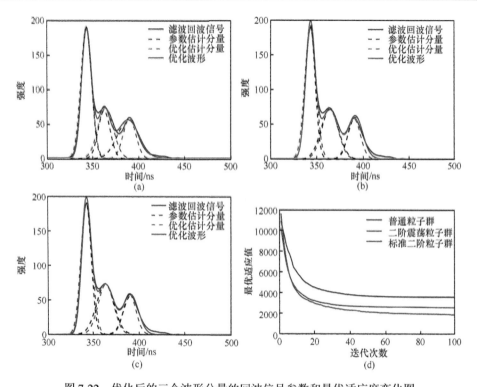

图 7-22　优化后的三个波形分量的回波信号参数和最优适应度变化图
（a）粒子群算法拟合波形；（b）二阶振荡粒子群算法拟合波形；（c）标准二阶粒子群算法拟合波形；（d）最优适应度变化

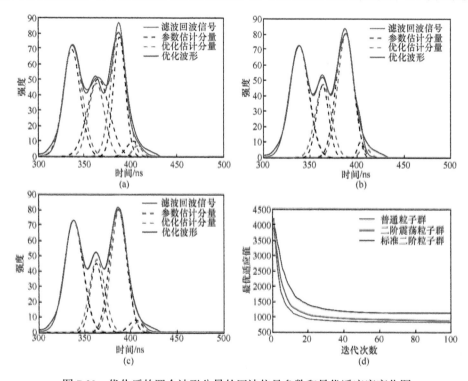

图 7-23　优化后的四个波形分量的回波信号参数和最优适应度变化图
（a）粒子群算法拟合波形；（b）二阶振荡粒子群算法拟合波形；（c）标准二阶粒子群算法拟合波形；（d）最优适应度变化

在适应度值的计算中我们可以看出，标准二阶粒子群算法和二阶振荡粒子群算法在前期都有很快的收敛速度，比粒子群算法要快，但是二阶振荡粒子群算法在迭代 40 次后已经收敛，而标准二阶粒子群算法依然继续寻找最优适应值，直到迭代 60 次才收敛，并且最优适应值要大于二阶振荡粒子群算法和粒子群算法。

当分解的回波信号达到 4 个时，可以看出粒子群算法的第二个分量（从左往右数）的拟合出现了一些问题，第二个回波信号分量往右偏了一些，没能很好地优化波形。二阶振荡粒子群算法最后一个回波分量（从左往右数）并没有拟合得很好，没能贴合原始回波信号。标准二阶粒子群算法基本上能够贴合原始回波信号，在拟合方面比粒子群算法和二阶振荡粒子群算法要好。

通过分析图 7-24，在图 7-24（d）中可以发现二阶振荡粒子群算法在经过 40～60 次迭代后，迭代终止，最优适应值已经达到最低。而粒子群算法大概在 40 次迭代时收敛，并且精度上不如标准二阶粒子群算法和二阶振荡粒子群算法。标准二阶粒子群算法无论从迭代次数还是最优适应值来看表现是最好的，二阶振荡粒子群算法在 40 次迭代接近于收敛，其得到的最优适应值比粒子群算法和标准二阶粒子群算法要低。

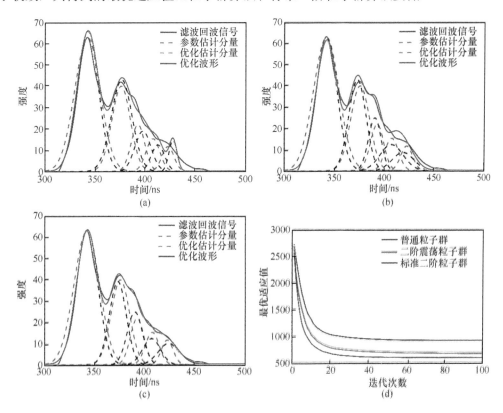

图 7-24　优化后的五个波形分量的回波信号参数和最优适应度变化图

（a）粒子群算法拟合波形；（b）二阶振荡粒子群算法拟合波形；（c）标准二阶粒子群算法拟合波形；（d）最优适应度变化

在分解含有 5 个分量的回波信号时可以看到，三种粒子群算法都能够大幅度调节参数估计得到的寻找特征。图 7-24（a）的普通粒子群算法和图 7-24（b）二阶振荡粒子群算法中虽然进行了不同程度的调节参数，但是依然与上面分析到的原因相同，为了寻找最优的适应值而没有考虑回波信号的拟合情况。标准二阶粒子群算法能够调节参数，并且与原始回波信号进行拟合，拟合的效果较好。

通过分析图 7-24，从图 7-24（d）的最优适应度变化图来看，粒子群算法与二阶振荡粒子群算法都过早地进行了收敛，并没有找到最优的适应值，而二阶振荡粒子群算法在相同的迭代次数下比粒子群算法和二阶振荡粒子群算法更能找到最优适应值。

对比了从简单到复杂的回波信号，在拟合的精度上，标准二阶粒子群算法和二阶振荡粒子群算法在普通粒子群算法上进行改进，因此都要优于普通粒子群算法。二阶振荡粒子群算法虽然在标准二阶粒子群算法的基础上进行了改进，但是二阶振荡粒子群算法全局收敛–渐进收敛的寻优方式可能不太适合激光雷达多个参数的情况。标准二阶粒子群算法相比较于二阶振荡粒子群算法，更加适应激光雷达回波数据参数优化。下一小节将单独探讨标准二阶粒子群算法的优化精度。

2. 标准二阶粒子群 LM 算法拟合结果分析

在本节中，将使用阻尼 LM 算法对参数优化后的回波信号进行拟合，探究是否标准二阶粒子群算法的优化后的波形分量可以直接使用；并以 LM 算法得到的结果为标准，使用回波信号的参数和 RMSE 作为对比。得到的结果如图 7-25 和表 7-5、表 7-6 所示。

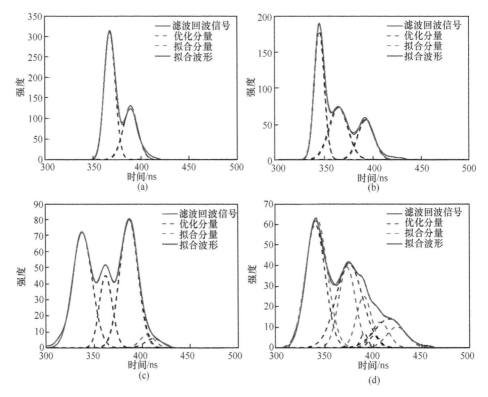

图 7-25　LM 算法拟合优化后的波形分量

表 7-5 波形分解得到的参数

组别	A	μ/ns	σ/ns
(a)	311.62	365	5.94
	131.56	387	6.79
(b)	189.87	343	5.94
	72.42	364	8.49
	58.03	390	6.79
(c)	72.51	338	10.19
	47.42	364	8.49
	80.52	388	8.49
	7.02	408	5.09
(d)	62.80	342	12.73
	39.96	376	9.34
	21.91	393	6.79
	15.39	408	6.79
	11.68	423	5.94

表 7-6 优化前后高斯分量的各个参数

组别	TPSO A	TPSO μ/ns	TPSO σ/ns	RMSE	LM A	LM μ/ns	LM σ/ns	RMSE
(a)	312.04	365.54	5.67	1.95	311.86	365.49	5.62	1.71
	131.62	387.30	7.58		124.17	387.22	8.05	
(b)	190.30	342.79	5.17	1.69	179.48	342.81	5.08	0.91
	72.69	363.30	9.62		73.76	362.60	9.71	
	56.75	391.45	8.07		55.15	391.33	8.66	
(c)	72.35	338.32	10.32	0.71	72.11	338.27	10.27	0.55
	45.09	363.23	6.75		45.02	363.03	6.73	
	80.66	386.72	8.95		80.62	386.99	9.35	
	8.22	405.77	7.48		5.65	412.30	8.99	
(d)	63.07	342.44	10.81	0.75	60.04	341.15	9.85	0.36
	39.22	373.43	8.55		40.67	375.71	13.55	
	24.91	390.64	7.71		6.97	390.84	3.72	
	12.42	407.32	8.83		6.03	401.45	5.46	
	10.16	424.43	10.54		13.98	416.36	14.74	

表 7-6 中 TPSO 表示标准二阶粒子群算法，LM 表示 LM 算法，A、μ、σ 表示回波信号的振幅，中心位置和波形半宽。

表 7-5 和表 7-6 可以看出，标准二阶粒子群算法对 LM 算法拟合是有促进作用的，标准二阶粒子群算法能够优化回波信号的参数，将回波信号的参数向真值靠拢，为 LM 算法拟合回波信号提供较为准确的参数值。

由图 7-25 与表 7-5 可以看出，当波形分量为 2 个的时候 [表 7-5 (a) 组]，优化后的回波信号与拟合后的回波信号的，中心位置 μ 和波形半宽 σ 差别并不是很大，但是振幅位置与回波信号拟合后的回波信号仍有些差距。相似的，当波形分量为 3

个的时候［表 7-5（b）组］，优化后的回波信号与拟合后的回波信号的中心位置 μ 和波形半宽 σ 发生了细微的改变，差别并不是很大，发生差距最大的地方为第 1 个回波信号分量的振幅位置，相差 10.82。表 7-5（a）组与表 7-5（b）组优化后的回波信号与拟合后的回波信号的 RMSE 差值分别为 0.7 与 0.15，证明了当回波信号的波形分量个数较少的时候使用标准二阶粒子群算法优化回波信号分量与使用 LM 算法拟合回波信号分量的差别并不大，其主要的区别在于幅值方面的变化，振幅导致了拟合程度的不同。

当波形分量为 4 的时候［表 7-5（c）组］，优化后的回波信号分量与拟合后的波形分量的参数发生了少量的改变，其变化最大的主要是在最后一个波形分量上。当波形分量为 5 的时候［表 7-5（d）组］，可以看出优化后的回波信号分量与拟合后的回波信号分量的参数发生了较大的改变，其主要的变化在回波信号的振幅参数与波形半宽参数的上。表 7-5（c）组与表 7-5（d）组的 RMSE 相差 0.16 和 0.39，证明虽然标准二阶粒子群算法和 LM 算法拟合的中心位置参数相差不大，但是标准二阶粒子群算法振幅参数与波形半宽参数却不如 LM 算法拟合得那么好。

因此在回波信号含有波形数量较少时，标准二阶粒子群算法与 LM 算法的中心位置参数与波形半宽参数的精度相当，差距体现在回波信号的振幅上。回波信号含有较多的波形分量时，标准二阶粒子群算法的只能够为 LM 算法提供较为准确的初始值，并不能替代 LM 算法在波形拟合的作用。

3. 标准二阶粒子群算法优化测区回波信号比较分析

本次比较并没有比较高斯拐点匹配方法，因为高斯拐点匹配方法采用的是"参数估计—拟合—添加新分量—拟合"的方式对回波信号进行分解，在拟合的过程中根据残差大小进行循环添加新的分量，并重新进行拟合。而层层剥离算法和高斯拐点选择分解算法采用的是"参数估计—拟合"的方式，并没有再添加新的波形分量进行拟合。参数优化的方法仅适用于参数估计之后，如果进行参数拟合之后再使用参数优化算法，那参数优化算法就没有效果了。由于高斯拐点匹配方法分解的方式与层层剥离算法和高斯拐点选择分解方式不同，因此采用标准二阶粒子群算法对迭代法和高斯拐点选择分解算法对测区数据进行分解，统计分解的 RMSE 分解区间回波信号个数与分解出错的回波信号数，其得到的结果如下。

在加入标准二阶粒子群算法后可以看到，对比表 7-7 与表 7-8 可以看出，层层剥离算法方法不可靠波形数减少了 1 条，5～10 的 RMSE 区间回波信号数降低了 153 条，0～5 的 RMSE 区间回波信号数增加了 154 条，证明了对于层层剥离算法方法标准二阶粒子群算法对回波信号数的分解精度还是有所提升的。

表 7-7　未加入标准二阶粒子群算法 RMSE 区间

RMSE 区间	0～5	5～10	10～15	15～20	20～100	不可靠波形数量
层层剥离算法	12313	3596	406	32	2	35
高斯拐点选择分解方法	13695	2226	401	57	4	1

表 7-8　加入标准二阶粒子群算法 RMSE 区间

RMSE 区间	0～5	5～10	10～15	15～20	20～100	不可靠波形数量
层层剥离算法	12467	3443	405	33	2	34
高斯拐点选择分解方法	13804	2130	390	55	4	1

在高斯拐点选择分解方法中我们可以看到，RMSE 区间为 0～5 的回波信号数量增加了 109 条，RMSE 区间为 5～10 的回波信号数量减少了 96 条，RMSE 区间为 10～15 的回波信号数量减少了 11 条，RMSE 区间为 15～20 的回波信号数量减少了 2 条，证明加入标准二阶粒子群算法后高斯拐点选择分解方法的精度略有上升。

4. 标准二阶粒子群优化结论

参数拟合依赖于参数估计后的高斯参数，对参数估计后的高斯参数进行优化将有助于参数拟合的精度。对比了粒子群算法，标准二阶粒子群算法和二阶振荡粒子群算法，得出以下结论。①在优化参数估计得到的参数时，标准二阶粒子群算法相较于粒子群算法和二阶振荡粒子群算法，标准二阶粒子群算法的速度更快，精度更优。②在使用标准二阶粒子群算法优化回波信号分量时，如果回波信号的波形分量数较少（2～3 个回波分量），那么二阶粒子群算法优化的精度与 LM 算法优化的精度差不多，其主要区别在于振幅参数；分解的回波数量较多的时候，标准二阶粒子群算法优化的参数的精度仍然比 LM 算法拟合得到的精度要低，因此标准二阶粒子群算法在激光雷达回波信号波形分解中仅起到促进 LM 算法优化的作用。③使用标准二阶粒子群算法优化后的参数能够对 LM 算法的精度具有少量的提升。

7.6　本 章 小 结

本章描述了波形分解算法的基本原理，具体介绍了峰值检测的方法、基于数学模拟法的高斯、自适应高斯和威布尔模型和基于反卷积法的 RL、Gold 和维纳滤波器多种波形分解模型、拟合参数优化的方法即最大期望值法和非线性最小二乘法、粗差剔除，最后详细介绍了本章提出的高斯拐点波形分解算法。

本章基于大量实测数据，对比了高斯、自适应高斯、Weibull、RL 和 Gold 五种算法处理 4 个不同地区 LiDAR 数据的特性，得出以下结论。

（1）高斯算法在处理奥果韦-伊温多省数据时拟合误差高达 9.96，假回波检测率达 13.7%，分解的回波分量数量在 4 个数据集中均为最少；而且高斯算法容易将叠加或相近波峰笼统地识别为单个波峰。以上这些现象表明：高斯算法分解的性能受环境影响较大，在处理复杂波形时远不如其他 4 种算法，但是高斯算法分解出的波形分量的参数误差在 5 种算法中几乎最小即准确度最好，且与 Gold 算法一样具有快速分解波形的能力。这表明高斯算法分解复杂波形的能力欠缺，但就已分解的波形分量来说精度极佳。

（2）自适应高斯和 Weibull 算法在路易斯安那州地区分解的波形分量数量分别为 56.2k 和 54.1k，相对于高斯算法（33.5k）具有更好的检测弱回波和叠加波的能力。另外，通过波形分量的位置检测，发现 Weibull 算法分离出的波形分量存在很多误判、叠加和重合的波形分量。这种情况将在反演地物分布时会带来很大误差，而自适应高斯算法分解波形分量的准确性要高于 Weibull 算法。在精度分析中，自适应高斯算法出现的异常值比 Weibull 算法多 122 个。以上结果揭示了自适应高斯和 Weibull 算法两种算法容易出现过度拟合的情况。

（3）RL 和 Gold 算法在路易斯安那州地区分解的波形分量数量（96.6k）几乎是高斯算法（33.5k）的 3 倍，自适应高斯（56.2k）和 Weibull（54.1k）的 2 倍。其他实验结果也指向 RL 和 Gold 两种反卷积算法整体上优于高斯、自适应高斯和 Weibull 算法。此外，RL 和 Gold 算法反卷积后均能有效提高波峰的可分离性。Gold 算法在 4 个实验地区的误检率分别只有 1.3%、0.9%、1.1%和 0.1%，能够有效地降低检测到假波形分量的概率。

（4）Gold 算法在森林覆盖的奥果韦-伊温多省分解出的有效波形分量数量比 RL 算法多 12.9k，而在拉森港地区，Gold 算法要比 RL 算法少 2.6k。这些结果说明：RL 算法在地形简单的地区分解性能更好，而 Gold 算法在多回波、弱回波和叠加波等波形复杂的情况下具有很强的信号分解能力。RL 算法的性能主要受制于其收敛速度。

总之，高斯和 Gold 算法最为满足实时计算中对运算速度和稳定性的需求，而自适应高斯和 Weibull 算法更倾向于满足对复杂地物回波信号的分解能力或复杂波峰辨别能力的需求。实验的贡献在于比较分析了五种 LiDAR 波形分解算法在不同特色环境下的特性，这些结果和结论为推广分解算法的应用提供参考价值。

参 考 文 献

戴璨. 2016. 激光雷达回波信号增强与波形分解. 南京: 南京大学.

邓荣华. 2022. 激光雷达回波信号高斯拐点选择分解方法的研究. 桂林: 桂林理工大学.

段乙好, 张爱武, 刘诏, 等. 2014. 一种用于机载 LiDAR 波形数据高斯分解的高斯拐点匹配法. 激光与光电子学进展, 51(10): 195-203.

郭锴, 刘焱雄, 徐文学, 等. 2020. 机载激光测深波形分解中 LM 与 EM 参数优化方法比较. 测绘学报, 49(1): 117-131.

胡建秀, 曾建潮. 2007. 二阶微粒群算法. 计算机研究与发展, (11): 1825-1831.

赖旭东, 秦楠楠, 韩晓爽, 等. 2013. 一种迭代的小光斑 LiDAR 波形分解方法. 红外与毫米波学报, 32(4): 319-324.

刘诏, 张爱武, 段乙好, 等. 2014. 全波形机载激光数据分解研究. 高技术通讯, 24(2): 144-151.

龙舒桦. 2021. 全波形 LiDAR 数据的贝叶斯分解算法的研究. 桂林: 桂林理工大学.

梁敏. 2017. 基于全波形高斯分解的激光测高点筛选. 青岛: 山东科技大学.

孟志立, 徐景中. 2018. 机载激光雷达波形数据横向高斯分解方法. 武汉大学学报(信息科学版), 43(1): 81-86.

王滨辉, 宋沙磊, 龚威. 2017. 全波形激光雷达的波形优化分解算法. 测绘学报, 46(11): 1859-1867.

王丹茵, 徐青, 邢帅, 等. 2017. 全局收敛 LM 算法优化的机载激光测深信号提取方法. 测绘科学技术学报, 34(4): 421-426.

Abdallah H. 2012. Wa-LiD: A new LiDAR simulator for waters. IEEE Geoscience & Remote Sensing Letters, 9(4): 744-748.

Azadbakht M, Fraser C S, Khoshelham K. 2016. A sparsity-based regularization approach for deconvolution of full-waveform airborne LiDAR data. Remote Sensing, 8(8): 648.

Biggs D S, Andrews M. 1997. Acceleration of iterative image restoration algorithms. Applied Optics, 36(8): 1766-1775.

Chauve A, Mallet C, Bretar F, et al. 2007. Processing Full-waveform LiDAR Data: Modelling Raw Signals. Espoo, Finland: Proceedings of the International Archives of Photogrammetry, Remote Sensing and Spatial Information Sciences.

Chauve A, Vega C, Durrieu S, et al. 2009. Advanced full-waveform LiDAR data echo detection: Assessing quality of derived terrain and tree height models in an alpine coniferous forest. International Journal of Remote Sensing, 30(19): 5211-5228.

Cawse-Nicholson K, Van A J, Hagstrom S, et al. 2014. Improving waveform LiDAR processing toward robust deconvolution of signals for improved structural assessments//Laser Radar Technology and Applications XIX; and Atmospheric Propagation XI. International Society for Optics and Photonics, 9080: 90800I.

Céline T, Nicolas J M, Tupin F, et al. 2011. A new statistical model for Markovian classification of urban areas in high-resolution SAR images. IEEE Transactions on Geoscience and Remote Sensing, 42(10): 2046-2057.

Feigels V I. 1992. LiDARs for oceanological research: Criteria for comparison, main limitations, perspectives. In: Ocean Optics XI. International Society for Optics and Photonics, 1750: 473-484.

Gold R. 1964. An iterative unfolding method for response matrices. Argonne National Laboratory.

Guo K, Xu W, Liu Y, et al. 2018. Gaussian half-wavelength progressive decomposition method for waveform processing of airborne laser bathymetry. Remote Sensing, 10(1): 35.

Hofton M, Dubayah R, Blair J B, et al. 2006. Validation of SRTM elevations over vegetated and non-vegetated terrain using medium footprint LiDAR. Photogrammetric Engineering & Remote Sensing, 72(3): 279-286.

Jansson P A. 1997. Deconvolution of images and spectra. Courier Corporation.

Jutzi B, Stilla U. 2006. Range determination with waveform recording laser systems using a Wiener Filter. ISPRS Journal of Photogrammetry and Remote sensing, 61(2): 95-107.

Karolina D F, Ian J D, Mihai A T, et al. 2015. Validation of canopy height profile methodology for small-footprint full-waveform airborne LiDAR data in a discontinuous canopy environment. ISPRS Journal of Photogrammetry and Remote Sensing, 104: 144-157.

Mallet C, Bretar F. 2009. Full-waveform topographic LiDAR: State-of-the-art. ISPRS Journal of Photogrammetry and Remote Sensing, 64(1): 1-16.

Marquardt D W. 1963. An algorithm for least-squares estimation of non-linear parameters. Journal of the Society for Industrial & Applied Mathematics, 11(2): 431-441.

McGlinchy J, Van A J A N, Erasmus B, et al. 2013. Extracting structural vegetation components from small-footprint waveform LiDAR for biomass estimation in savanna ecosystems. IEEE Journal of Selected Topics in Applied Earth Observations and Remote Sensing, 7(2): 480-490.

Morháč M, Matoušek V, Kliman J. 2003. Efficient algorithm of multidimensional deconvolution and its application to nuclear data processing. Digital Signal Processing, 13(1): 144-171.

Mobley C D, Zhang H, Voss K J. 2003. Effects of optically shallow bottoms on upwelling radiances: Bidirectional reflectance distribution function effects. Limnology and Oceanography, 48(1part2): 337-345.

Neuenschwander A L. 2008. Evaluation of waveform deconvolution and decomposition retrieval algorithms for ICESat/GLAS data. Canadian Journal of Remote Sensing, 34(sup2): S240-S246.

Reitberger J, Krzystek P, Stilla U. 2008. Analysis of full waveform LiDAR data for the classification of deciduous and coniferous trees. International Journal of Remote Sensing, 29(5): 1407-1431.

Richardson W H. 1972. Bayesian-based iterative method of image restoration. JoSA, 62(1): 55-59.

Roberts G O, Gelman A, Gilks W R. 1997. Weak convergence and optimal scaling of random walk Metropolis algorithms. The Annals of Applied Probability, 7(1): 110-120.

Roncat A, Bergauer G, Pfeifer N. 2011. B-spline deconvolution for differential target cross-section determination in full-waveform laser scanning data. ISPRS Journal of Photogrammetry and Remote

Sensing, 66(4): 418-428.

Savitzky A, Golay M J E. 1964. Smoothing and differentiation of data by simplified least squares procedures. Analytical chemistry, 36(8): 1627-1639.

Wang K, Liu G, Tao Q, et al. 2020. A method for solving LiDAR waveform decomposition parameters based on a variable projection algorithm. Complexity, (5): 1-13.

Wagner W, Ullrich A, Ducic V, et al. 2006. Gaussian decomposition and calibration of a novel small-footprint full-waveform digitising airborne laser scanner. ISPRS Journal of Photogrammetry and Remote Sensing, 60(2): 100-112.

Wu J, Van A J A N, Asner G P. 2011. A comparison of signal deconvolution algorithms based on small-footprint LiDAR waveform simulation. IEEE Transactions on Geoscience & Remote Sensing, 49(6): 2402-2414.

Zhu R, Pang Y, Zhang Z, et al. 2010. Application of the deconvolution method in the processing of full-waveform LiDAR data. Yantai, China: Proceedings of the 2010 3rd International Congress on Image and Signal Processing.

Zhou T, Popescu S C, Krause K, et al. 2017. Gold - A novel deconvolution algorithm with optimization for waveform LiDAR processing. ISPRS Journal of Photogrammetry and Remote Sensing, 129: 131-150.

第 8 章　单波段激光雷达测试场和验证

8.1　引　　言

单波段激光雷达测试场测试是评估激光雷达设备性能的关键步骤和重要依据。为了更加准确地完成单波段激光雷达整机测试，测试场需要根据测深环境由简单到复杂的变化进行选择、搭建。本章所描述的测试场分为室内和室外两组。室内测试场相对于室外测试场具有更加稳定的环境（包括环境光较弱且稳定、水面波浪平缓且水质均匀），可以用于测试单波段激光雷达在良好环境下水深探测的性能；室外测试场则更接近于实际使用中的测深环境，可以用于测试单波段雷达在各种复杂多变环境下系统稳定性与水深探测的性能。为此，我们建立了实验室水槽、室内游泳池、实验室水井、人工池、人工湖、漓江、银滩海域和侨港海湾共 8 个测试场，并分别在以上测试场中进行了多组实验。

本书前几章分别描述激光雷达各个功能模块测试，尤其是，我们已经在室内测试场中验证各个模块功能符合设计要求，且通过注有纯净水的水槽，测试了该设备的基本探测功能。通过分析水槽测试在水面波浪的影响下，和最大探测深度上存在的问题，再次增加了游泳池测试。

不同于室内测试场，我们逐步增加了水井测试场测试以测试激光雷达在环境光影响小的自然水质下仪器性能；同时，设计了人工池塘测试场以验证在更加真实的自然水体与环境光影响下的激光雷达测深效果。人工湖测试场中，则增加无人船载平台和无人机载平台的搭载，以测试单波段激光雷达整体在实际水深探测的效果。

考虑到自然水域中存在的水面波浪影响与更加复杂的测试水域环境，我们在室外测试场中增加了桂林漓江、广西北海银滩海域和侨港海湾测试场。在这些测试场中，使用与之前实验大致相似的步骤进行，以测试单波段水深探测激光雷达在复杂环境下的测深效果。

8.2　室内测试及验证

8.2.1　激光雷达功能测试

1. 激光扫描测试场与验证

根据前几章描述的原理，激光器是发射光学系统中最主要元件，需要测试激光器在实际使用过程中达到的光束质量。同时，为了保证最后发出的激光可以稳定均匀地覆盖到扫描区域，需要对设置的圆锥扫描方式进行测试。具体测试过程如下。

　　将激光雷达水平放置在一个光学平台上，并用激光束扫描一张白纸（图 8-1）。从图 8-1 可以发现，激光扫描点轨迹为黄色圆形，这说明了激光雷达扫描发射模块进行的是圆形扫描。圆形扫描由一系列激光点组成，即第一激光点位置 1、第二激光点位置 2、第三激光点位置 3、第四个激光点位置 4。

2. 探测器测试

　　根据前几章描述的原理，单波段激光雷达对水下目标的探测能力很大部分取决于激光器发出的光束在水体中传输的深度。当激光器的性能确定后，能够检测的最大深度又受到接受光学系统的影响。为了解决光电探测器的接收量程受限的问题，将接收光学系统分为深水、浅水、水表面三个通道。不同光学接收通道的光电探测器敏感度不同，所需的放大电流信号放大倍率也不同。因此，我们通过以下实验测试在三个通道上（通过设置 PMT，可以实现不同的放大倍数）的激光回波信号效率，以此确定探测器的性能。

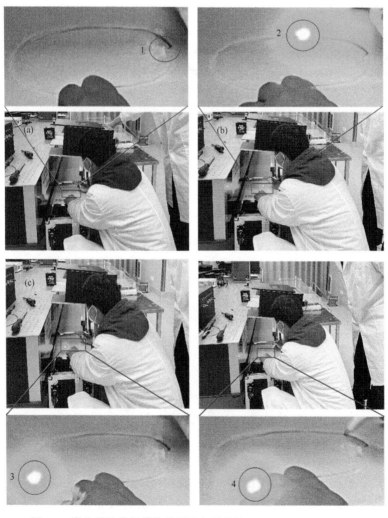

图 8-1　激光雷达发射模块的周向扫描轨迹（Zhou et al.，2023a）
（a）为第一激光点位置 1；（b）为第二激光点位置 2；（c）为第三激光点位置 3；（d）为第四激光点位置 4

　　激光器首先垂直安置在测试台上,再发射一束激光到探测器上,以测量初始激光振幅(图 8-2)。进一步,将激光器通过反射器发射到槽内的目标上,用示波器测量三个通道的激光回波幅度。由图 8-2(a)可知,直接测量到的激光回波上升沿幅度为 573.109 mV;从图 8-2(b)可知,示波器在浅水深度信号通道(c1)、中水深度信号通道(c2,通过设置 PMT 电压对应的增益并增加衰减器,可以将信号放大 5 倍)和深水深度信号通道(c3,通过设置 PMT 电压对应的增益并增加衰减器,可以测量到激光回波的上升沿幅度,信号可放大 30 倍)分别为 551.837 mV(取绝对值时下降沿幅值为–551.837 mV)、2.752V 和 15.788V。也就是说,浅水深度信号通道的激光回波信号效率为 551.837 mV/573.109 mV,大于 97%;中水深信号通道的激光回波信号效率为 2752 mV/573.109 mV/5(放大倍数),大于 97%;深水水深信号通道的激光回波信号效率为 15788 mV/573.109 mV/ 30(放大倍数),大于 91%。因此,激光雷达接收光学模块的激光回波信号效率,即光透过率大于 91%,符合设计要求。

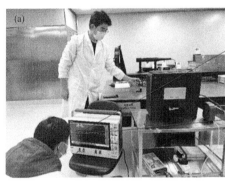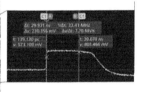
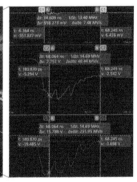

图 8-2　测试光学系统的效率
(a)是发射脉冲激光器的回波信号;(b)是浅水深度信号通道、中水深度信号通道和深水深度信号通道的回波信号

8.2.2　水　槽　测　试

　　根据前几章描述的原理,激光在海洋环境中存在传输衰减,一般包括两个部分即吸收衰减和散射衰减。此过程受到海水、海水中溶解物质、海水中浮游植物的光合作用等因素的影响。由于海水较为复杂,为了初步开展激光雷达的整机测试,我们先对测试实验的水体进行控制,使用纯水进行代替海水完成测试(Zhou et al.,2023c)。

　　水槽测试场搭建在"广西测绘激光雷达智能装备中试基地"，具有更换不同水体，测试激光雷达在不同水体传输能力等功能，为激光雷达测试实验研究提供了不同底质、不同水质、不同水面的激光水面反射、折射和水下传输等研究，是激光雷达研究的利器，也是激光雷达从室内走向室外的关键环节。

　　水箱长 3m、宽 0.5m、高 0.5m，装有水泵、水管、放置在水箱上方的第一个 45°反射镜、水箱底部的第二个 45°反射镜、白色靶板、高精度测量尺、示波器。激光雷达验证过程如图 8-3 所示。

图 8-3　水槽测试场实验

　　准备好实验需要的仪器设备；在水槽旁安放好单波段激光雷达（图 8-4）。进行室内水槽实验，步骤如下：

　　（1）在水槽内注入 2/3 的无杂质纯净水，测试水槽内垂直和水平传递的总距离。尽可能清除反射镜面上依附的悬浮物。

　　（2）在靠近激光器的水槽的底部放置一个可以调整坡度的金属板模拟测深水底。

　　（3）设置激光器参数，将激光雷达连接示波器，垂直放置在测试车上，激光发射到第一个 45°反射面，再反射到第二个 45°反射面，到达白色靶板，并按原路径返回到接收光学系统；然后对这两个反射器的位置进行微调，以保证激光在水箱水中的平行传输。

　　（4）用示波器观察水面激光回波信号与白色靶板的时间差，乘以激光在水中的传播速度，得到激光在水中传播的距离，即测量水深。

　　（5）用高精度测量尺测量进入水面的激光到第二块 45°反射镜的距离，以及从第二块 45°反射镜反射的激光到白色靶板的距离，并将其求和，即获得实际水深。

（6）移动目标白板的位置，重复上述测量步骤 5 次，并记录测量水深和实际水深。

（7）为了检测激光雷达的泵浦电流对测深距离和测深精度的影响，此处再次设置泵浦电流并重复上述实验步骤。

通过上面测试，获得如图 8-5 所示的回波信号波形，通过第七章描述的波形分解软件处理，可以得到更加准确的时刻点，从而得到最终的测量水深。

图 8-4　水槽测试

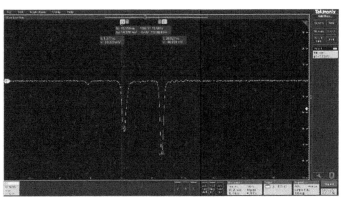

(a)1 次波形

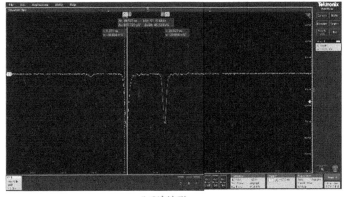

(b)2 次波形

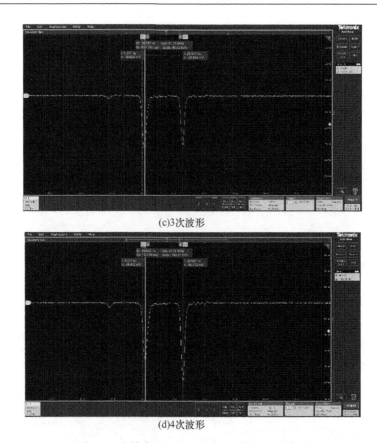

(c)3次波形

(d)4次波形

图8-5　水槽实验1次、2次、3次、4次波形

由图8-5可以得出，在不同泵浦电流下，同一位置点的水槽试验场测量的水深分别为2.22m、2.22m、2.25m、2.22m（表8-1）。

表8-1　实验室水槽测试的数据

泵浦电流/A	偏置电压/V	第二波峰与第三波峰 Δt/ns	测量水深/m
1	0.4	19.55	2.22
2	0.4	19.48	2.22
3	0.4	19.78	2.25
4	0.4	19.56	2.22

从表8-1可以看出，在较浅水深、水环境条件一致的情况下，泵浦电流对水深偏差的影响不大。8.2.3节将增加测试场水深以验证泵浦电流对最大测量水深的影响。

选取不同的水深距离进行测深精度的测试，结果如表8-2所示。从表8-2可以看出，水槽测试结果与激光实际在水中传输距离非常吻合；而且，实验室水槽的最大测量水深为2.29m，与实际水深误差不超过6mm。由于最大测量水深受水槽长度限制，将在8.2.3节讨论。

表 8-2　实验室水槽的验证数据

序号	测量水深/m	真实水深/m	水深偏差/mm
1	2.197	2.220	3
2	2.204	2.210	6
3	2.206	2.210	4
4	2.238	2.235	3
5	2.290	2.295	5

8.2.3　游泳池验证

由于受水槽长度的限制，无法有效估计泵浦电流对于最大测深距离的作用，因此，为了测试纯水环境下的最大测深距离，我们使用室内游泳池作为测试场重复上面的测试实验。

室内游泳池测试场建立在桂林市漓江郡府晟郡会馆泳池，长 50m、宽 20m，面积 1000m²，深 1.3～3.5m，常年水温保持在 27～28℃。为了这次测试，我们特制了激光雷达支架、45 度反射镜、白色靶板和高精度测量尺。同时，还拥有游泳池水底 DEM（digital elevatoin model）数据。这次测试的目的就是验证激光水下传输的距离，验证前几章发展的激光雷达最大测量水深方程、激光水下辐射传输模型、光学系统设计加工、机械结构设计加工、高速 AD 采样模块，以及激光雷达安装等是否存在问题。同时，也可用于研究不同水质、透明度对激光水下传输、激光雷达回波信号探测、激光雷达水深探测的规律。

室内游泳池仪器设备准备见图 8-6 所示。

图 8-6　游泳池测试场

测试步骤如下：

（1）在激光雷达激光束出口下方、垂直入射到水池处，在水底放置一个 45°反射镜，调整合适的角度，使反射光束尽可能平行于水面；尽可能清除反射镜面上依附的悬浮物。

（2）在游泳池的底部放置一个可以调整坡度的金属板模拟测深水底；同时设置激光器参数并连接激光雷达与示波器。

（3）上位机对 AD 存储器下发开始信号，选择"running+start"。

（4）在水中的光路上，设置不同距离的测试点；每次移动水中底部挡板，设置不同的水深。同时，为了尽可能避免水中的悬浮物的影响，每次放置不同深度挡板后，尽可能把这一深度的各种参数测试完成。

（5）用示波器观察水面激光回波与白色靶板的时间差，乘以激光在水中的传播速度，得到激光在水中传播的距离，即被量测的水深。

（6）用高精度测量尺测量进入水面的激光到白色靶板的距离，即进入水面的激光到 45° 反射镜的距离和 45° 反射镜反射的激光到白色靶板的距离，即实际水深。

（7）数据点采集完成，上位机发送停止信号+读取数据。

（8）移动 LiDAR 支架、45 度反射镜、目标白板的位置，上述测量步骤重复多次，并记录测量深度和实际深度。

（9）为了检测激光雷达的泵浦电流对测深距离和测深精度的影响，此处再次设置泵浦电流并重复上述实验步骤。

室内游泳池多次测试结果见表 8-3。

表 8-3　室内游泳池的测试数据

泵浦电流/A	偏置电压/V	距离砖数/块	实际距离/m	时间间隔/ns	间隔距离/m	挡板颜色	水底反射镜
5	0.4	12	9.48	84	9.47	白	普通
5	0.4	14	11.06	98.066	11.07	白	普通
5	0.4	16	12.64	112.025	12.63	白	普通
5	0.4	18	14.22	126.090	14.22	白	普通
5	0.4	20	15.8	141	15.9	白	普通
5	0.4	20	15.8	141	15.9	灰	普通
5	0.4	12	9.48	83.9	9.46	黑	普通
10	0.8	32	25.28	224.2	25.3	白	普通
10	0.8	25	19.75	175.12	19.75	白	普通
10	0.7	25	19.75	175.13	19.7515	白	普通
10	0.7	25	19.75	175.11	19.749	黑	普通
10	0.7	25	19.75	175.115	19.7498	灰	普通
10	0.7	22	17.38	154.1	17.379	黑	普通
10	0.7	22	17.38	154.2	17.39	黑	特殊
10	0.7	25	19.75	175.09	19.747	黑	特殊
10	0.7	32	25.28	224.0	25.263	灰	特殊

从表 8-3 可以看出，与室内水槽测试相似，在较浅水深处，激光器泵浦电流对水深测量误差影响不大；但增大泵浦电流可以有效增加最大测量水深。选取不同的水深距离进行测深精度的验证，结果如表 8-4 所示。从表 8-4 可以看出，激光雷达的最大深水深度可达 25.00 m，与实际测量水深误差小于 20mm。另外，最大测量水深受

游泳池长度的限制。另外，由水深测量误差数据可知，水深测量越深，水深量测误差越大。

表 8-4　室内游泳池验证数据

序号	测量水深/m	真实水深/m	水深偏差/mm
1	9.470	9.480	10
2	12.630	12.640	10
3	15.900	15.920	20
4	19.740	19.760	20
5	25.000	24.980	−20

8.3　室外不同场景测试场与验证

8.3.1　水井测试场

与使用纯净水、清洁水的上述测试完全不同，使用水井作为实验测试场，可用于验证激光光斑水下发散情况、不同底质对回波信号和激光雷达测量深度的影响。测试井位于桂林理工大学雁山校区广西测绘空间信息与地理重点实验室，深度约 20m，内径 0.5m，外径 0.52m（Zhou et al.，2022）。

准备好实验需要的各种仪器设备，在水井旁安放好激光雷达（图 8-7），测试步骤如下：

（1）将激光雷达激光束出口下方垂直对准水井水表面，调整合适的角度，使反射光束尽可能垂直于水面，并连接激光雷达与示波器。

（2）在水中的光路上，放置不同材质的水底遮挡；设置激光器参数并连接激光雷达与示波器。

（3）开机（等待准备完成信号），上位机对 AD 存储器下发开始信号。

（4）选择"running+start"。

（5）每次移动水中底部挡板，设置不同的水深后，必须等待 10 多分钟，尽可能让水井中的悬浮物沉淀，以免不必要的悬浮物遮挡光路，造成散射影响测试结果。为了尽可能避免水中的悬浮物的影响，每次放置不同深度挡板后，尽可能把这一深度的各种参数测试完成。

（6）用示波器观察水面激光回波与白色靶板的时间差，乘以激光在水中的传播速度，得到激光在水中传播的距离，即被量测的水深。

（7）用高精度测量尺测量进入水面的激光到白色靶板的距离，即实际水深。

（8）数据点采集完成，上位机发送停止信号、读取数据。

（9）移动目标白板的位置，水井试验场深度分别设置为 10.8m、11.3m、12.1m、13.1m，重复上述测量步骤，并记录测量深度和实际深度，结果见表 8-5。

图 8-7　实验水井测试实验（Zhou et al.，2023b）

表 8-5　室外水井的测试数据

泵浦电流/A	偏置电压/V	真实水深/m	第二波峰与第三波峰 Δt/ns	测量水深/m
10	0.4	10.8	97.06	10.85
10	0.4	11.3	101.3	11.4
10	0.4	12.1	108.1	12.19
10	0.4	13.1	116.91	13.08

从表 8-5 可以发现，整体水深变化小，所以，并未进行泵浦电流实验。另外，水深偏差数据列入表 8-6。从表 8-6 可以看出，最大测量水深可达 13.08 m，与实际测量的水深误差小于 100 mm。

表 8-6　室外水井的验证数据

序号	测量水深/m	真实水深/m	水深偏差/mm
1	10.85	10.8	−50
2	11.4	11.3	−100
3	12.19	12.1	−90
4	13.08	13.1	20

8.3.2　人工水池测试场

比较于水井测试场实验，实际水环境测试会受到各类环境的影响，如环境杂光、水面波、水浑浊、水底质等。为减小此类影响，我们建立了接近真实水环境的人工水池测试场。

4 个人工水池测试场建立在桂林理工大学雁山校区，分别坐落在图书馆楼人工水池、地球科学学院门口人工水池、人工池塘、人工湖。4 个人工水池测试场可用于测试真实环境下水质参数、水体漫衰减系数、水体吸收系数、水体散射系数、水体散射相函数、水中叶绿素浓度、水中黄色物质含量、粒子直径及含量、水体透明度等水体参数对激光雷达回波信号、激光雷达最大测深的影响。

1. 人工水池 1

人工水池 1 位于桂林理工大学雁山校区图书馆前，深度约 2m、横向约 5m、纵向约 10m。该人工水池主要验证自然复杂水体下激光光斑水下发散情况、回波信号和激光雷达测量深度的影响。

准备好测试实验需要的各类仪器设备，并在水池旁安装激光雷达装备（图 8-8）。测试步骤如上述类似，这里不再描述。

图 8-8　水池 1 测试场

测试结果列入表 8-7 和表 8-8。从表 8-7 和表 8-8 可知，激光雷达的最大测水深度可达 9.06 m，与实际测量的水深误差为 267mm。另外，通过对比两张表，可以发现视场大小对水深误差有较大的区别，大视场对于探测较深的水域效果更好。

另外，我们发现，自然水体的人工水池测试实验结果与纯净水，或游泳池水有显然的差距，其误差更大。

表 8-7　小视场（挡板）测试数据

真实水深/m	第二波峰与第三波峰 Δt/ns	时间差计算长度/m	第三波峰幅值	水深偏差/mm
2.8	25.561	2.888	1.170V	−88
4	37.632	4.252	200mV	−252
4.6	42.838	4.84	40.569mV	−240
5.2	47.986	5.422	13.431mV	−222

表 8-8　大视场（挡板）测试数据

真实水深/m	第二波峰与第三波峰 Δt/ns	时间差计算长度/m	第三波峰幅值	水深偏差/mm
2.8	25.332	2.862	6.16V	−62
3.4	31	3.503	3.659V	−103
4	37	4.181	2.8V	−181
4.6	42	4.746	275mV	−146
5.2	48	5.424	213.36mV	−224
5.8	53	5.989	92.153mV	−189
6.4	59	6.667	22mV	−267
7	64	7.232	10.567mV	−232
8.8	80.183	9.06	4.158V	−206

2. 人工水池 2

人工池 2 位于地球科学学院门，深度约 2m，是一个横向约 5m、纵向约 10m 的椭圆形。该试验场主要用于验证自然复杂水体下激光光斑水下发散情况、回波信号和激光雷达测量深度的影响，以及验证大小视场对测量水深的影响。

准备好实验需要的仪器设备，并在水池旁设置好激光雷达（图 8-9 和图 8-10）。测试步骤与上文类似，这里不再描述。

图 8-9　水池 2 第一次测试

图 8-10　水池 2 第二次测试

激光雷达在人工水池测试场 2 的测试结果列入表 8-9 和表 8-10，从表 8-9 和表 8-10 可以看出：激光雷达的最大测水深度可达 9.43 m，与实际测量水深误差小于 282mm；自然水体的人工水池测量误差明显比实验室纯净水、室内游泳池水的误差都大。对比两张表格，可以发现视场大小影响测量水深误差，大视场对于较深的水深测量更好。

表 8-9　小视场（挡板）测试数据

真实水深/m	第二波峰与第三波峰 Δt/ns	测量水深/m	第三波峰幅值	水深偏差/mm
2.8	26.224	2.963	1.070V	−163
4.13	38.766	4.380	201mV	−250
4.23	39.474	4.460	40.009mV	−230
4.84	44.607	5.040	13.001mV	−202

表 8-10　大视场（挡板）测试数据

真实水深/m	第二波峰与第三波峰 Δt/ns	测量水深/m	第三波峰幅值	水深偏差/mm
2.80	25.332	2.862	6.016V	−62
4.13	37.435	4.229	3.609V	−98
4.23	39.021	4.408	2.08V	−177
4.84	44.185	4.992	205mV	−150
5.32	48.851	5.519	203.06mV	−200
5.48	50.151	5.666	92.003mV	−190
6.55	60.462	6.831	21.262mV	−282
7.30	67.126	7.584	10.487mV	−276
9.22	83.468	9.430	4.188V	−206

8.4　自然池塘测试场

通过上述测试，进一步使用搭载平台，如无人机、无人船，对激光雷达整机进行测试。为此，我们开展了基于无人机平台的测试。

自然池塘测试场位于桂林理工大学雁山校区，面积约 900m^2。另外，自然池塘测试场还拥有水底地形数据（DEM），以用于验证水深测量精度。准备好实验需要的仪器设备，在无人机上安装好激光雷达（图 8-11）。开始进行无人机载激光雷达在自然池塘测试场场测试，具体步骤如下：

（1）将激光雷达安装在无人机上，飞行员利用无人机遥控器启动无人机，使其飞到离池塘水面大于 15m 高的高度，再利用激光雷达遥控装置打开激光器和扫描装置。激光器发射激光到池塘表面，再到水底，并按原路径返回到接收光学系统。

（2）开机（等待准备完成信号），利用激光雷达遥控装置，启动 AD 采集与存储器，开始收集和存储回波信号。

（3）利用第六章研发的高速实时回波信号采集系统采集与存储来自水面与水底的激光回波信号，以及相应 POS 数据，诸如无人机姿态信息、位置信息。

（4）利用第七章研发的回波信号波形分解处理软件，计算激光入水位置和水面与湖底回波信号的距离，即实测水深。

（5）根据激光入射点的位置，在池塘 DEM 上找到相同位置的高程数据，通过计算，获得相应位置的水深，即被认为是实际水深。

（6）选取 5 组数据对激光雷达的最大测量水深，并与实际水深数据对比，计算误差。测试结果见表 8-11。

由于池塘测试场水质较为浑浊，需要将泵浦电流设置到 10A 以保证量测水深效果。为此，我们选取不同的水深距离进行测深精度评估，其实验结果如表 8-12 所示。从表 8-11 和表 8-12 可以看出，激光雷达在该试验场测得最大水深可达 1.731 m，与实际水深的误差平均小于 19 mm。另外，最大测量水深受池塘水深的限制，该池塘最大水深位于岸边，被树木覆盖。试验结果表明，随着水深的增加、河流水质的下降，水深测量误差显著增大。这些误差可能是由于浑浊水中大量的粒子引起后向散射，导致激光回波峰值点位移。

图 8-11　无人机单波段激光雷达池塘测试

表 8-11　池塘测试场的测试数据

泵浦电流/A	偏置电压/V	真实水深/m	时间间隔/ns	测量水深/m
10	0.4	0.620	107.963	0.612
10	0.4	0.870	123.066	0.854
10	0.4	1.170	137.025	1.153
10	0.4	1.390	150.755	1.373
10	0.4	1.750	165.172	1.731

表 8-12　池塘测试场的验证数据

序号	测量水深/m	真实水深/m	水深偏差/mm
1	0.612	0.620	8
2	0.854	0.870	16
3	1.153	1.170	17
4	1.373	1.390	17
5	1.731	1.750	19

8.5　自然河流测试场

　　相对于人工水池与池塘测试场，自然河流测试场具有更加真实的测试环境。其不仅具有水的流动，而且还有复杂的水面波，以便我们更好地分析自然河流对激光雷达水深测量的影响（赵大为，2023）。

　　自然河流测试场建立在桂林桂磨大桥，桥下为桂林漓江。水深 1～6 m，透明盘水深测量为 6 m，水衰减系数 0.5～1 m，激光雷达距离水面 11.3 m。为这个试验场特制了一个激光雷达支架；一艘载有两人的小船，可以停泊在任何地方；还有一把高精度的水深测量尺（绳子）。

　　准备好实验需要的仪器设备，在桂磨大桥上安装和调试好的激光雷达水深测量设备（图 8-12），开始测试。测试步骤如下：

　　（1）将激光雷达支架安装在桂摩大桥栏杆上，将激光雷达安装在激光雷达支架上，示波器连接到激光雷达上。

　　（2）利用激光雷达遥控器启动激光器，发射激光到漓江水面，到达漓江河底，再按原路径返回接收光学系统。

　　（3）利用示波器观测漓江水面与水底激光回波的时间差，得到激光在水中传播的水深距离，即量测的水深。

　　（4）2 名研究人员乘船到达激光水面点，测量激光进入水面点的实际水深。高精度测量尺用于测量激光进入水面到漓江底的距离，即实际测量水深。

　　（5）将激光雷达支架沿桂磨大桥栏杆移动，重复上述测量步骤 5 次，并记录测量深度和实际深度。测试场结果见表 8-13。

　　选取不同的水深距离进行测深精度评估，实验结果如表 8-14 所示。从表 8-13 和表 8-14 可知，激光雷达的最大测水深度可达 3.482 m，与实际量测的水深相差小于 68 mm。同样，最大测量水深受测试场的水质、水流速度、表面波、太阳耀斑等影响。很明显，自然河流量测的误差比池塘量测的误差要大。

图 8-12　自然河流测试场

表 8-13　漓江的测试数据

泵浦电流/A	偏置电压/V	真实水深/m	时间间隔/ns	测量水深/m
10	0.4	2.300	20.136	2.275
10	0.4	2.700	123.066	2.636
10	0.4	2.920	137.025	2.880
10	0.4	3.310	150.755	3.256
10	0.4	3.550	165.172	3.482

表 8-14　漓江流域的验证数据

序号	测量水深/m	真实水深/m	水深偏差/mm
1	2.275	2.300	25
2	2.636	2.700	28
3	2.880	2.920	40
4	3.256	3.310	54
5	3.482	3.550	68

8.6　自然海域测试场

为了进一步对单波段激光雷达整机进行测试，我们在自然海域测试场上进行以下两组实验（刘哲贤，2023）。

1. 无人船载平台测试

广西北海银滩海域位于中国广西壮族自治区北海市，水深为 0～20 m，水体透明盘深度可达 6.0 m，水体衰减系数为 0.3～1 m。具体步骤如下：

（1）将激光雷达安装在无人船上，POS 系统粘附在激光雷达箱外面，量测 GPS 中心与激光器中心的位置偏差，如图 8-13 所示。

（2）无人船操作员利用无人船遥控器使其沿固定规划路线在海面行驶。

（3）仪器操作员利用激光雷达遥控器，启动激光雷达设备，开机（等待准备完成信号）

（4）仪器操作员利用激光雷达遥控器选择"running+start"，指令发射器发射激光到海面，并传送到海域底部。

（5）启动 AD 采集与存储器，利用第六章研发的高速实时回波信号采集系统采集与存储来自水面与水底的激光回波信号，以及相应 POS 数据，诸如无人船姿态信息、位置信息。

（6）与此同时，2 名研究人员乘船到达无人船，测量激光进入水面点的实际水深，即实际测量水深。

（7）收集大约 10min 数据，数据收集完成；仪器操作员利用激光雷达遥控器发送停止信号、读取数据。

（8）连接激光雷达设备与计算机，下载收集的数据，利用第七章研发的回波信号波形分解处理软件，计算激光入水位置和海面与海底回波信号的距离，即测量水深。

（9）选取 5 组数据，将激光雷达量测的最大测量水深与实际水深数据对比，计算其误差，结果见表 8-15。

（a） （b）

图 8-13 银滩海域测试平台（林锦纯，2023）

（a）激光雷达安装调试；（b）水深测量激光雷达测试

从表 8-15 可知，激光雷达在该试验场测得最大测量水深可达 11.970m，与实际量测水深误差小于 78mm。

表 8-15 银滩海域的验证数据

序号	测量水深/m	真实水深/m	水深偏差/mm
1	0.511	0.529	18
2	1.025	1.045	20
3	5.110	5.154	44
4	8.810	8.863	53
5	11.970	12.048	78

2. 无人机载平台测试

侨港海域位于中国广西壮族自治区北海市，水深为 0～20 m，水体透明盘深度可达 6.0 m，水体衰减系数为 0.3～1 m。图 8-14 为经过安装和调试好的激光雷达水深测量设备。测试步骤与上述类似，这里不再描述。

同样，选取 5 组测量数据对激光雷达的最大测量水深和误差进行验证，结果列于表 8-16。从表 8-16 可以看出，激光雷达在该试验场测得最大水深达 12.655m，误差小于 75mm。

图 8-14 侨港海湾测试平台无人机载激光雷达测试

表 8-16　侨港海湾的验证数据

序号	测量水深/m	真实水深/m	水深偏差/mm
1	0.345	0.330	−15
2	2.650	2.630	−20
3	5.655	5.615	−40
4	8.950	8.920	−30
5	12.655	12.580	−75

8.7　本 章 小 结

　　本章阐述了单波段激光雷达各类测试场，从简单到复杂、从室内到室外的测试场，以满足对单波段激光雷达在不同测试场测试和验证需求。

　　本章重点描述了单波段激光雷达各类测试与验证，包括激光扫描、激光回波信号效率、泵浦电流设置对提高最大测量水深的作用、大小视场的选择对检测微弱水底信号的作用，以及使用无人船载平台和无人机载平台的单波段激光雷达验证。验证工作从室内水槽、人工水池、水井、游泳池到室外自然池塘、自然河流、近海岸海域等。通过这些测试验证，可以发现：

　　（1）在实验室的光学系统测试中，发现浅水、中水深和深水三个通道的接收光效率分别达到97%、97%和91%以上。

　　（2）在较为理想的水环境下，激光雷达的最大测量水深可达 25.00 m，误差小于20mm。

　　（3）在自然环境下，随着水深的加深、水质的下降，误差显著增大。

　　（4）单波段激光雷达在实际海域测试中，最大测量水深达 12.655m，误差小于75mm。

参 考 文 献

刘哲贤. 2023. 无人船载单波段水深探测激光雷达杂散光抑制研究. 桂林: 桂林理工大学.

林锦纯. 2023. 激光测深无人船路径跟踪的 LQR-PD 控制设计与实现. 桂林: 桂林理工大学.

赵大为. 2023. 单频船载水深测量激光雷达的回波信号放大电路设计. 桂林: 桂林理工大学.

Zhou G Q, Wu X, Zhou C, et al. 2023a. Adaptive model for the water depth bias correction of bathymetric LiDAR point cloud data. International Journal of Applied Earth Observation and Geoinformation, 118: 103253.

Zhou G Q, Xu J, Hu H, et al. 2023c. Off-axis four-reflection optical structure for lightweight single-band bathymetric LiDAR. IEEE Transactions on Geoscience and Remote Sensing, 61: 1-17.

Zhou G Q, Zhang H T, Xu C, et al. 2023b. A real-time data acquisition system for single-band bathymetric LiDAR. IEEE Transactions on Geoscience and Remote Sensing, 61: 1-21.

Zhou G Q, Zhou X, Li W, et al. 2022. Development of a lightweight single-band bathymetric LiDAR. Remote Sensing, 14: 5880.